职业教育电子类专业“新课标”规划教材

PLC及其应用

PLC and Its Application

主　编　刘国云
副主编　任　军　邓浩然　刘爱国　周丽芳
参　编　罗北衡　张青兰　向运丹
主　审　谭立新

出版说明

根据《国务院关于大力发展职业教育的决定》、国务院印发的《关于加快发展现代职业教育的决定》等文件提出的教材建设要求，和《中等职业学校专业教学标准(试行)》(2014)要求职业教育科学化、标准化、规范化等要求，以及习近平总书记专门对职业教育工作作出的重要指示，中南大学出版社组织全国近30余所学校的骨干教师及行业(企业)专家编写了这套《职业教育电子类专业“新课标”规划教材》。

本套教材的编写紧紧围绕目标，以项目模块重新构建知识体系结构，书中内容都以典型产品为载体设计活动来进行的，围绕工作任务、工作现场来组织教学内容，在任务的引领下学习理论，实现理论教学与实践教学融通合一、能力培养与工作岗位对接合一、实习实训与顶岗工作学做合一。

本套教材力求以任务项目为引领，以就业为导向，以标准为尺度，以技能为核心，达到使学校教师、学生在使用本套教材时，感到实用、够用、好用。归纳起来，本套教材具有以下特色：

(1)以任务为驱动，对接真实工作场景性强，教学目的性强，实用性强，教、学、做合一体性。

(2)各项目及内容按照循序渐进、由易到难，所选案例、任务、项目贴近学生，注重知识的趣味性、实用性和可操作性。

(3)把培养学生学习能力贯穿于整个教材中，尽量避免各套教材的实训项目内容重复，注意主辅协调、合理搭配，提高教学效果。

(4)考虑到各个学校实训条件，教材中许多项目还设计了仿真教学，兼顾各中等职业学校的实际教学要求，让学生能轻松学习知识和技能。

(5)注重立体化教材建设。通过主教材、电子教案、实训指导、习题及解答等教学资源的有机结合，提高教学服务水平，为高素质技能型人才的培养创造良好的条件。

由于职业教育改革和发展的速度很快，加之我们的水平和经验有限，因此在教材的编写和出版过程中难免出现问题和错误。我们恳请使用这套教材的师生及时向我们反馈质量信息，以利于我们今后不断提高教材的出版质量，为广大师生提供更多、更实用的教材。意见反馈及教学资源联系方式：451899305@ qq. com

编委会主任　李正祥

2014 年 6 月

出版说明

[illegible]

[illegible]

[illegible]

前 言

本教材的编者均是湖南省各地市、区县中等职业学校的一线专业教师，都有多年的教学经验，对各层面中等职业学校的教学条件、学生的知识现状、学习能力和特点、PLC课程与相关课程知识的衔接关系，都有科学客观的认识。因此在一开始编写该教材时，就能针对PLC课程教学中存在的主要问题，进行有益的探索和研究。在相关高职院校和行业专家的大力支持和指导下，我们逐步确定了本教材编写的大纲，提出了教材的编写目标："能有效地解决教学中的主要问题，科学地总结多年的教学实践经验，创新地编写融实用性、趣味性、操作性为一体的适合中职学生的独具特色的精品教材。"通过近一年的辛勤耕耘，该教材终于出版发行了，在此对所有给予支持和指导的专家、中南大学出版社各位编辑和参与编写的所有老师表示衷心的感谢！

为帮助使用该教材的老师和学生快速熟悉本教材，笔者在此简单地介绍下本教材的编写特点：

1. 采用以任务为驱动的项目构建教材

项目教学具有对接真实工作场景性强、教学目的性强、实用性强、"教学做合一"一体性强、学生主体性强等诸多优势，是技能性职业教学的科学手段和新方法。

本教材采用以工作任务为驱动的项目来组织编写，打破了以传统的知识课程体系的编写模式。本教材除了绪论部分，共安排了7个项目，科学系统地构建了继电器电气控制技术与PLC电气控制技术知识和技能体系，构建了一种"以行动为导向、做中学、学中做"的全新教学模式，弱化了对大量理论知识的抽象讲解，强化了理论知识与真实工作情境的融合对接，突出了理论知识在工作任务中的针对性、适应性、实用性和应用性。每个项目都安排了操作性强的工作任务，让学生在教学做合一的体验中，轻松地学习相关知识和技能，调动了学生自主学习的积极性、提高了教学效果。

2. 突破了传统PLC教材编写方法

传统PLC教材先讲继电器控制技术，再讲PLC控制技术，没有在《继电器控制技术》与《PLC控制技术》两门课程之间架设很明显的连接通道。本教材采用继电器控制技术与PLC控制技术并行讲解的编写方法，在继电器控制技术与PLC控制技术的知识技能点之间架设了多座直通便桥，让《继电器电气控制技术》与《PLC电气控制技术》真正融为一体。

3. 遵循现代中职学生的认知规律组织编写该教材

在确定本教材的编写大纲时，充分征求各学校专业教学老师、职业院校和行业专家的意见，按照循序渐进、由易到难、先感性再抽象的递进关系安排各章节，所选案例、任务、项目既贴近学生学情，又注重了知识的趣味性、实用性和可操作性，遵循了中职学生的认知规律。

4. 科学总结教学经验，创新地编写新颖教材

本教材融入了编者多年的教学案例，能有效突破重点、难点问题，并具有较强的创造性和新颖性。

5. 兼顾各层面职业学校的办学条件

考虑到有些中职学校实训条件不一定具备，采用了继电器控制实训教学与继电器控制仿真教学、PLC 实训教学与 PLC 仿真教学同时兼顾的教材编写方法，让具备实训条件的学校能够开展理实一体化教学，不具备实训条件的学校可以直接在仿真平台上进行继电器控制电路和 PLC 程序设计和运行仿真，验证电路和程序，并根据仿真结果修改电路或程序。

6. 本教材的适应面广

本书可用作电子技术应用、电气控制、机电一体化等中职专业的教材或主要参考书籍，也可用作企业相关人员的培训教材，还可用作对电气控制感兴趣的读者自学。

本教材精选了 7 个项目，建议总课时为 100 课时，各教学内容建议课时如下表所示。

教学内容和建议课时

内　容	建议课时
绪论	2 课时
项目 1　常用照明电路的装配与检修	12 课时
项目 2　顺序启动照明电路的装配与检修	10 课时
项目 3　流水灯控制电路的装配与检修	12 课时
项目 4　三相异步电动机控制电路的装配与检修	36 课时
项目 5　仿真平台 F-7 分拣和分配线的编程与仿真	10 课时
项目 6　十字路口交通信号灯程序设计与调试	8 课时
项目 7　大小球分拣系统的设计与调试	10 课时
总课时	100 课时

本教材的前言、绪论、项目 1、项目 4 由长沙市电子工业学校的刘国云和罗北衡老师共同编写，项目 2 由新邵县职业中专刘爱国老师编写，项目 3 由湖南湘北职业中专邓浩然老师和任军老师编写，项目 5、项目 6、项目 7 由衡阳市职业中专周丽芳老师、湖南湘北职业中专邓浩然老师、长沙市电子工业学校刘国云老师、常德技师学院张青兰老师、桃源县职业中专向运丹老师共同编写。

本教材参考了很多相关教材，借鉴了它们的一些先进的教学思想和理念，在此对这些教材的作者一并致以感谢。

由于时间仓促和编者的知识技能水平有限，教材中肯定会存在各种不足，甚至错误，请不吝指正，以便我们将在后续的工作中做得更好，在此提前致以诚挚的谢意。

编　者

2014 年 5 月 1 日

目　录

绪 论

电气控制技术主要分为传统的继电器控制方式和新兴的可编程控制方式两类。可编程控制器，简称 PLC，是在继电器控制技术的基础上发展起来的一项新电气控制技术，它用微电脑代替了继电器、用软元件代替了硬元件、用编程代替了硬接线。PLC 具有以下特点：可靠性高、抗干扰性强；体积小、重量轻；能耗低；使用和维护方便。PLC 品牌很多，常用的品牌有西门子、三菱、欧姆龙、松下等，本教材主要介绍应用广泛的三菱 FX 系列 PLC。图 1 为主要品牌 PLC 的面板。

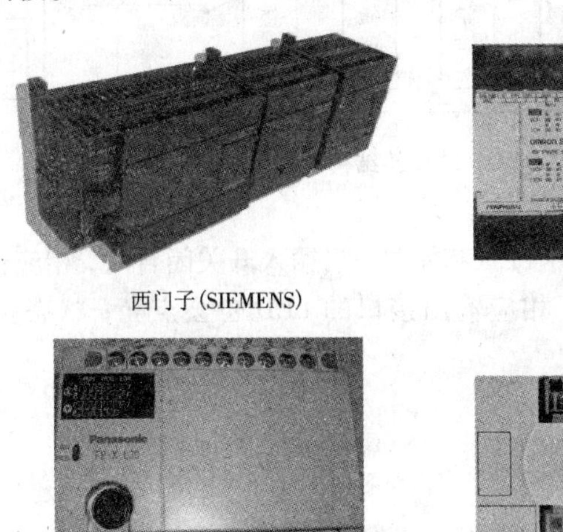

西门子(SIEMENS)　　欧姆龙（OMRON）

松下（PANASONIC）

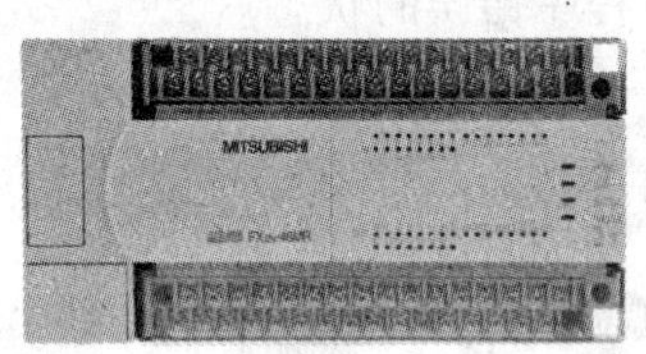

三菱（MITSUBISHI）

图 1　主要品牌 PLC 的面板

为帮助读者适应本课程 PLC 控制任务的项目教学，先给读者简单介绍一些关于 PLC 结构、工作原理和 PLC 控制系统开发步骤的基本知识，让读者对 PLC 及其使用方法有一个初步的认识。

一、PLC 控制系统的组成

PLC 控制系统就是一个计算机控制系统，跟计算机一样，也是由硬件和软件两部分组成的。

1. PLC 的硬件系统

PLC 的硬件部分包括 CPU、存储器、I/O 接口、通信接口和电源。图 2 为 PLC 的硬件结构示意图，通过该图，可以直观地了解 PLC 硬件系统各部分的作用和各部分间的关系。

图 3 是三菱 FX2N 系列 PLC 的面板结构示意图，通过该图可以感性地认识三菱 FX2N 系列 PLC 的面板结构。在电脑上编写好的 PLC 控制程序，就是通过图中的 RS232 下载口和下

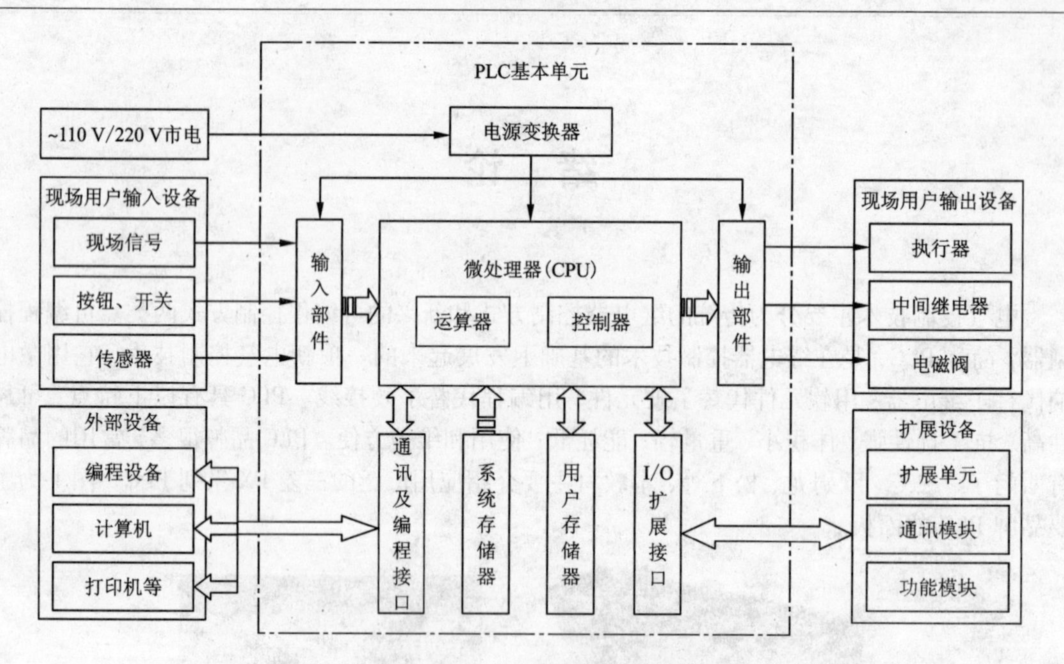

图 2　PLC 的硬件结构示意图

载线下载到 PLC 中的。面板上有多种 LED 指示灯：当输入开关闭合时，相应输入接口的 LED 会点亮；当输出继电器线圈得电时，相应输出接口的 LED 也会点亮；状态指示灯指示电源 ON、PLC 运行、程序错误的状态。

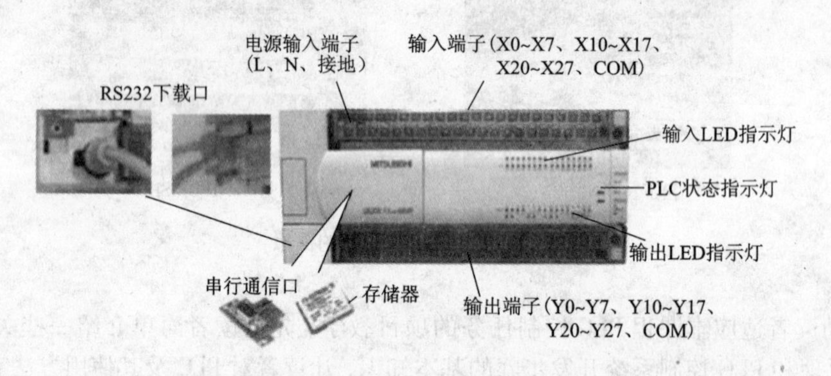

图 3　三菱 FX2N 系列 PLC 的面板结构示意图

图 4 是一个使用三菱 FX2N 系列 PLC 控制的电动机长动控制电路的原理图，通过该图可以初步认识 PLC 控制系统是由输入回路和输出回路两大部分组成的。

PLC 各组成部分介绍如下：

(1) 中央处理器(CPU)

中央处理器的作用如下：

①诊断电源、PLC 工作状态及编程的语法错误；

②接收输入信号，送入数据寄存器并保存；

③执行用户程序，完成各种运算和操作，并将执行结果送至输出端；

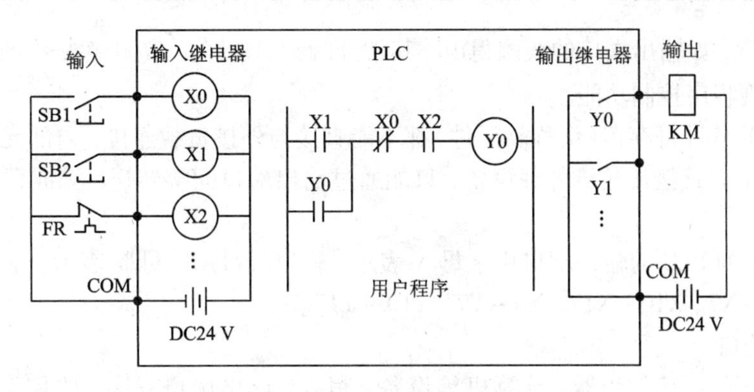

图 4 三菱 FX2N 系列 PLC 接线图设计实例

④响应外部设备的工作请求。

(2)存储器(ROM/RAM)

存储器包括系统存储器和用户存储器。

①系统存储器(ROM):存放系统管理程序、监控程序及系统内部数据。

②用户存储器(RAM):存放用户程序和工作数据。

(3)输入/输出端口(I/O)

I/O 端口是 PLC 连接外部控制开关和负载的接口,是衡量 PLC 性能的一项重要指标,在型号中都会标注出来,FX 系列 PLC 型号命名规则如图 5 所示。

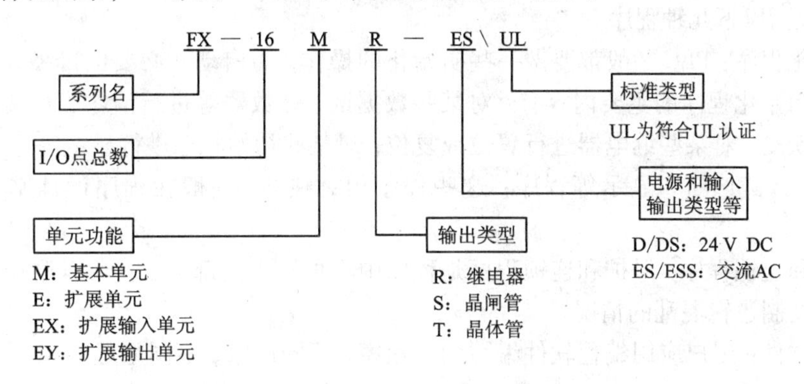

图 5 三菱 FX 系列 PLC 的型号命名规则

通过图 4,可以看出 PLC 控制相对于继电器控制的优点:原长动控制电路的继电器自锁等接线部分,都已经被 PLC 中软元件和编程替代,使 PLC 控制系统的电路大大简化。PLC 主要通过 I/O 端口与控制元件和被控制元件连接,因此,了解 PLC 的 I/O 端口,成为 PLC 开发应用的重要基础。

①输入端口:外接各种控制开关,接收控制指令,并将所接收的控制信号转换成 PLC 能识别的开关信号。PLC 的输入端口没有线圈,有一对常闭常开触头,其状态直接受外接开关控制。当外接开关闭合通电时,所接端口的常开触头-|├闭合、常闭触头-|/|-断开,从而将控制开关的动作指令读入 PLC,触发 PLC 用户程序。

②输出端口:外接负载设备,将程序执行结果输出给被控制设备,完成控制任务。输出端口由一个输出线圈-( )-和一对常闭常开触头-|/|--| |-构成。输出端口的功能类似于继电器,

PLC 执行程序后，如输出端口的线圈得电，其常开触头⊣⊢闭合、常闭触头⊣/⊢断开，外接负载得电动作，实现程序控制功能。

PLC 内部的各种寄存器(俗称软元件)都不能直接与外接负载连接，内部元件所储存的参数和控制信号不能直接传送给外部设备，只能通过输出端口间接转送，完成程序对外接设备的控制功能。

三菱 FX 系列 PLC 的输入端口用字母 X 表示，输出端口用字母 Y 表示，端口编号采用八进制，如：X0 ~ X7、X10 ~ X17；Y0 ~ Y7、Y10 ~ Y17。

(4)通信接口

通信接口用于连接编程器、计算机等设备，写入、读出用户程序，监控 PLC 运行状态，实现联网等功能。

(5)电源

PLC 有两种电源：一种是将市电转换为 PLC 和输入设备(如传感器)正常工作所需要的直流电源电路或电源模块，另一种是作为断电保持用的锂电池。

2. PLC 的软件系统

软件部分包括系统程序和用户编写的用户程序。

(1)系统程序

系统程序是厂家固化的程序，是用来管理、监控、运行、保护 PLC 的程序以及用来编写用户程序的编程软件。系统程序的任务：一是更好地发挥 PLC 的效率；二是方便用户使用 PLC。通常包括以下几种程序。

①初始化程序：PLC 一般都要做一些初始化的操作，为启动作必要的准备，避免系统发生误动作。初始化程序的主要内容有：对某些数据区、计数器等进行清零，对某些数据区所需数据进行恢复，对某些继电器进行置位或复位，对某些初始状态进行显示等等。

②检测、故障诊断和显示等程序：这些程序相对独立，一般在程序设计基本完成时再添加。

③保护和连锁程序：保护和连锁程序是程序中不可缺少的部分，它可以避免由于非法操作而引起的控制逻辑混乱的情况。

④编程软件：用户应用编程软件编写用户程序，不同厂家、不同型号 PLC 采用不同的编程软件。

三菱 FX 系列 PLC 有两种编程软件："SWOPLC - FXGP/WIN - C"和""GX DEVELOPER"。这两种编程软件都可以到网上免费下载，图 6 和图 7 是这两种编程软件的图标和编程界面。但请注意：本教材不直接介绍如何使用这两种编程软件编写 PLC 程序的操作方法，而是先介绍使用仿真软件 FX - TRN - BEG - C 编写程序。

在编写三菱 FX 系列 PLC 控制程序时，SWOPLC - FXGP/WIN - C 和 GX DEVELOPER 两种编程软件都可以使用，它们的操作界面和使用方法也基本相似，但在编写 Q 系列 PLC 控制程序时，前者就不能使用了。这是因为 SWOPLC - FXGP/WIN - C 的版本更早些，GX DEVELOPER 不但版本新，还带有仿真程序 GX Simulator，所以建议使用后一种编程软件。我们将在熟练使用仿真软件 FX - TRN - BEG - C 的基础上，通过项目 7 重点介绍如何使用 GX DEVELOPER 编程，下载、调试程序的操作方法。

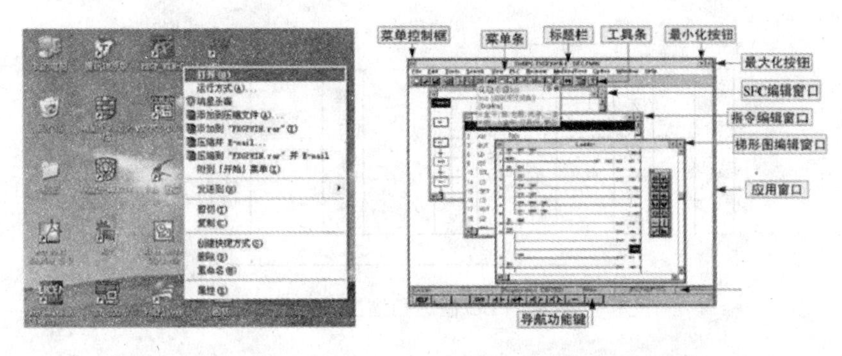

图 6　SWOPLC－FXGP/WIN－C 编程软件的图标和界面

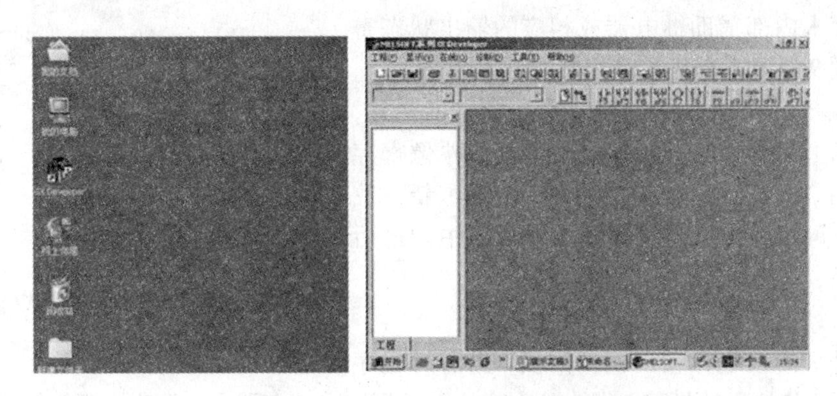

图 7　GX DEVELOPER 编程软件的图标和编程界面

PLC 有 5 种编程语言：顺序功能图编程语言（SFC）、梯形图编程语言（LAD）、功能块图编程语言（FBD）、指令语句表编程语言（STL）、结构文本编程语言。我们一般选择梯形图编程语言或顺序功能图编程语言。

（2）用户程序

用户根据被控制对象的工艺条件和控制要求，使用上述编程软件而编写的应用程序，以后在进行项目学习时，所编写的 PLC 程序都是用户程序。

二、PLC 控制的工作原理

了解 PLC 控制的工作原理，对正确理解、分析、编写 PLC 控制程序非常有帮助。PLC 采取周期循环扫描方式进行工作，一个工作周期主要包括如图 8 所示的三个工作过程。

现在以图 4 电动机长动 PLC 控制电路为例，说明 PLC 执行程序的循环扫描工作过程。

1. 输入采样阶段

在此阶段 PLC 扫描所有输入端口 X0、X1、X2、…，读入输入设备：停止按钮 SB1、启动按钮 SB2 和热继电器 FR 常闭触头的控制状态，并存放在输入映像寄存器中。完成输入端口的扫描后，关闭输入口，进入程序执行阶段。

2. 程序执行阶段

在程序执行阶段，PLC 将根据所读入的输入设备状态的变化、用户所编写的长动控制程

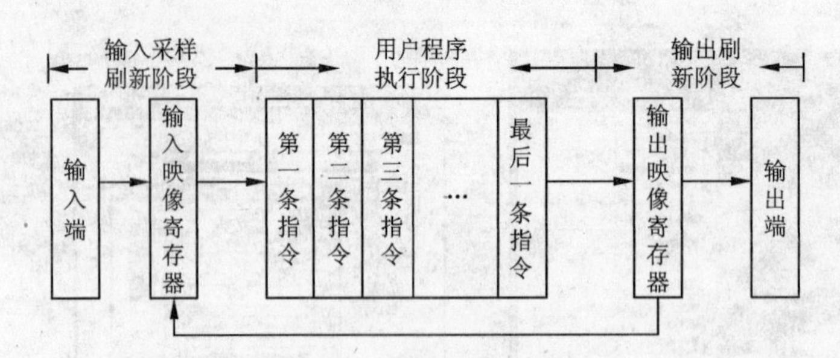

图 8　PLC 循环扫描工作过程

序，按从上到下、从左到右的步序，逐条执行，并将运算结果存入内部辅助继电器或相应的输出状态寄存器中。图 9 就是电动机长动控制的 PLC 程序。

X1　X0　X2　Y0

Y0

用户程序

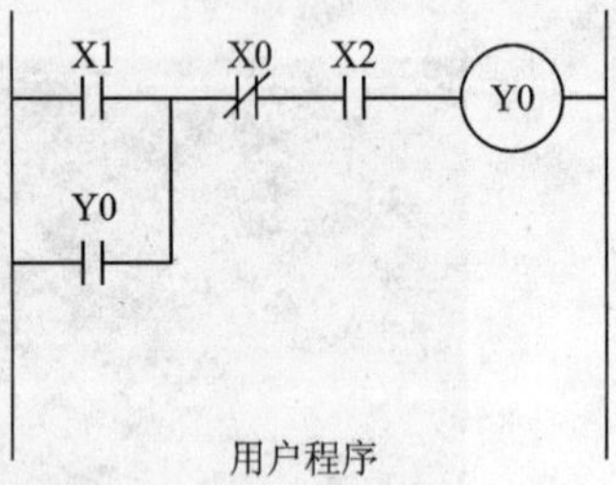

图 9　电动机长动控制的 PLC 程序

程序执行过程中，如输入口状态发生了变化，PLC 不会马上采样，也不会马上改变输入映像寄存器中的内容，直到下一个扫描周期，才能重新开放输入端口，重新采样。当执行完用户程序中的最后一条指令后，马上转入输出处理阶段。

3. 输出处理阶段

输出处理阶段也称输出刷新阶段，当所有程序执行完毕后，将输出映像寄存器中的内容依次送到输出锁存器中，驱动外部负载工作。

PLC 完成输出处理任务后，又开始下一个循环扫描工作，为了提高程序执行速度，我们要求编写出流程清晰、指令简单的优化程序。

三、PLC 控制系统的开发过程

在以后的项目教学中，需要读者根据真实的工作任务，自己选择 PLC、设计 PLC 控制系统、编写控制程序，并完成系统的接线和调试，这是一个完整的 PLC 控制系统的开发过程。现在以图 4 的电动机长动控制为例，来说明一个完整 PLC 控制的开发过程。它主要包含以下 6 个步骤：

(1)分析被控制对象工艺条件和控制要求。

(2)根据被控对象对 PLC 控制系统的功能要求和所需 I/O 点数，选择合适的 PLC。

(3)分配 I/O 端口、设计控制系统接线图。

①按照表 1 的格式制作 I/O 地址分配表。PLC 主要通过输入/输出(I/O)端口与控制开关和被控制元件连接，明确各端口所接的元件及其功能，是正确连接电路、编写和阅读程序的基础，非常重要。现在以电动机长动 PLC 控制系统为例，说明 I/O 地址分配表的填写方法，如表 1 所示。

表1 I/O分配表的格式

输入端口			输出端口		
符号	地址	功能说明	符号	地址	功能说明
SB1	X0	停止按钮	KM	Y0	继电器线圈
SB2	X1	启动按钮			
FR	X2	热继电器的常闭触头			

②设计接线图。图4是电动机长动PLC控制系统的接线图，通过该实例，读者要重点掌握PLC控制电路是由输入回路和输出回路两大部分组成的基本知识。

三菱FX2N系列PLC的输入端口在正常情况下是接在内部24V电源的正极上，可以用万用表测到24V的电压。当控制开关接在某输入端口与COM端口之间，并闭合后，构成闭合的输入回路，该输入端口的指示灯会点亮，此时输入端口与公共端之间的电压为零。

三菱FX2N系列PLC的输出端口必须通过COM端外接24V电源的正极来提供电源，否则不能驱动外接负载。负载接在某输出端口与24V电源的负极之间，当该输出端口被程序驱动后，将点亮输出端口的指示灯，并使负载动作。

(4)根据接线图连接PLC控制电路。

电路连线的步骤：先接输入回路，再接输出回路；输入回路使用PLC内部电源，从输入回路的COM出发—控制开关—输入端口；输出回路需外接24 V电源，从24 V电源正极出发—输出COM端—输出端口—负载—24 V电源负极。

(5)根据控制要求和所分配的I/O地址，编写控制程序。

(6)下载程序和调试系统。

思考与练习

(1)列举5个以上PLC的常见品牌，说明PLC的硬件构成及各部分的作用。

(2)PLC采用什么工作方式？并说明PLC工作过程。

(3)三菱PLC的输入/输出端口各用什么字母表示？编码采用什么数制？各接什么外部元件？

(4)比较三菱PLC两种编程软件的特点，并说明PLC有哪几种编程语言。

项目 1　常用照明电路的装配与检修

项目描述

本项目通过任务 1——开关直接控制照明电路的装配与检修和任务 2——PLC 控制照明电路的装配与检修的对比学习，达到以下项目目标：

1. 了解各种开关的结构、通断控制的功能和特点、主要参数，学会检测和使用各种开关的方法。

2. 了解各种熔断器的结构、主要参数、短路和过载保护的原理，学会检测和使用熔断器的方法。

3. 认识三菱 FX 系列 PLC 仿真软件 FX - TRN - BEG - C 的界面、常用符号，学会编程和仿真的操作方法。

4. 熟悉 PLC 梯形图(LAD)编程的规则，学会编写合乎规则的梯形图程序。

项目任务

任务 1　开关直接控制照明电路的装配与检修

1.1.1　知识准备

用于高于交流 1200 V、直流 1500 V 的控制电器称为高压控制电器；用于低于交流1200 V、直流 1500 V 的控制电器称为低压控制电器。低压电器可以分为配电电器和控制电器两大类，是成套电气设备的基本组成元件。现先介绍本项目将要用到的低压开关和低压熔断器。

1.1.1.1　低压开关

低压开关控制着电路的通断，开关主要由动、静触头构成，动触头接触静触头，开关闭合；动触头离开静触头，开关断开。常利用开关的这种特性，使用万用表测量其通断电阻，来判定开关的好坏。

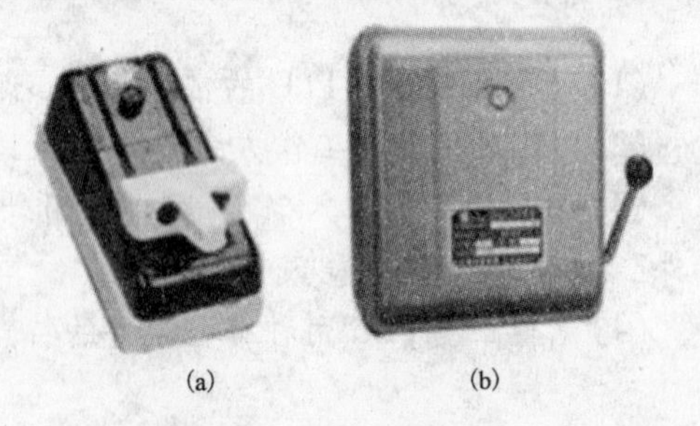

(a)　　(b)

图 1 - 1 - 1　刀开关

(a)胶木罩刀开关；(b)铁壳刀开关

1. 刀开关

刀开关主要有胶木罩刀开关(HK)、铁壳刀开关(HH)，如图 1 - 1 - 1 所示。根据刀开关的极数可分为单刀开关、双刀开关、三刀开关，根据刀开关的投向分为单投开关(HD)和双投开关(HS)，单刀开关、双刀开关、三刀开关及单投开关和双投开关的实物图形和图形符号如图1－1－2所示；根据刀开关带负荷能力分为空气开关(低压断路器)和隔离刀开关，空气开关(低压断路器)和隔离刀开关的实物图形和图形符号如图1－1－3所示。

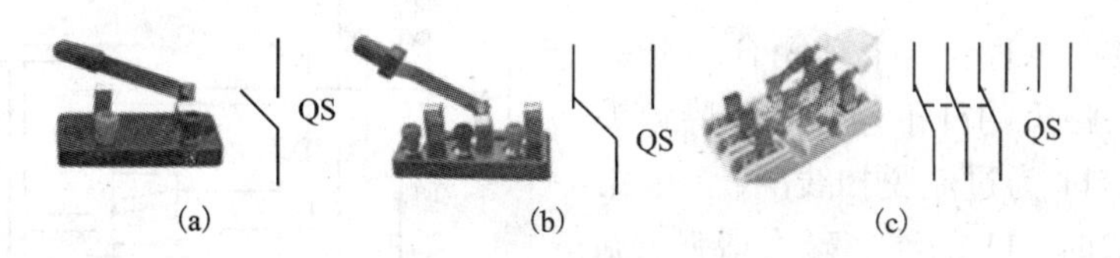

图1－1－2　刀开关

(a)单刀单投开关；(b)单刀双投开关；(c)三刀双投开关

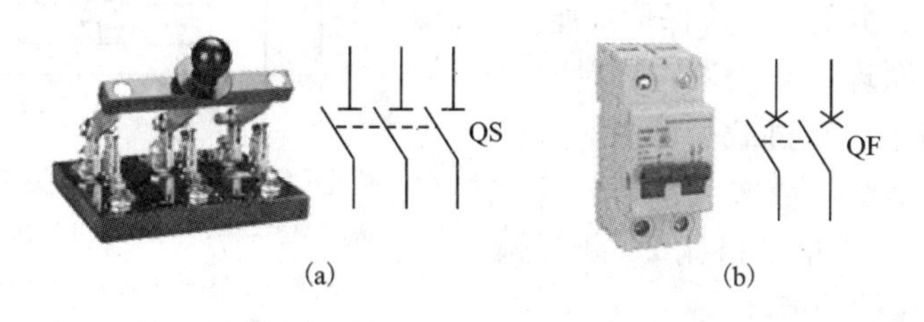

图1－1－3　刀开关

(a)隔离刀开关；(b)空气开关(低压断路器)

胶木罩刀开关广泛用在照明电路和较小容量(5.5 kW)、不频繁启动的动力控制电路中。安装胶木罩刀开关时应注意：

(1)在安装时，刀开关在合闸状态下手柄应该向上，不能倒装和平装，以防闸刀松动落下时误合闸。

(2)电源线应该在静触头一边的进线端，上方进线。用电设备应该接在动触头一边的出线端，这样当开关断开时，闸刀和熔丝均不带电，以保证更换熔丝时的安全。

铁壳开关也常用于照明电路和动力控制电路中，普通负载时，根据负载额定电流选择；电机负载时，按电机额定电流的1.5倍选择。操作铁壳开关时应注意：不要面对铁壳开关，应用左手操作手柄。

常用两个单刀双投开关实现异地控制一盏灯(见图1－1－11)；常用三刀双投开关对小功率三相异步电动机正反转进行控制(见图4－3－1)。

隔离刀开关一般可看到明显的断开点，起电气隔离作用，线路发生故障时不能动作，对线路和设备没保护作用；隔离刀开关由于没有灭弧装置，一般是不能带负荷操作的。

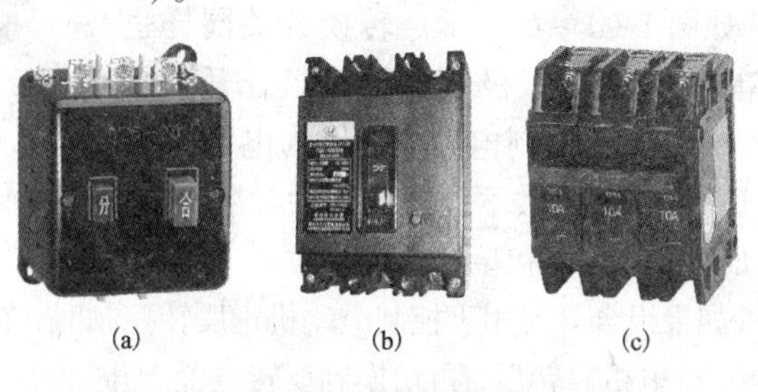

图1－1－4　自动开关

(a)DZ5自动开关；(b)DZ10自动开关；(c)DZ12自动开关

断路器一般被封装起来，看不到明显的断点；断路器又称自动开关，它既有手动开关作用，又能自动进行失压、欠压、过载和短路保护；具有灭弧装置，能带电通断负荷。自动开关因其结构不同，可分为装置式(DZ)和万能式(DW)两类。装置式自动开关又称塑料外壳式自动开关，一般用做配电线路的保护开关、电动机及照明电路的控制开关。图1－1－4是各种型号的塑料外壳式自动开关。

自动开关实现各种保护功能的工作原理如图1－1－5所示。

(1)过流保护原理：当手动闭合刀开关后，搭钩2将动触头的杆干勾住，保持触头处于连接状态。11为过流脱扣线圈，当电路中发生过流现象时，11的铁芯磁力增强，克服弹簧4对衔铁7的拉力，而被向上吸，衔铁7向上推动搭扣2，在弹簧3的拉力作用下，开关自动断开，实现了过流保护功能。

(2)过载保护原理：10为双金属片，12为电热丝，当电路中出现过载故障时，流过12的电流增大，12发热量增大，双金属片10受热变形向上翘起，推动搭钩2，断开触头1，实现了过载保护功能。

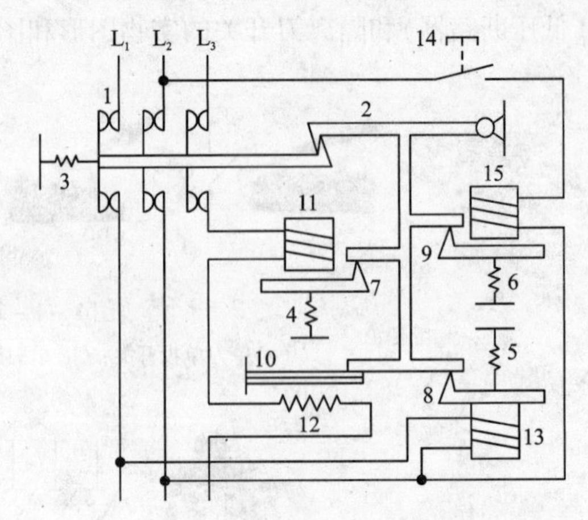

图1－1－5　自动开关工作原理图

1—触头；2—搭钩；3、4、5、6—弹簧；7、8、9—衔铁；10—双金属片；11—过流脱扣线圈；12—加热电阻丝；13—失压脱扣线圈；14—按钮；15—分励线圈

(3)失压和欠压保护原理：13为欠压脱扣线圈、8为衔铁、5为弹簧，当线路断电后，线圈13失电，衔铁8在弹簧5的拉力下，向上推动搭钩2，使触头1释放，实现了失压保护功能。

过流与过载保护在很多情况下是相似的：过流是指电路中的电流超过了它的额定电流，短路保护是过流保护的一种极端情况；过载是指接在电源两端的用电器的功率超过了电源的额定功率，如电动机的负载过重，超过电动机的额定功率时，电路会进行过载保护，过载保护也使电路中的电流增大。

注意：断路器和隔离刀开关的操作顺序是不同的，千万不能颠倒。送电时要先合隔离刀开关后合断路器，断电时要先断断路器后断隔离刀开关。一般按照线路额定电流1.5～2.5倍选择自动开关。

2. 转换开关

转换开关又称组合开关(HZ)，与刀开关的操作不同，它是左右旋转的平面操作，如图1－1－6所示。转换开关同样也有单极、双极、三极和四极。组合开关多用于机床电气控制电路中，作为电源的引入开关，也可用做不频繁的接通和断开电路、换接电源和负载以及控制5 kW以下的小容量电动机的正反转和星－三角启动。

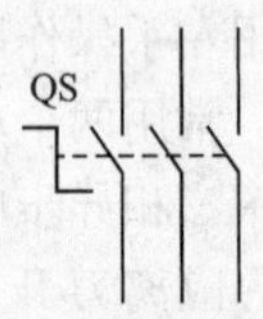

图1－1－6　组合开关及三极组合开关的图形符号

如果组合开关用于控制电动机正反转控制时，在从正转切换到反转的过程中，必须经过停止位置，待电机停转后，再切换到反转位置。开关的额定电流为电动机额定电流的1.5～2.5倍。

当转换开关具有更多操作位置和触头、能够对多个电路进行手动控制时，称为万能转换开关(LW)，如机械式万用表中的转换开关，用文字符号SA表示，如图1－1－7所示。

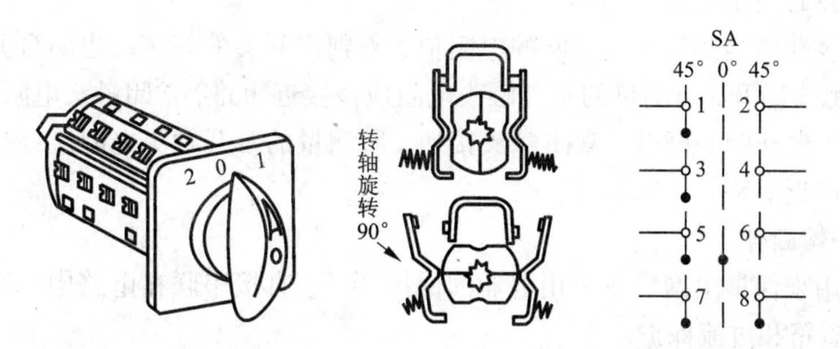

图1-1-7　万能转换开关外形图、内部原理图及开关图形符号

3. 按钮开关

按钮开关(LA)属主令电器，按其触头的工作状况分为：常开按钮开关、常闭按钮开关和复合按钮开关(同时具有常开常闭触头)，如图1-1-8所示。

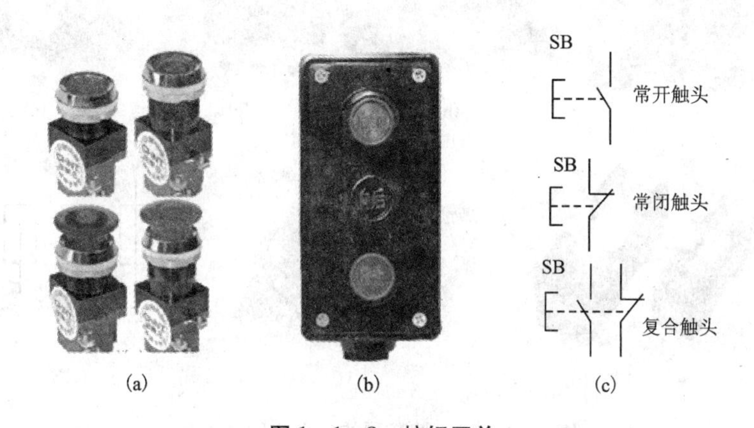

图1-1-8　按钮开关

(a)按钮开关；(b)按钮盒；(c)图形符号

按钮开关的主要特点是没有锁定功能，其工作原理如图1-1-9所示：1为按钮、2为弹簧、3为动触头、4和5为静触头，通过按钮1控制触头通断。

按钮开关的动作特征是：

常开按钮开关：不按按钮时，触头开关断开；按下按钮时，触头开关闭合。

常闭按钮开关：不按按钮时，触头开关闭合；按下按钮时，触头开关断开。

复合按钮开关：不按按钮时，常开触头开关断开，常闭触头开关闭合；按下按钮时，常开触头开关闭合，常闭触头开关断开。注意复合按钮开关常开和常闭触头在动作时“先断后合”，具有一定的时间差，常利用它们状态相反的特点，实现按钮互锁功能。

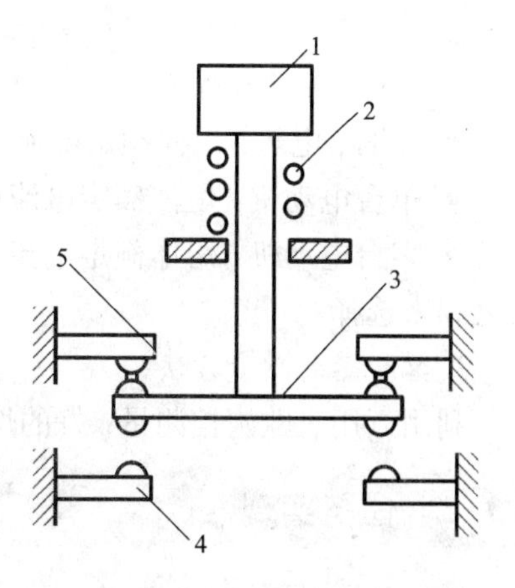

图1-1-9　按钮开关原理图

4. 低压开关的测量方法

利用万用表欧姆挡测量开关通断的电阻值，来判定开关的好坏。当闭合开关时，常开触头接通，常闭触头断开，所测量的常开触头电阻应该接近短路、常闭触头电阻应该接近开路；当断开开关时，常开触头断开，常闭触头接通，所测量的常开触头电阻应该接近开路、常闭触头电阻应该接近短路。

1.1.1.2　**熔断器**

熔断器是用来保护电网设备和用电器的保护器件，直接串联在电路中，利用电流的热效应原理，实现短路和过流保护。

1. 熔断器的类型

熔断器的类型与图形符号如图 1-1-10 所示。

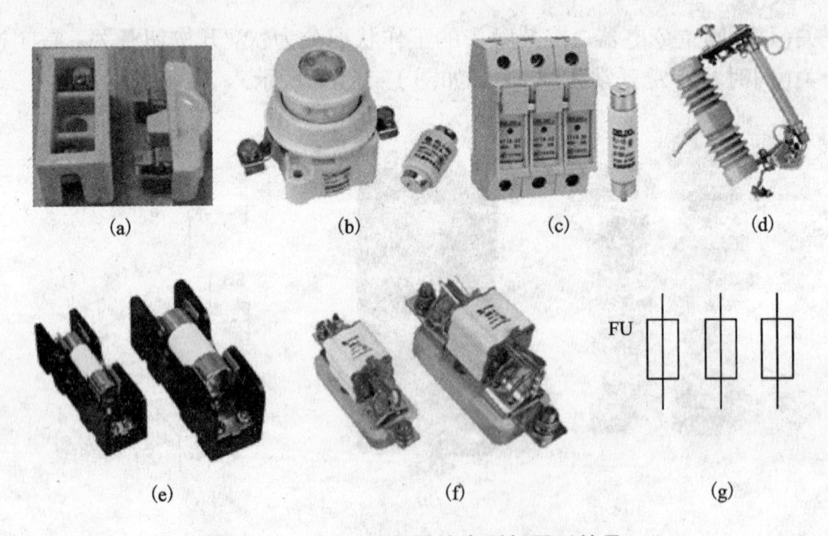

(a)　(b)　(c)　(d)

(e)　(f)　(g)

图 1-1-10　熔断器的类型与图形符号

(a)插式 RC；(b)螺旋式 RL；(c)实物填料式 RT；(d)跌落式 RM；
(e)实物填料式 RT；(f)快速熔断式 RM；(g)三相熔断器图形符号

2. 熔断器的参数选择

- 照明、电热：熔体额定电流等于或大于负载额定电流。
- 单台电动机：熔体额定电流可按电动机的 1.5～2.5 倍选择。
- 多台电动机：熔体额定电流可按最大一台电动机 1.2～2.5 倍加上其余电动机额定电流之和来选择。

3. 熔断器的测量方法

利用万用表欧姆挡测量，好的熔断器电阻接近零。

1.1.2　任务实现

1.1.2.1　**任务书**

【实训任务】

(1)用双刀空气开关控制一盏灯，用复合按钮开关的常开常闭开关分别控制一盏灯。

(2)用单刀双投开关分别控制一盏灯，用两个单刀双投开关异地控制一盏灯。

【实训目的】 通过照明电路的装配与检修，感性认识单投刀开关、双投刀开关、按钮开关的结构和动作特点；元件检测和使用方法；各种照明电路控制原理及电路装配和检修方法。

【实训场地】 电力拖动实训室或电气控制实训室。

【实训器材和工具】 1个双刀空气开关、1个复合按钮开关、3个单刀双投开关、1组熔断器、6个220 V白炽灯泡、导线若干、1块电工装配板或电气控制实训台、1套通用电工工具、1块万用表。

1.1.2.2　电路图设计

开关直接控制照明电路的控制原理图如图1－1－11所示，现分析如下：

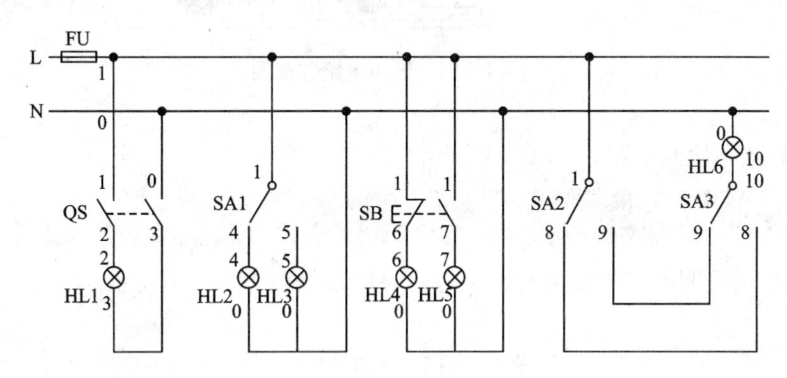

图1－1－11　照明电路原理图

(1)双刀空气开关照明电路：合上空气开关QS，使灯泡HL1的进出端分别与火线、零线连接，构成回路，HL1点亮。通过该电路的实训，感性认识空气开关的结构和接线方法。

(2)单刀双投开关分别控制一盏灯电路：SA1的1、4位合上时，HL2点亮、HL3熄灭；1、5位合上时，HL3点亮、HL2熄灭；在中间位时，HL2、HL3同时熄灭。通过该电路的实训，感性认识单刀双投开关的结构、控制特点。

(3)复合按钮开关分别控制一盏灯电路：不按下SB，常态下，按钮开关常闭触头1、6闭合，常开触头1、7断开，HL4点亮、HL5熄灭；按下SB，开关动作，常闭触头1、6断开，常开触头1、7闭合，HL4熄灭、HL5点亮。通过该电路的实训，感性认识按钮开关常闭、常开触头的概念和动作特征，为学习PLC继电器触头打下感性认识的基础。

(4)双控照明电路：分析双控原理的关键是理解双投开关及8－8、9－9两条连线的意义，无论拨动SA2还是SA3，SA2和SA3之间的连接关系只有两种情况，要么通过导线8－8或9－9连接，HL6点亮；要么断开，HL6熄灭。

1.1.2.3　装配和检修实习

开关直接控制照明电路的装配和检修的实习步骤如下：

(1)根据装配板，设计元件布局图和接线图。照明电路装配图如图1－1－12所示。

(2)根据装配工艺要求装配电路：左进右出、上进下出；左零右火；横平竖直；刀开关竖装、上进下出。

(3)不带电测试和检修电路：在通电测试电路前，一定要用万用表电阻挡测试电路，并排除所检测出来的故障，再通电测试电路。

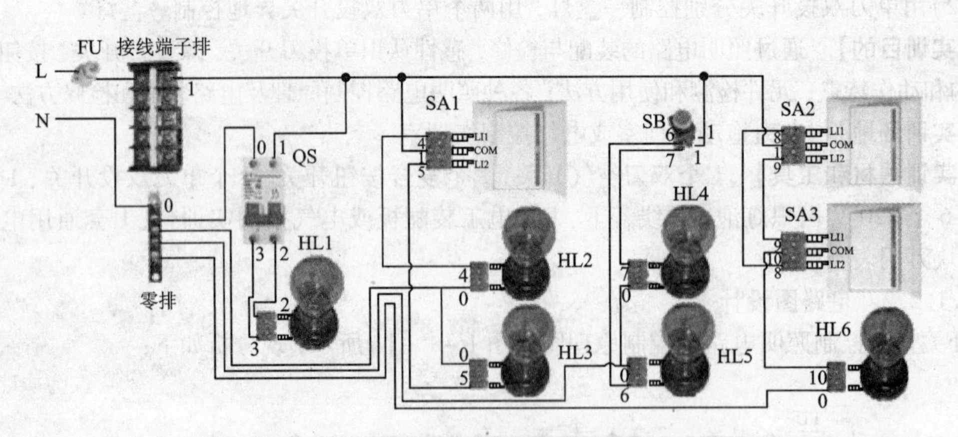

图 1-1-12　照明电路装配图

(4)通电测试和检修电路。

1.1.3　考核评价

开关直接控制照明电路的装配与调试考核评价表如表 1-1-1 所示。

表 1-1-1　考核评价表

考核项目	考核标准	分值	评分
元件知识	能正确选用、检测、使用各种开关	20	
电路功能	能实现各种灯的开关控制功能	30	
故障检修	能使用万用表检修故障，并维修	20	
工艺美观	满足工艺要求、电路美观、电路流程清晰	20	
安全现场	不违规操作、遵守操作规范、现场整洁	10	
总　评		100	

1.1.4　基础练习与拓展提高

课题一　基础练习

(1)什么是低压电器？分为哪两类？

(2)列举出常见低压开关，并列表说明各种开关的分类、型号、图形符号、控制特点、检测方法、应用场合和参数选择。

(3)熔断器与空气开关各能实现什么保护功能？请说明其保护原理。

(4)列出常见熔断器型号，说明熔断器的图形符号、参数的选择方法。

(5)分析单刀双投开关异地控制一盏灯的控制原理。

课题二　拓展提高

根据下列要求设计电路。

(1)用按钮开关和单刀开关直接控制小功率单相交流电动机。

(2)用三个单刀开关串联控制一盏灯、并联控制一盏灯、顺序控制三盏灯。

(3)用三刀双投开关直接控制三相异步电动机的正反转。

(4)用换向转换开关直接控制三相异步电动机的正反转。

任务2　PLC控制照明电路的装配与调试

1.2.1　知识准备

1.2.1.1　FX－TRN－BEG－C 仿真软件

学习三菱FX系列PLC编程，可采用中文仿真软件“FX－TRN－BEG－C”，其编程方法与前面所介绍的两种编程软件“SWOPLC－FXGP/WIN－C”和“GX DEVELOPER”大同小异，熟练掌握了仿真软件的操作方法，将来在工作中使用编程软件时，同样会得心应手。本书将重点学习使用仿真软件“FX－TRN－BEG－C”进行编程和仿真的方法。

“FX－TRN－BEG－C”仿真软件利用计算机进行仿真编程和仿真运行，可以在仿真平台上直接下载程序，并模拟仿真PLC控制现场机械设备运行。采用仿真教学，可以克服实训条件缺乏、实训课时不足等客观困难，更有效地开展PLC教学。

“FX－TRN－BEG－C”仿真软件不需要安装，只是将软件复制到计算机上，并将安装目录下的图标发送为桌面快捷方式，然后在桌面上双击图标，即可启动仿真软件，进入仿真软件程序的首页，如图1－2－1所示。

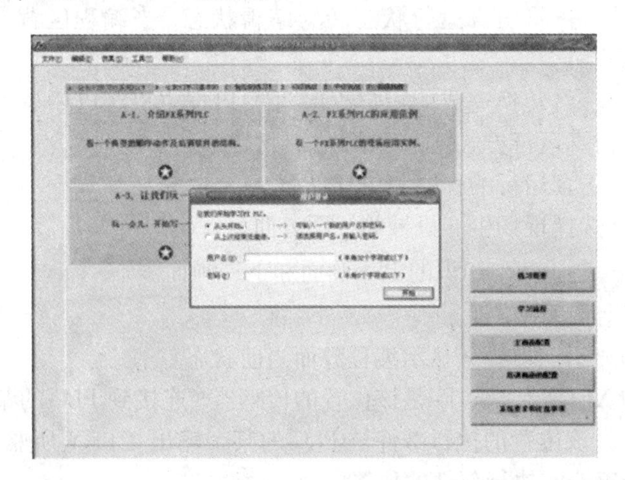

图1－2－1　仿真软件首页

在首页中有A、B、C、D、E、F六个章节的学习项目，A－1、A－2两个练习章节介绍了PLC的基础知识，从A－3开始的章节可以进行编程和仿真培训练习。现在点击首页中的“开始”，即可进行仿真学习。编程界面划分为现场仿真区、编程区两部分，如图 1－2－2 所示。

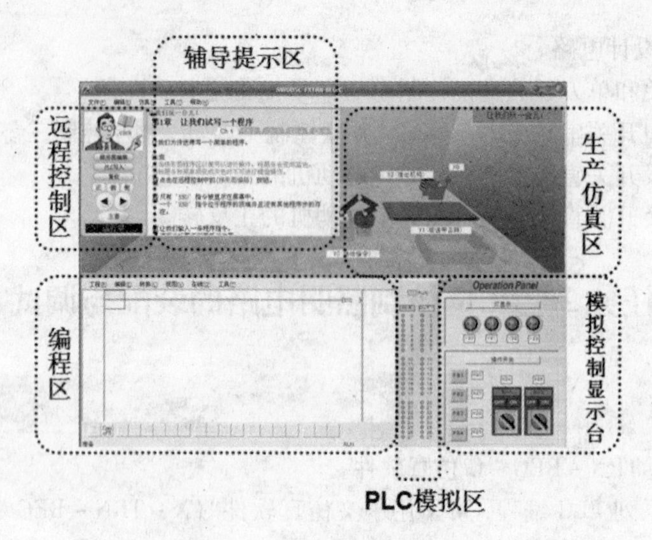

图 1－2－2 仿真编程界面

1. 现场仿真区

现场仿真区在编程仿真界面的上半部分，左起依次为远程控制区、辅导提示区和生产仿真区。单击远程控制画面的教师图像，可关闭或打开辅导提示区。

仿真区“编辑”菜单下的“I/O 清单”选项显示该练习项目控制仿真现场设备的 I/O 地址表。仿真区“工具”菜单下的“选项”，可选择仿真背景为“简易画面”，以节省计算机系统资源；还可调整仿真设备运行的速度。

远程控制区的功能按钮自上而下依次如下：

- “梯形图编辑”——将仿真运行状态转为编辑状态，当编程区背景由灰色变成白色，表明可以开始编程。
- “PLC 写入”——将转换完成的用户程序写入 PLC 主机。PLC 写入程序后，编程区的“RUN”灯点亮，进入仿真运行方式，此时不可编制程序。
- “复位”——将仿真运行的程序和仿真界面复位到初始状态。
- “正俯侧”——选择现场生产机械的视图方向。
- “◀ ▶”——选择基础知识的上一画面和下一画面。
- “主要”——返回程序首页。
- “编程/运行”显示窗口——显示编程界面当前状态。

仿真现场给出的 X 的位置，实际是该位置的传感器，连接到 PLC 的某个输入接口 X；给出的 Y 的位置，实际是该位置的执行部件被 PLC 的某个输出接口 Y 所驱动。本文亦以 X 或 Y 的位置替代说明传感器或执行部件的位置。

仿真现场的机器人、机械臂和分拣器等，为点动运行，自动复位。

仿真现场的光电传感器，遮光时，其常开触头接通、常闭触头分断，通光时相反。

2. 编程区

编程仿真界面的下半部分左侧为编程界面，编程界面上方为操作菜单，其中“工程”菜单相当于其他应用程序的"文件"菜单。只有在编程状态下，才能使用"工程"菜单进行打开、保存等操作。

编程界面两侧的垂直线是左右母线，之间为编程区。编程区中的光标，可用鼠标左键单击移动，也可用键盘的四个方向键移动。光标所在位置是放置、删除元件等操作的位置。

仿真运行时，梯形图上不论触头和线圈，蓝色表示该元件接通。

(1)模拟 PLC

编程区右侧为一台 48 个 I/O 点的模拟 PLC，其左侧一列发光二极管显示各个输入接口的状态；右侧一列发光二极管显示各个输出接口的状态。

(2)模拟控制显示台

编程仿真界面最右侧是模拟控制显示台，上方是信号灯显示屏，下方是操作台。各指示灯已按照标识 Y 连接到 PLC 的输出接口；各开关也按照标识 X 连接到 PLC 的输入接口。

操作台的 PB 为常开按钮开关，SW 为转换开关，其面板的"OFF　ON"系指其常开触头断开或闭合。

1.2.1.2　编程和仿真操作

单击远程控制区的"梯形图编辑"按钮，进入编程状态，即可使用仿真软件编写 LAD(梯形图)程序。

1. 梯形图编程基本原则

(1)在编辑区的左右母线间进行编程：左母线相当于电源的正极，右母线相当于电源的负极，只能在两条母线间编写程序。

(2)每一行程序从左母线开始，用线圈指令或功能指令连接右母线结束，触头不能出现在线圈右边，如图 1－2－3 所示。

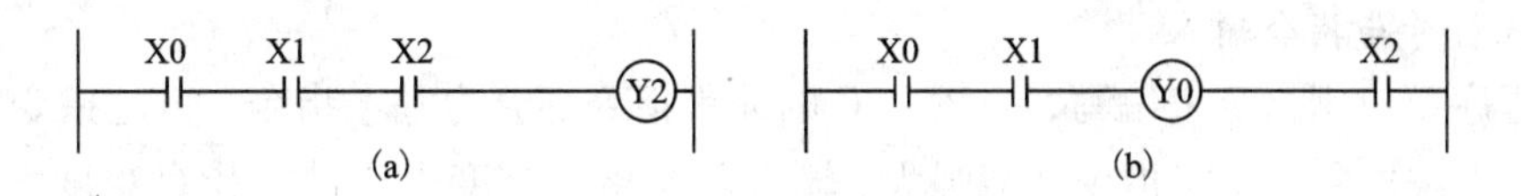

图 1－2－3　梯形图编程

(a)正确；(b)错误

(3)输入/输出继电器、内部继电器、定时器、计数器等器件的触头可多次重复使用。

(4)除步进指令外，任何线圈(含输出继电器、定时器、计数器)和功能指令不能直接与左母线相连。

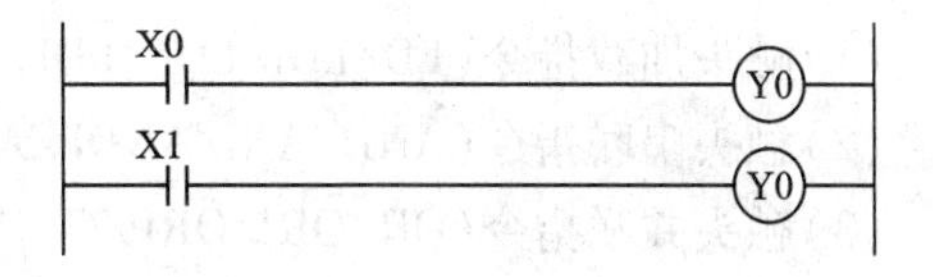

图 1－2－4　线圈重复输出错误

(5)在程序中，不允许同一编号的线圈多次输出，允许不同编号的线圈并联输出，如图 1－2－4所示。

(6)程序的编写按从上到下、从左到右方式编写。为减少程序执行步数，程序应上大下小、左大右小，如图 1－2－5 所示。

(7)不允许出现桥式电路，如图 1－2－6 所示。

(8)在梯形图中串联接点、并联接点的使用次数没有限制，可无限次地使用。

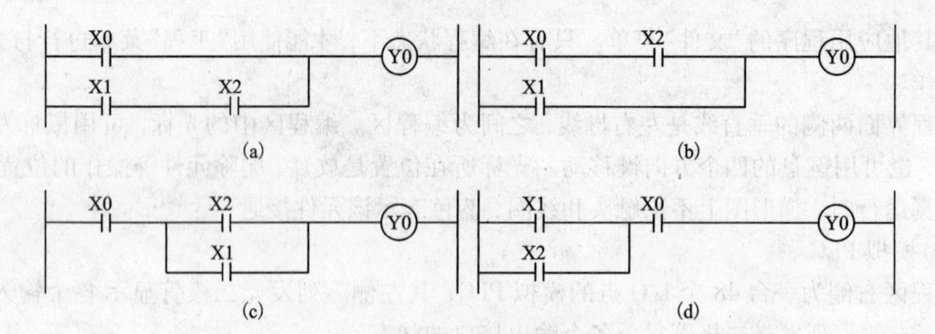

图1－2－5　梯形图编程

(a)上小下大不规范；(b)上大下小规范；(c)左小右大不规范；(d)左大右小规范

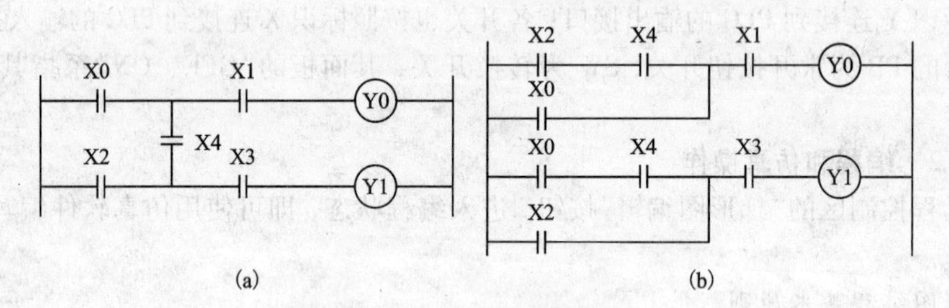

图1－2－6　梯形图编程

(a)桥接错误；(b)正确

(9)输入开关尽可能用常开触头，假如使用常闭触头，要注意此时开关所接PLC输入端口的常开、常闭触头的动作状态与外接常开控制开关时正好相反。

2. 编程符号与指令输入

PLC程序要应用指令来编写，一般PLC的编程指令都分为基本指令、步进指令和功能指令三大类，步进指令和功能指令功能强大，输入功能指令难度也比基本指令难度大，刚开始学习时，首先学习如何使用基本指令来编写梯形图程序，后面才逐步介绍如何使用步进指令和功能指令编程。

FX2N系列PLC编程基本指令分为以下几类：

(1)触头加载指令(LD/LDI/LDP/LDF)。

(2)触头串联指令(AND/ANI/ANDP/ANDF)。

(3)触头并联指令(OR/ORI/ORP/ORF)。

(4)触头块操作指令(ORB/ANB)。

(5)线圈输出指令(OUT)。

(6)置位与复位指令(SET/RST)。

(7)微分指令(PLS/PLF)。

(8)主控指令(MC/MCR)。

(9)堆栈指令(MPS/MRD/MPP)。

(10)逻辑反、空操作与结束指令(INV/NOP/END)。

编程界面下方显示可用鼠标左键点击的元件符号，直接点击如图1－2－7所示的元件符号，即可输入(1)～(5)项中的5类基本指令，(6)～(10)项的基本指令不能通过编程符号直接输入，而类似于功能指令输入方法，需要点击热键F8，通过输入指令助记符输入，放置元件的具体操作方法，将在下个内容进行介绍。

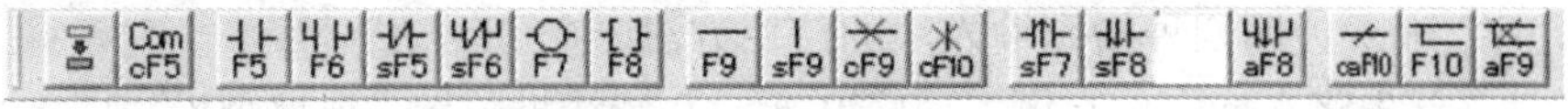

图1－2－7　编程热键

常用编程符号的意义及对应的基本指令说明如下：

：将梯形图程序转换成语句表程序(F4为其热键)；

F5：放置常开触头(LD和AND)；　　F6：并联常开触头(OR)；

sF5：放置常闭触头(LDI或ANI)；　　sF6：并联常闭触头(ORI指令)；

F7：放置线圈(OUT)；　　F8：放置指令，直接输入指令；

F9：放置水平线段；　　cF9：删除水平线段；

sF9：放置垂直线段于光标的左下角；　　cF10：删除光标左下角的垂直线段；

sF7：放置上升沿有效的常开触头(LDP或ANDP)；

sF8：放置下降沿有效的常开触头(LDF或ANDF)。

元件符号下方的F5～F9等字母数字，分别对应键盘上方的编程热键，其中大写字母前的s表示Shift+；c表示Ctrl+；a表示Alt+。

3. 梯形图编程操作方法

图1－2－8梯形图程序为本照明灯控制任务的部分程序，现在我们以该部分程序为例，介绍如何利用编程符号输入基本指令，编写梯形图程序的操作方法。该图的左边为LAD(梯形图)程序，右边为STL(指令语言语句表)程序，编写LAD程序比较简单，可以使用编程符号轻松地编出LAD程序。编写STL程序要熟练背记各种指令的助记符和格式，相对LAD程序，难度要大些，建议使用LAD编程。

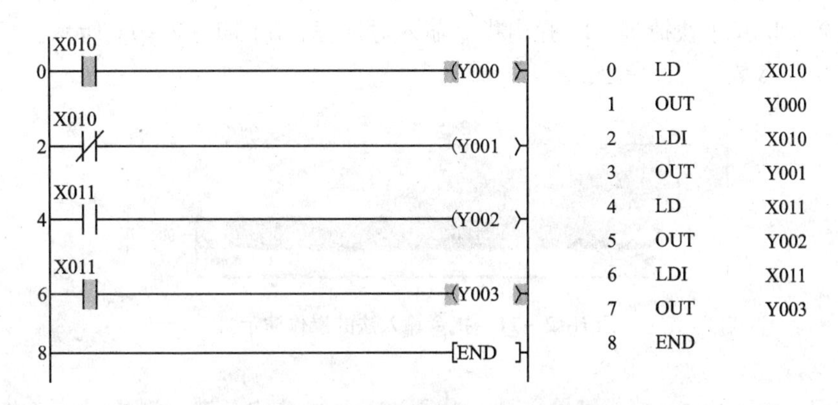

图1－2－8　照明灯控制梯形图程序

(1)放置元件

梯形图编程采用鼠标法、功能键输入法、对话法和指令法均可调用、放置元件。前面三种指令输入方法都是图形符号输入法，可以轻松地编写出图 1－2－8 左边由基本指令构成的 LAD 程序，假如要输入功能指令，就必须要使用指令法。下面以输入图 1－2－8 中的 0－1 步的 LAD 程序为例，说明四种指令输入法的使用方法。

①鼠标法：首先将光标定位在图 1－2－9 所示 0 步线框位置，根据图 1－2－8 中的 0－1 步的程序，分别用鼠标左键单击编程界面下方的常开触头、线圈，弹出元件标号对话框，输入元件标号 X10 和 Y0，即可在光标所在位置放置出如图 1－2－8 中的 0－1 步的元件。

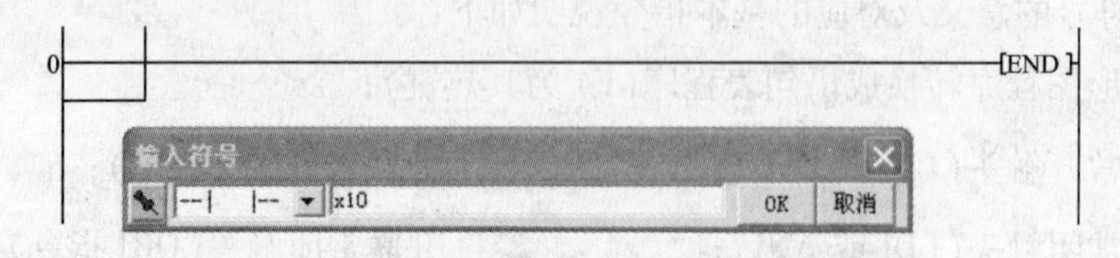

图 1－2－9 鼠标法元件符号和元件标号对话框

②功能键输入法：同鼠标法一样，首先移动光标到预定位置，分别点按编程功能键 F5 和 F7，也会弹出元件标号对话框，在弹出来的对话框中分别输入元件标号 X10 和 Y0。

③对话法：在预定放置元件的位置双击鼠标左键，弹出元件对话框，点击元件下拉箭头，显示元件列表，见图 1－2－10。选择元件、输入元件标号，即可放置元件和指令。

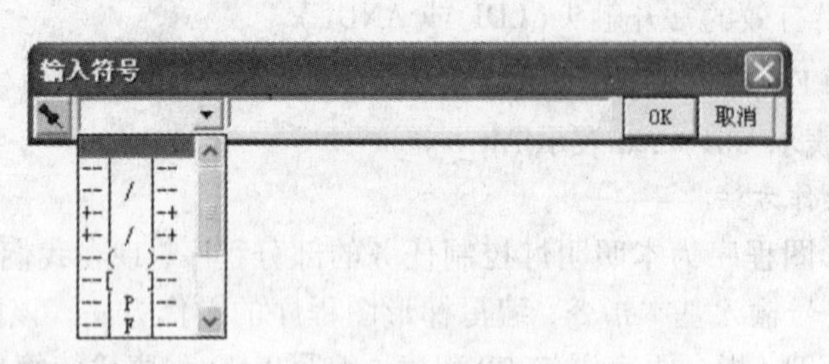

图 1－2－10 对话法元件符号和元件标号对话框

④指令法：现在以输入 MOV 指令为例，来说明指令法的操作步骤：a. 将光标定位到要输入指令的位置。b. 按下快捷键 F8，弹出指令输入对话框，如图 1－2－11 所示。c. 利用键盘直接输入指令和参数，放置指令。

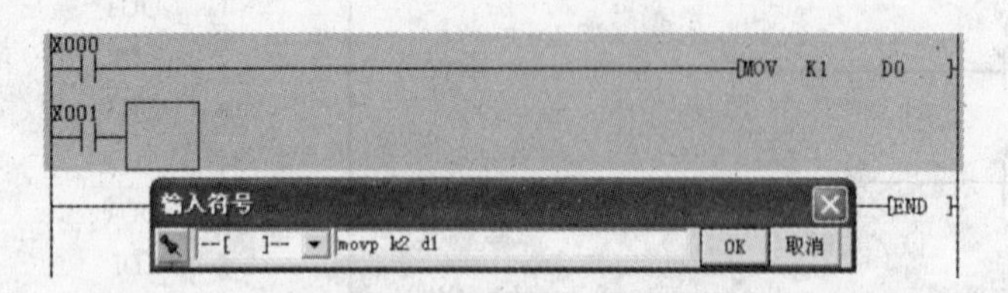

图 1－2－11 指令输入法的操作演示

课堂练习：在鼠标法、功能键输入法、对话法三种方法中任选一种方法，在仿真平台上编写如图 1－2－8 所示梯形图程序。

(2)编程其他操作

①删除元件：点按键盘 Del 键，删除光标处元件；点按回退键，删除光标前面的元件；垂直线段的放置和删除，请使用鼠标法。

②修改元件：鼠标左键双击某元件，弹出元件对话框，可对该元件进行修改编辑。

③右键菜单：单击鼠标右键，弹出右键菜单如图1－2－12所示，可对光标处进行撤销、剪切、复制、粘贴、行插入、行删除等操作。

撤消(U)	Ctrl+Z
剪切(T)	Ctrl+X
复制(C)	Ctrl+C
粘贴(P)	Ctrl+V
行插入(N)	Shift+Ins
行删除(E)	Shift+Del
自由连线输入(L)	F10
自由连线删除(R)	Alt+F9
转换(N)	F4

图1－2－12　右键菜单

(3)程序转换、保存与写入等操作

编写好的程序，在编译之前，编程区是灰色的，假如程序正确，通过鼠标左键点击“转换程序”按钮或按热键“F4”编译，编程区会变成白色。如果某部分显示为黄色，如图1－2－13所示中有灰色底影处，表示这部分编程有误，请查找原因予以解决。

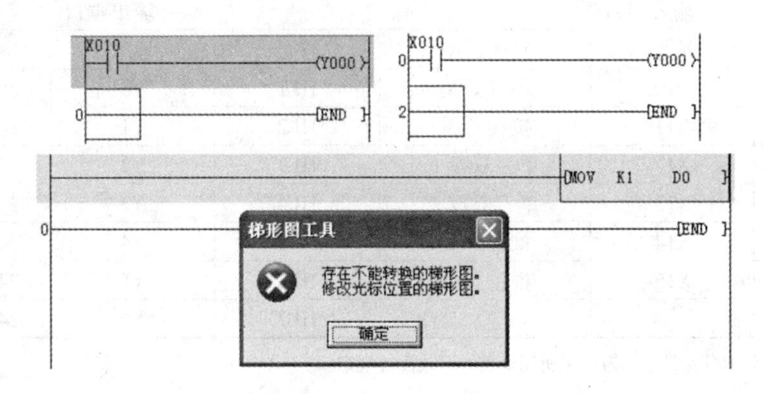

图1－2－13　编译效果演示

鼠标左键点击“工程/保存”，选择存盘路径和文件名，进行存盘操作。

鼠标左键点击“工程/打开工程”，选择路径和文件名，调入原有程序。

鼠标左键点击“PLC写入”，将程序写入模拟的PLC主机，即可进行仿真试运行，并根据运行结果调试程序。

课堂练习：在仿真平台上，完成A－3和B－1项目任务，学习如何编写梯形图程序。

1.2.2　任务实现

1.2.2.1　任务书

【实训任务】

(1)编写用一个单刀空气开关和PLC控制一亮一灭的两盏灯、用一只常开按钮开关和PLC控制一亮一灭的两盏灯的梯形图程序，并安装调试PLC控制的照明电路。

(2)编写用单刀双投开关和PLC分别控制一亮一灭两盏灯、用两个开关或两个按钮开关和PLC异地控制一盏灯的梯形图程序，并安装调试PLC控制的照明电路。

【实训目的】 通过编写 PLC 控制的各种照明电路的梯形图程序，并安装调试电路，感性认识 PLC 的面板，掌握 PLC 控制照明电路接线图设计和接线、仿真软件操作、编写梯形图程序的方法，对比认识继电器控制系统和 PLC 控制系统的内在联系和区别，及 PLC 控制系统的优越性。

【实训场地】 机电一体化实训室（不具备相关实训条件的学校，请在仿真平台上编写控制程序和运行仿真）。

【实训器材和工具】 1 个单刀空气开关、1 个常开按钮开关、1 个单刀双投开关、2 个推拉开关、1 组熔断器、7 个额定电压为 24 V 的灯泡、导线若干、1 块电工装配板或电气控制实训台、1 套通用电工工具、1 块万用表。

1.2.2.2 I/O 分配和接线图设计

PLC 控制照明电路的 I/O 分配地址表如表 1-2-1 所示，电路接线图如图 1-2-14 所示，实物接线图如图 1-2-15 所示。

表 1-2-1 PLC 控制照明电路的 I/O 地址表

输入端口			输出端口		
符号	地址	功能说明	符号	地址	功能说明
QS	X10	空气开关	HL1	Y0	24 V 直流灯泡
SB	X11	按钮开关	HL2	Y1	24 V 直流灯泡
SA1-1	X12	单刀双投 1	HL3	Y2	24 V 直流灯泡
SA1-2	X13	单刀双投 2	HL4	Y3	24 V 直流灯泡
SA2	X14	推拉开关	HL5	Y4	24 V 直流灯泡
SA3	X15	推拉开关	HL6	Y5	24 V 直流灯泡
			HL7	Y6	24 V 直流灯泡

说明：表中所列 I/O 地址表，为例程所用地址，不做强行规定。

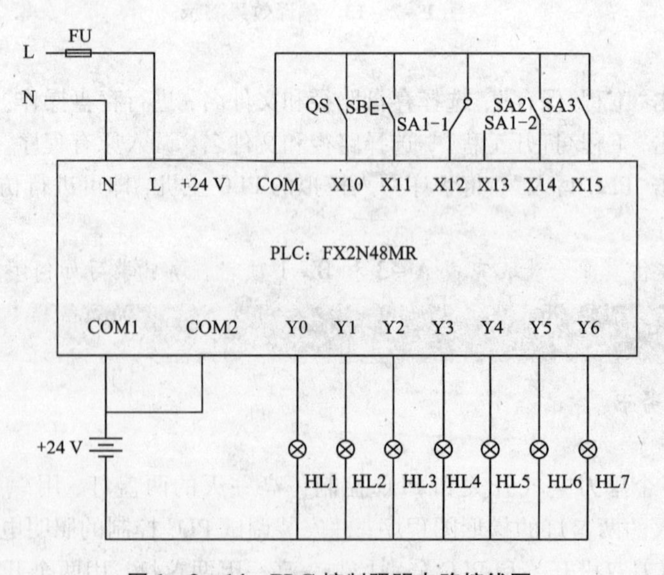

图 1-2-14 PLC 控制照明电路接线图

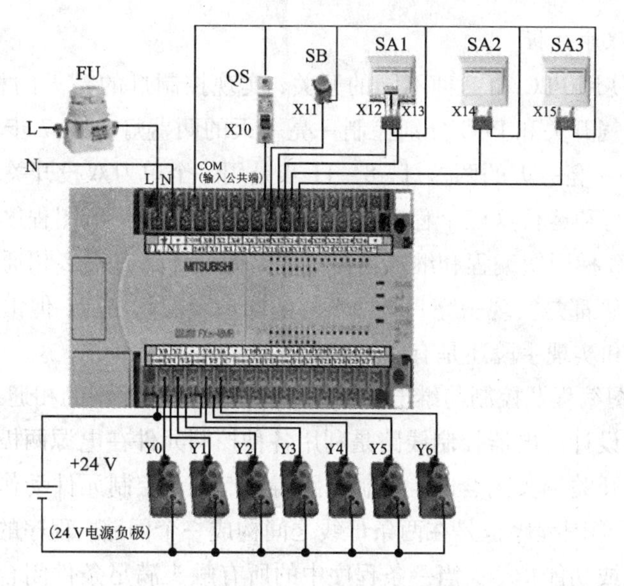

图 1-2-15　PLC 控制照明电路实物接线图

PLC 输入输出的 COM 端都与电源相关，不同品牌、不同型号 PLC 的 COM 端的意义不同，本教材所介绍的 PLC 型号为 FX2N48MR，其输入 COM 端相当于电源的负极，各输入 X 端口内接 +24 V 电源，通过外接开关构成输入回路；其输出 COM 端外接 24 V 直流电源的正极，一个 COM 端为几个 Y 端口提供电源，所以有 COM1、COM2 等。输出 COM 端相当于给输出 Y 端口提供电源，Y 端口接负载的一端，负载的另一端接电源负极，构成输出回路。

1.2.2.3　编程和电路调试实习

PLC 控制照明电路的程序如图 1-2-16 所示，现分析如下：

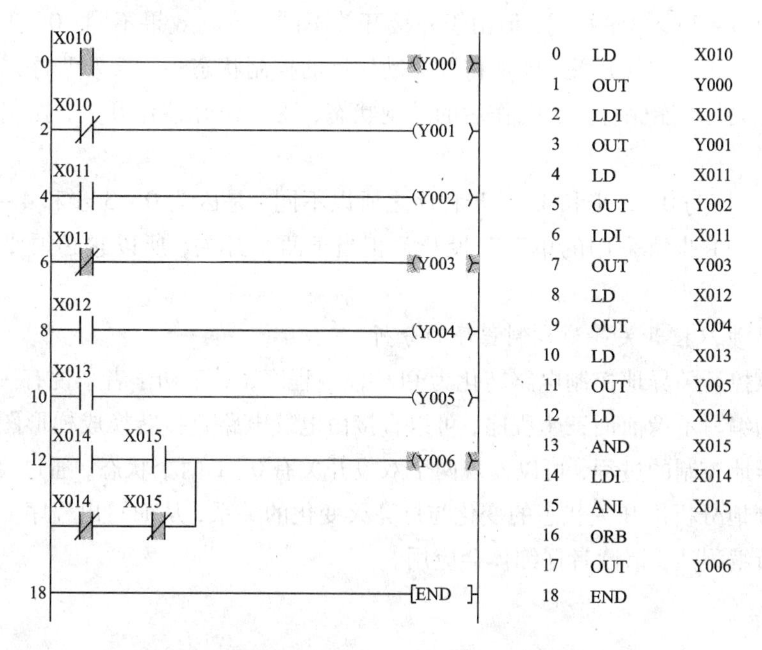

图 1-2-16　照明灯 PLC 控制梯形图程序

1.0－10步的程序分析

0－10步分别使用PLC和三种不同的开关，实现控制灯的亮灭的相同功能。其中0－3步是用一个单刀空气开关和PLC分别控制一亮一灭的两盏灯，4－7步是用一个常开按钮开关和PLC分别控制一亮一灭的两盏灯，8－11步是用一个单刀双投开关和PLC控制一亮一灭的两盏灯，通过编写和运行这三个程序，我们可以发现PLC梯形图程序及控制与继电器控制电路图及控制、PLC梯形图编程和继电器控制线路图设计都有很多相通之处和不同之处。再就是这三个程序尽管都是实现一亮一灭两盏灯的同一个控制功能，但由于使用了不同的控制开关，其控制效果和实现手段还是有所不同的。

(1)PLC梯形图编程及控制与继电器控制线路图设计及控制的相通之处和不同之处

①相通之处。设计继电器控制线路是利用各种控制元件在电源两极之间构成一个控制回路，当回路上所有开关触头闭合时，控制回路得电起控，控制元件动作，实现所预设的控制功能。编写PLC梯形图程序也是在两条母线之间构成一个回路，程序的左边是各种触头，右边是各种输出线圈或功能指令，当一条程序中的所有触头满足条件闭合时，就相当于将代表电源正负极的两条母线接通，运行所设计的程序，实现相应的控制功能：或直接输出高电平，使外部负载动作；或使内部继电器线圈得电，相应触头动作；或完成某个功能指令的运算，产生新的运算数据。深入揣摩和领会继电器控制线路与PLC梯形图程序的相通之处，可以使初学者轻松地学会PLC、掌握梯形图编程的技巧。

②不同之处。尽管PLC内部的元件也有类似于继电器的结构和动作特征，但这些元件毕竟是看不见摸不着的虚拟元件；尽管梯形图编程就相当于继电器元件之间的接线，可编程更侧重于顺序逻辑关系，继电器的硬件接线更侧重于元件与元件之间的连接关系。

(2)上述三个程序的对比分析

0－3步和4－7步程序相同，但由于外接开关不同，控制效果不同：0－3步程序所用开关是具有自锁功能的空气开关，能保持开关动作后的控制状态；4－7步程序采用不具有自锁功能的按钮开关，不能保持开关动作后的控制状态，既一松开按钮开关，控制状态又会恢复到常开状态。

8－11步程序与0－3步和4－7步程序之所以不同，是因为0－3步和4－7步都是用一个开关，而8－11步所采用的单刀双投开关相当于两个开关，所以它必须要用到两个输入端口。

2.12－17步双控开关异地控制程序的分析

如何将双控开关异地控制电路转化为PLC控制程序，对于初学者来说有一定的难度。因为这个程序的编写不像前面三个程序，可以直接由电气电路直接转换成梯形图程序。仔细分析双控开关异地控制的过程，可以发现两个双投开关有0、1两个状态，通过真值表(表1－2－3)可以清晰地分析出开关状态的变化与灯亮灭变化的关系，从而写出程序。这种编程方法称为逻辑分析编程法，请读者仔细体会应用。

表1-2-3 真值表

SA2状态	SA3状态	HL7状态
0	0	1
0	1	0
1	0	0
1	1	1

课堂编程仿真练习：请在仿真平台上使用模拟控制显示台上的按键开关、转换开关、指示灯模拟实物开关、灯泡，编写程序，并仿真演示。

电路装配调试实训*：具备PLC实训条件的学校，安排编程、电路装配、程序下载调试一体化实训。

1.2.3 考核评价

PLC控制照明电路考核评价如表1-2-4所示。

表1-2-4 考核评价表

考核项目	考核标准	分值	评分
硬件接线	能正确分配I/O地址，设计照明控制电路的接线图，并正确接线	20	
编程功能	能根据不同开关的动作特征，正确编写照明控制程序，流程清晰，能实现照明控制功能	30	
程序调试	能根据照明控制电路工作状况，调试程序	20	
工艺美观	PLC照明控制电路的输入输出回路布局合理，线路流程清晰，满足布线、扎线工艺要求，电路美观	20	
安全现场	不违规操作、遵守操作规范、现场整洁	10	
总　评		100	

1.2.4 基础练习与拓展提高

课题一 基础练习

(1)列举5个以上PLC的常见品牌，说明PLC的硬件构成及各部分的作用。

(2)简述PLC采用的工作方式，并说明PLC工作过程。

(3)三菱PLC的输入/输出端口各用什么字母表示、编码采用什么数制、各接什么外部元件？

(4)PLC有哪几种编程语言？梯形图编程应遵循什么编程规则？

(5)比较 PLC 梯形图程序设计及控制与继电器控制线路图设计及控制的相通与不同之处，并说明 PLC 控制的优越性。

课题二 拓展提高

(1)用 PLC 和三个单刀开关控制一盏灯，三个开关接在不同端口上，要求同时使用三个开关分别串联和并联控制一盏灯。

(2)在仿真平台上完成 D－1 呼叫单元的编程练习。

项目2 顺序启动照明电路的装配与检修

项目描述

顺序控制的意义是前一控制环节为后一控制环节的条件，只有当前一环节启动或完成后，才能启动下一环节的工作。这是现代生产控制技术的主要方式，非常重要。本项目通过任务1——交流接触器顺序启动照明电路的装配与检修和任务2——PLC控制顺序启动照明电路的装配与调试的对比学习，达到以下目标：

1. 了解交流接触器的结构、控制功能和特点、主要参数，学会检测和使用交流接触器的方法。

2. 认识继电器控制方式的仿真软件CADe_SIMU CN，掌握仿真软件CADe_SIMU CN的电气仿真操作方法。

3. 理解各继电器顺序启动控制电路的结构和控制原理，并能设计类似电路。

4. 熟练掌握本项目中所涉及到的PLC基本指令和辅助继电器M的使用方法。

5. 掌握PLC顺序启动控制的编程方法，会设计、分析和调试类似梯形图程序。

项目任务

任务1 交流接触器顺序启动照明电路的装配与检修

2.1.1 知识准备

2.1.1.1 交流接触器

交流接触器是用来频繁地接通或断开主电路及大容量控制电路的自动电器。交流接触器广泛应用在电力拖动和自动控制系统中，主要控制对象是电动机，也可用于控制电热设备、电焊机等其他负载。接触器不仅具有控制电路的通断功能，还具有欠压、失压保护功能。其主要优点是：能实现远距离自动操作、控制容量大、操作频率高、工作可靠、性能稳定、使用寿命长、维护方便。

1. 交流接触器的结构和图形符号

交流接触器主要由电磁机构、触头系统、灭弧装置和其他部分组成。图2-1-1为CJ20系列交流接触器外形图，图2-1-2为CJ20系列交流接触器结构示意图，图2-1-3为接触器的图形、文字符号，图2-1-4为交流接触器型号命名的意义。

图 2-1-1 CJ20 系列交流接触器外形图

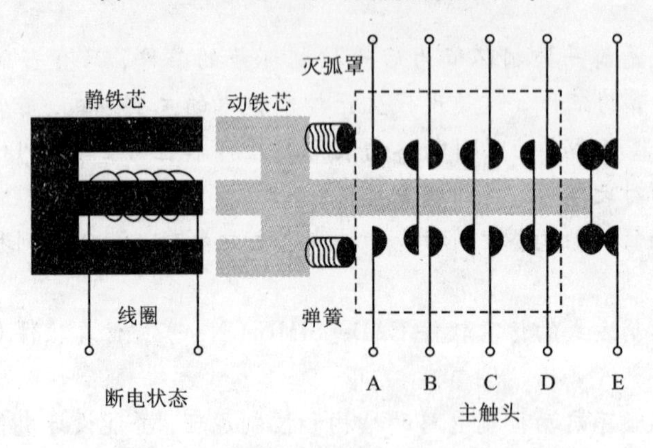

图 2-1-2 CJ20 系列交流接触器结构示意图

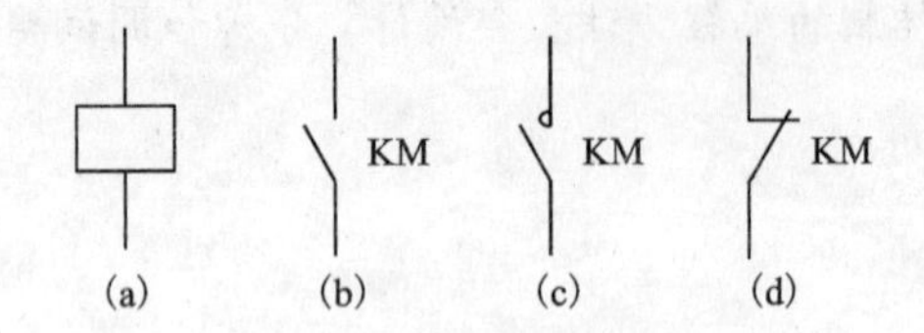

图 2-1-3 接触器的图形、文字符号

(a)线圈；(b)辅助常开触头；(c)主触头；(d)辅助常闭触头

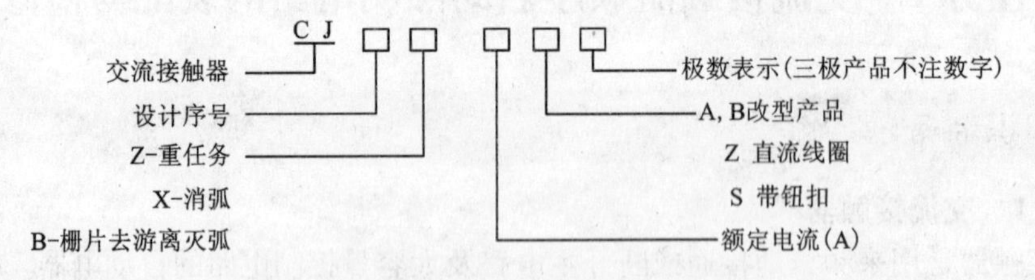

图 2-1-4 交流接触器型号命名的意义

(1)电磁机构　电磁机构是由电磁线圈、动铁芯(衔铁)和静铁芯三部分组成，其作用将电磁能转换成机械能，产生电磁吸力带动触头动作。

(2)触头系统　触头是接触器的执行元件，用来接通或断开被控制电路。接触器的触头系统包括主触头和辅助触头。主触头用于接通或断开主电路，允许通过较大的电流，如图 2-1-3(c)所示；辅助触头用于接通或断开控制电路，只允许通过较小的电流，如图 2-1-3(b)所示，辅助触头没有代表灭弧装置的小圆点。

触头按其原始状态可分为常开触头和常闭触头：原始状态时(线圈未通电时)断开，当线圈通电后闭合的触头称为常开触头，如图2－1－3(b)所示；原始状态闭合，线圈通电后断开的触头称为常闭触头，如图2－1－3(d)所示。

交流接触器触头的动作特点是：线圈得电后，常闭触头先断开，常开触头后闭合。

(3)灭弧装置

当触头断开大电流或高电压电路时，会在动、静触头之间产生很强的电弧。电弧的出现，既妨碍电路的正常分断，又会使触头受到严重灼伤，所以必须采取措施进行灭弧，以保证电路和电器元件工作安全可靠。常用的灭弧装置有灭弧罩、灭弧栅和纵缝灭弧装置等。

2. 交流接触器工作原理、检测及维护

1)工作原理

当接触器电磁线圈不通电时，弹簧的反作用力和衔铁芯的自重使主触头保持断开位置。当电磁线圈通过控制回路接通控制电压(一般为额定电压)时，电磁力克服弹簧的反作用力将衔铁吸向静铁芯，带动主触头闭合，接通电路，辅助接点随之动作。

2)交流接触器的检测与维护

(1)线圈检查与维护

①测量线圈电阻：将万用表置于测电阻挡，两表笔分别与线圈的两端相连，如阻值在1.9 kΩ左右为正常，反之则已损坏；

②查看线圈绝缘物有无变色、老化现象，线圈表面温度不应超过65℃；

③检查线圈引线连接，如有开焊、烧损应及时修复。

(2)触头系统的检查与维护

①将万用表置于测二极管挡，在不通电的情况下，用万用表的两表笔分别与各主接触头的进线端和出线端相连，如示数很大(万用表不鸣警)；再用手按下交流接触器的运动部件，使主触头闭合，万用表示数很小(万用表蜂鸣响起)则为正常，反之已损坏。

②检查动、静触头位置是否对正，三相是否同时闭合，如有问题应调节触头弹簧；

③检查触头磨损程度，磨损深度不得超过1 mm，触头有烧损，开焊脱落时，须及时更换；轻微烧损时，一般不影响使用。清理触头时不允许使用砂纸，应使用整形锉；

④测量相间绝缘电阻，阻值不低于10 MΩ；

⑤检查辅助触头动作是否灵活，触头行程应符合规定值，检查触头有无松动脱落，发现问题时，应及时修理或更换。

(3)铁芯部分维护

①清扫灰尘，特别是运动部件及铁芯吸合接触面间；

②检查铁芯的紧固情况，铁芯松散会引起运行噪音加大；

③检查铁芯短路环是否有脱落或断裂现象，如有要及时修复。

(4)灭弧罩部分维护

①检查灭弧罩是否破损；

②灭弧罩位置有无松脱和位置变化；

③清除灭弧罩缝隙内的金属颗粒及杂物。

3. 交流接触器的主要参数

(1)额定电压：铭牌额定电压是指主触头上的额定电压，通常用的电压等级为：220 V、

380 V、500 V。

(2)额定电流：铭牌额定电流是指主触头的额定电流。通常用的电流等级为：5 A、10 A、20 A、40 A、60 A、100 A、150 A、250 A、400 A、600 A。

(3)线圈的额定电压：36 V、127 V、220 V、380 V。

(4)操作频率：指每小时接通的次数，交流接触器最高为600次/h。

(5)辅助触头的工作电流：辅助触头(或称辅助开关)的微动开关，它有两个电流参数，一是额定发热电流，二是工作电流。

2.1.1.2 继电器控制方式仿真软件介绍

继电器控制方式的仿真软件为CADe_SIMU CN. exe，不需安装。双击CADe_SIMU CN. exe文件即可出现如图2-1-5所示窗口，然后单击置顶窗口出现如图2-1-6所示窗口，再在对话框中输入密码4962即可使用。

需要说明的是，该软件是国外软件，部分器件的电路符号与我国的不同，如刀开关、断路器、接触器的主触头。另外，该软件不能仿真要同时用到常开和常闭触头复合按钮开关的电路，如：带点动的长动继电器控制电路。不能仿真这种类型电路的原因是该软件所提供的复合按钮开关的常开、常闭触头动作没有延时差，而是同时动作。

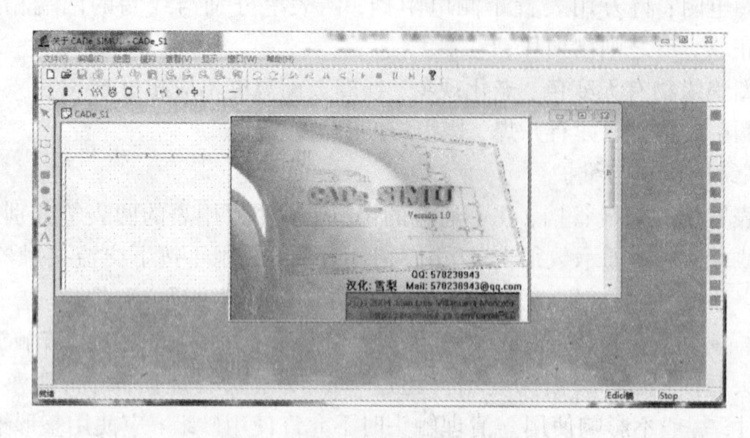

图2-1-5 仿真软件打开窗口

1. 常用工具介绍

：工作区放大按钮；

：工作区缩小按钮；

：仿真开始按钮；

：仿真停止按钮；

:电源,单击后便会出现，读者可自行选择所需电源。选择方法是：单击某一电源后将鼠标光标移动到工作区便可见与 L1 L2 L3 N 类似的图形，然后将其移动到想放置的位置即可，若想放弃放置，则单击右键即可，其他元件的放置方法都相同；

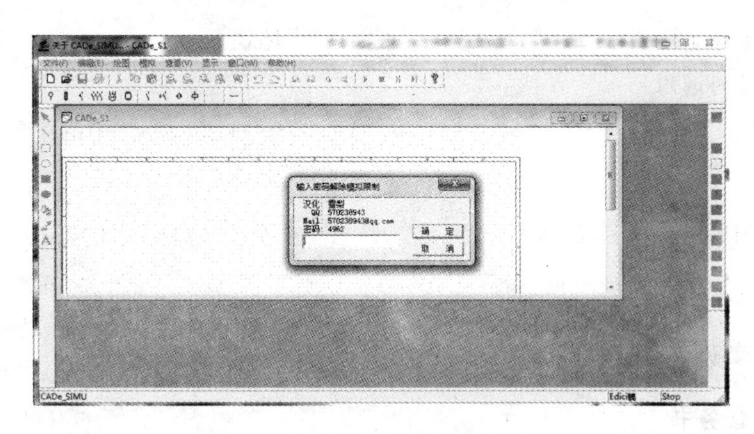

图2-1-6 仿真软件密码输入窗口

：电动机，单击后会出现，读者可自行选择所需的电动机；

：连接导线，单击之后会出现很多种不同的导线、交叉相连节点等。

2. 刀开关或断路器的调用

点击中第三个图标，然后出现，选择前面5个中你需要的类型。或是点击中的第四个图标，然后出现，选择后面4个中你需要的类型。

3. 按钮的调用

点击中第八个图标，然后出现，选择前面4个中你所需要的类型。

4. 接触器的调用

(1)主触头的调用：点击中的第四个图标，然后出现，选择前面4个中你所需要的类型。

(2)辅助触头的调用：点击中的第七个图标，然后出现，选择前面4个中你所需要的类型。

(3)线圈的调用：点击中的第十个图标，然后出现，选择第一个图标。

5. 灯的调用

点击中的第十个图标，然后出现

，选择第十个图标。

6. 热继电器的调用

(1)热元件调用：点击 中的第三个图标，然后选择 。

(2)触头调用：点击 中的第八个图标，然后选择 中你所需要的类型。

2.1.2 任务实现

2.1.2.1 任务书

【实训任务】 分别设计依次点亮各灯并保持的电路和后一盏灯点亮后、前一盏灯熄灭的电路，并进行装配和检修，各电路的控制要求如下。

(1)依次点亮各灯并保持的电路的控制要求：分别按下三个启动按钮，依次点亮三盏灯。必须先点亮第一盏灯后，才能点亮第二盏灯、最后点亮第三盏灯。各灯点亮后，要求都保持点亮状态，按下停止开关后，熄灭所有灯。

(2)后一盏灯点亮后、前一盏灯熄灭的电路的控制要求：分别按下三个启动按钮，依次点亮三盏灯。并要求下一盏灯亮后，熄灭前一盏灯，每次只亮一盏灯，按下停止开关后，可以熄灭任何一盏灯。

【实训目的】 通过用交流接触器实现顺序启动照明电路的装配和检修，感性认识交流接触器的结构和动作特点；学会检测和使用交流接触器的方法、接触器自锁与互锁控制原理及顺序启动照明电路的装配和检修的方法。

【实训场地】 电力拖动实训室或电气控制实训室。

【实训器材和工具】 1个两刀开关、4个复合按钮开关、3个交流接触器、3个220 V白炽灯泡、导线若干、1块电工装配板或电气控制实训台、1套通用电工工具、1块万用表。

2.1.2.2 电路设计和原理仿真

1. 各灯依次点亮并保持的电路

(1)电路原理图

各灯依次点亮并保持的电路原理图如图2-1-7所示。

(2)电路仿真与分析

在CADe_SIMU CN仿真软件上画出如图2-1-7所示的仿真电路，并按以下步骤，仿真运行其控制过程，分析其控制原理：

①按下启动按钮SB2，KM1线圈得电，主触头、动合触头闭合，灯HL1点亮。在松开按钮后，与按钮并联的常开触头为线圈的电流提供另一条通路，灯继续点亮。利用接触器自身的辅助常开触头使其线圈保持通电的作用叫做接触器自锁。

②按下启动按钮SB3，由于与KM2线圈串联的KM1常开触头已闭合，KM2线圈得电，主触头闭合，灯HL2点亮且保持。

③按下启动按钮SB4，由于与KM3线圈串联的KM2常开触头已闭合，KM3线圈得电，主触头闭合，灯HL3点亮且保持。

④按下停止按钮SB1，各接触器的线圈失电，主触头释放，三盏灯全部熄灭。

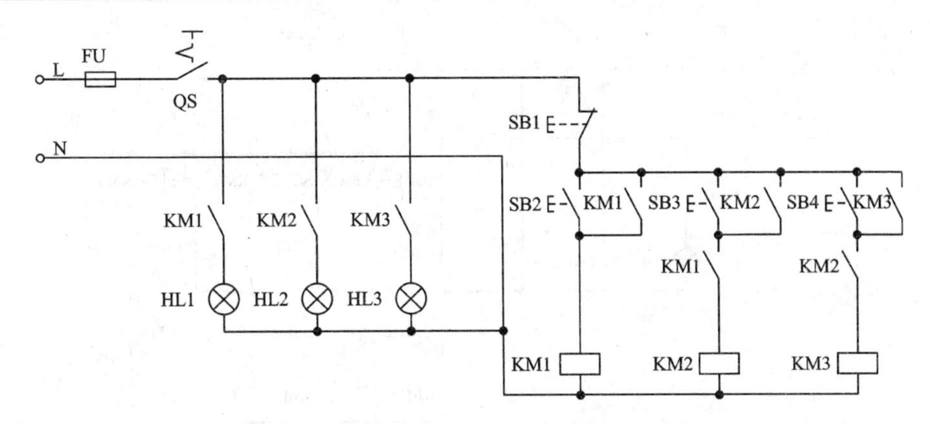

图 2-1-7　各灯依次点亮并保持的电路原理图

由以上工作过程分析可知：在后一盏灯的控制主支路中串接了前一个控制电路中接触器的常开触头，所以，必须在前一盏灯点亮之后，后一盏灯才能被点亮。通过该电路的实训，感性认识交流接触器结构及工作原理，理解接触器自锁及顺序控制的方法。

课堂练习： 将 KM1 的自锁支路断开，仿真观察电路的运行结果。

各灯依次点亮并保持的电路实物接线图如图 2-1-8 所示。

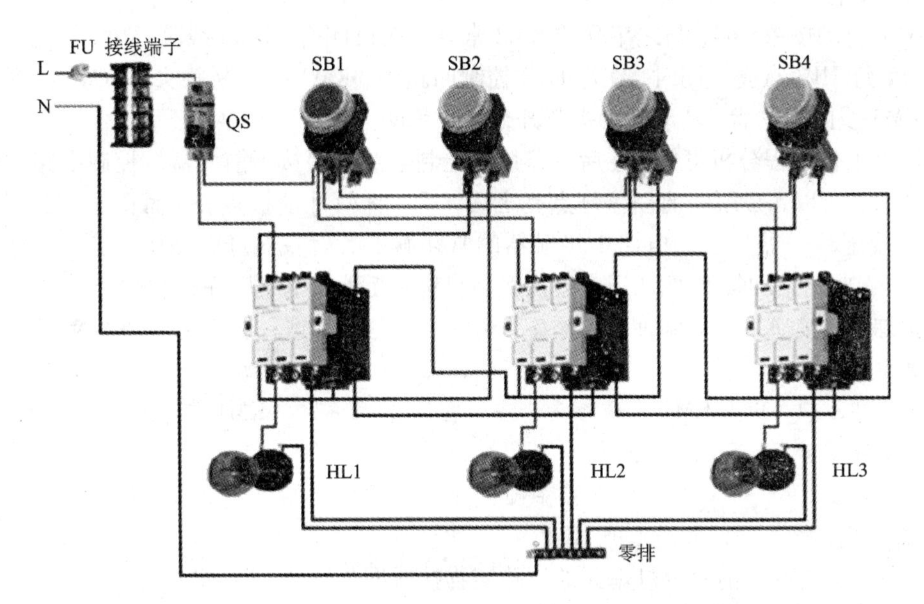

图 2-1-8　各灯依次点亮并保持的电路实物接线图

2. 后一盏灯点亮后、前一盏灯熄灭的电路

(1) 电路原理图

后一盏灯点亮后、前一盏灯熄灭的原理图如图 2-1-9 所示。

(2) 电路仿真与分析

在 CADe_SIMU CN 仿真软件上画出如图 2-1-9 所示的仿真电路，并按以下步骤，仿真运行其控制过程，分析其控制原理：

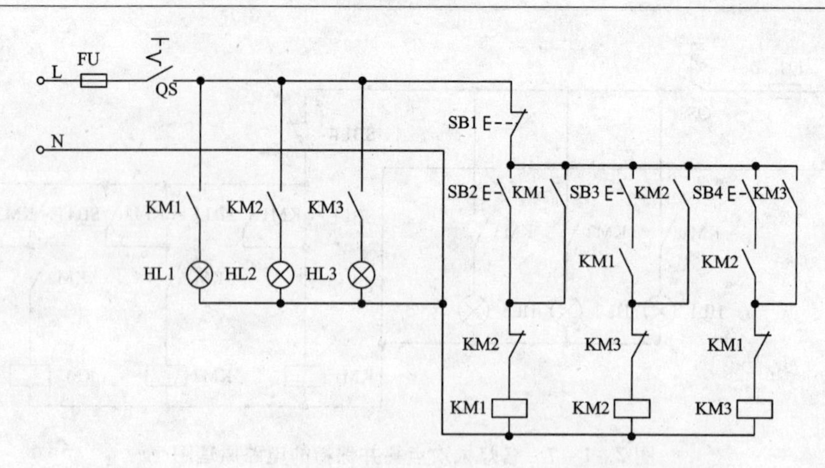

图2－1－9　后一盏灯点亮后、前一盏灯熄灭的电路原理图

①按下启动按钮SB2，KM1线圈得电，其主触头、常开触头闭合，灯HL1点亮且保持；

②按下启动按钮SB3，与之串联的KM1常开触头已闭合，KM2线圈得电，主触头闭合，灯HL2点亮。同时，在灯HL1控制回路中，KM2的常闭触头与KM1线圈是串联的，在KM2线圈得电后，其常闭触头断开，KM1线圈失电，灯HL1熄灭；利用接触器常闭辅助触头相互制约的控制，称为接触器互锁。

③按下启动按钮SB4，与之串联的KM2常开触头已闭合，KM3线圈得电，主触头、动合触头闭合，灯HL3点亮。同时，在灯HL2控制回路中，KM3的动断触头与KM2线圈是串联的，在KM3线圈得电后，其动断触头断开，KM2线圈失电，灯HL2熄灭。

由以上工作过程分析可知：在后一盏灯的控制电路中串接了前一盏灯控制电路中接触器的常开触头，所以，必须在前一盏灯点亮之后，后一盏灯才能被点亮；而在前一盏灯的控制电路中串接了后一盏灯控制电路中接触器的常闭触头，后一盏灯点亮后，前一盏灯随之熄灭。通过该电路的实训，感性认识交流接触器自锁、互锁及电气顺序控制的方法。

课堂练习：按以下要求修改仿真电路，观察仿真结果，进一步深入理解接触器互锁和自锁的电气意义。

(1)将图2－1－9中KM1常开触头仍安装在图2－1－7中KM1常开触头的位置上，HL2会出现什么现象？

(2)仍像图2－1－7一样不接入接触器互锁，KM1常开触头像图2－1－9的位置安装，在HL1点亮后，是否可以顺序点亮HL2？

后一盏灯点亮后、前一盏灯熄灭的电路实物接线图如图2－1－10所示。

2.1.2.3　**装配和检修实习**

具备实习条件的学校，建议进行该电路的装配与检修实习。实习步骤如下：

(1)根据装配板，设计元件布局图和接线图。

(2)根据装配工艺要求装配电路：左进右出、上进下出；左零右火；横平竖直；刀开关竖装、上进下出。

(3)不带电测试和检修电路：在通电测试电路前，用万用表对交流接触器进行检测，电阻挡测试电路，并排除所检测出来的故障，再通电测试电路。

(4)通电测试和检修电路。

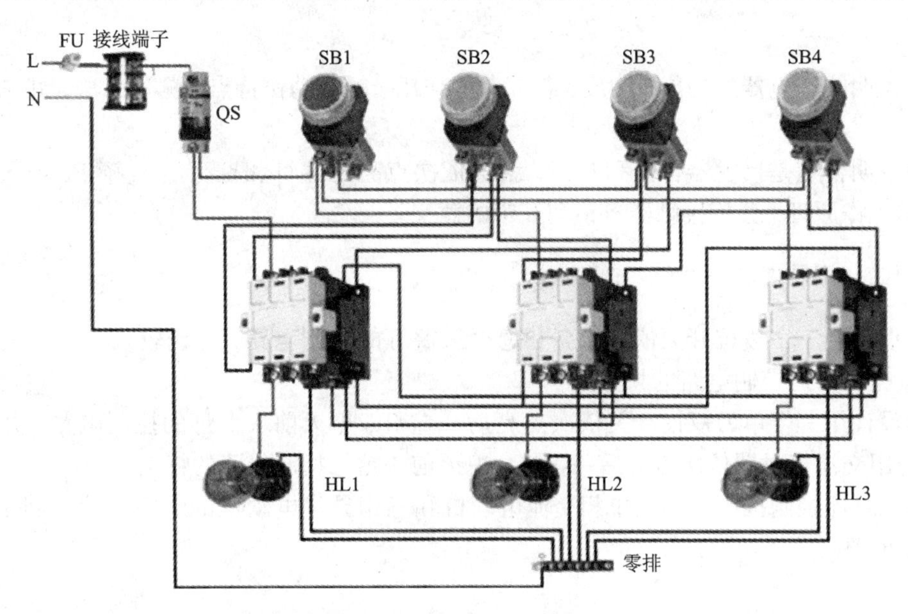

图2-1-10　后一盏灯点亮后、前一盏灯熄灭的电路实物接线图

2.1.3　考核评价

交流接触器顺序启动照明电路的装配与检修考核评价如表2-1-1所示。

表2-1-1　考核评价表

考核项目	考核标准	分值	评分
元件知识	能正确选用、检测、使用接线排、单刀开关、按钮开关、灯泡和交流接触器	20	
电路功能	两个电路都能实现顺序启动功能；电路1能实现接触器自锁控制、使灯保持点亮功能；电路2能实现自锁和互锁控制，使后一盏灯点亮后，熄灭前一盏灯	30	
故障检修	能使用万用表检修灯不亮、不能常亮、不能熄灭前一盏灯的故障	20	
工艺美观	电路、元件布局合理，控制流程清晰，满足扎线、接线工艺要求，电路美观	20	
安全现场	不违规操作、遵守操作规范、现场整洁	10	
总　评		100	

2.1.4　基础练习与拓展提高

课题一　基础练习

(1)说明交流接触器的功能、构成、各部分的作用、触头动作特点、测量方法，并画出其图形符号。

(2)说明热继电器的功能、构成、各部分的作用、触头动作特点、测量方法，并画出其图形符号。

(3)说明什么是接触器自锁和互锁，结合依次点亮三盏灯和点亮后一盏灯、熄灭前一盏灯电路的工作原理，分析接触器自锁和互锁的意义。

课题二 拓展提高

(1)设计用三个拨拉开关依次点亮和熄灭三盏灯的控制电路，并比较该电路和使用接触器依次点亮三盏灯控制电路的特点。

(2)设计用三个单刀双投开关依次点亮后一盏灯、熄灭前一盏灯的控制电路，并比较该电路与使用交流接触器依次点亮后一盏灯、熄灭前一盏灯控制电路的特点。

(3)将顺序控制推广应用到单相交流电动机和三相异步电动机的顺序启动控制中，并设计其控制电路。

任务 2 PLC 控制顺序启动照明电路的装配与调试

2.2.1 知识准备

2.2.1.1 任务相关指令

1. 触头串联指令 AND、ANI

AND：与指令，用于单个常开触头的串联。如图 2－2－1 的 0－2 步中的 X0 的常开触头串联 X1 的常开触头。

ANI：与非指令，用于单个常闭触头的串联。如图 2－2－1 的 3－4 步中的 X2 的常开触头串联 X1 的常闭触头。

AND 与 ANI 都是一个程序步指令，串联触头的个数没有限制，该指令可以多次重复使用。使用说明如图 2－2－1 所示。这两条指令的目标元件为 X、Y、M、S、T、C。

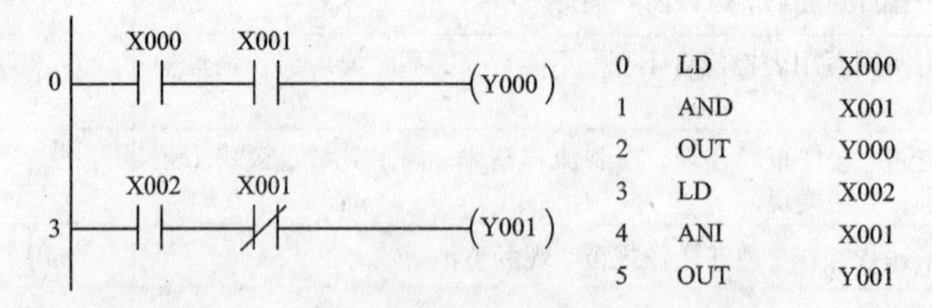

图 2－2－1 使用触头串联指令编程的方法

2. 触头并联指令 OR、ROI

OR：或指令，用于单个常开触头与另单个常开触头的并联。如图 2－2－2 的 0－2 步中的 X0 的常开触头并联 Y0 的常开触头。

ORI，或非指令，用于单个常闭触头与另单个常闭触头的并联。如图 2－2－2 的 3－4 步中的 X1 的常开触头并联 M0 的常闭触头。

这两条指令都用于单个触头的并联，操作的对象是 X、Y、M、S、T、C。OR 是用于常开触头，ORI 用于常闭触头，并联的次数可以是无限次。使用说明如图 2－2－2 所示。

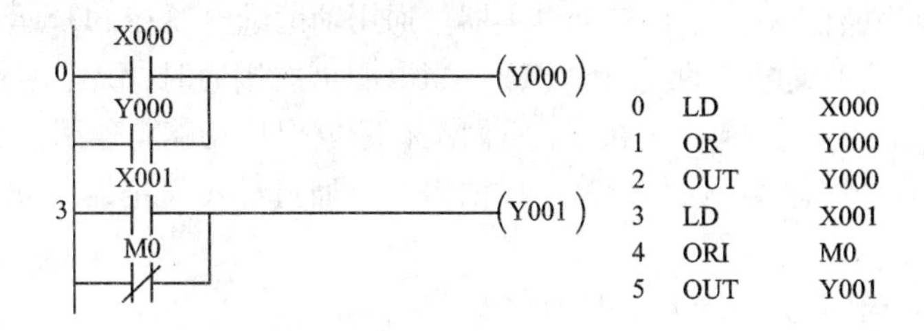

图 2－2－2　使用触头并联指令编程的方法

3. 串联电路块的并联指令 ORB

两个或两个以上的接点串联的电路称为串联电路块；当串联电路块和其他电路并联连接时，分支开始用 LD、LDI，分支结束用 ORB。ORB 指令和后面的 ANB 指令是不带操作数的独立指令。电路中有多少个串联电路块就用多少次 ORB，ORB 使用的次数不受限制。使用说明如图 2－2－3 所示。

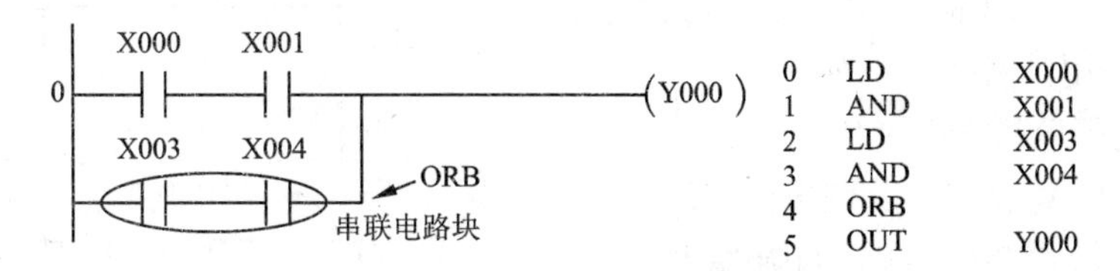

图 2－2－3　使用串联电路块的并联指令编程的方法

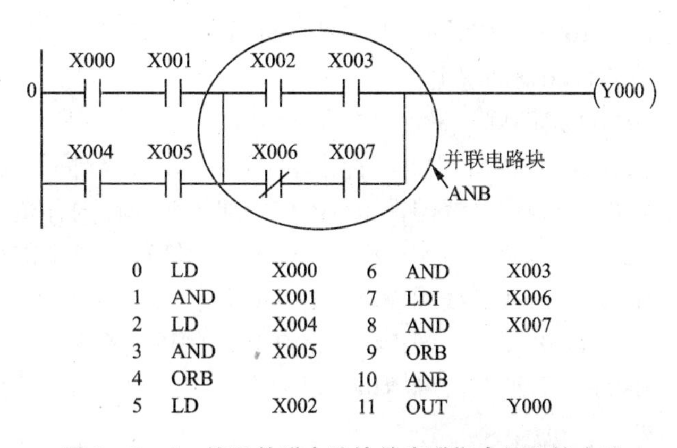

图 2－2－4　使用并联电路块的串联指令编程的方法

ORB 指令也可成批使用，但是由于 LD、LDI 指令的重复使用次数受限制，因此 ORB 指令成批使用的次数限制在 8 次以下，请务必注意。

4. 并联电路块的串联连接指令 ANB

两个或两个以上接点并联的电路称为并联电路块。并联电路块和其他接点串联连接时，使用 ANB。电路块的起点用 LD、LDI 指令，并联电路块结束后，使用 ANB 指令与前面串联。ANB 指令是无操作目标元件的指令。使用说明如图 2－2－4 所示。

2.2.1.2　PLC 的辅助继电器 M

辅助继电器是 PLC 中数量最多的一种继电器，一般的辅助继电器与继电器控制系统中的中间继电器相似。辅助继电器不能直接驱动外部负载，负载只能由输出继电器的外部触头驱动。辅助继电器的常开与常闭触头在 PLC 内部编程时可无限次使用。辅助继电器采用 M 与十进制数共同组成编号(只有输入输出继电器才用八进制数)。

1. 通用辅助继电器(M0 ~ M499)

FX2N 系列 PLC 共有 500 点通用辅助继电器。通用辅助继电器在 PLC 运行时，如果电源突然断电，则全部通用辅助继电器的线圈均 OFF。当电源再次接通时，除了因外部输入信号而变为 ON 的以外，其余的仍将保持 OFF 状态，它们没有断电保护功能。通用辅助继电器常在逻辑运算中作为辅助运算、状态暂存、移位等。根据需要可通过程序设定，将 M0 ~ M499 变为断电保持辅助继电器。

2. 断电保持辅助继电器(M500 ~ M3071)

FX2N 系列 PLC 有 M500 ~ M3071 共 2572 个断电保持辅助继电器。它与普通辅助继电器不同的是具有断电保持功能，即能记忆电源中断瞬时的状态，并在重新通电后再现其状态。其中 M500 ~ M1023 是电池保持区域，通过参数设定，可以改变为非电池保持区域；M1024 ~ M3071 为电池保持的固定区域，区域特性不可改变。

3. 特殊辅助继电器

PLC 内有大量的特殊辅助继电器，它们都有各自的特殊功能。FX2N 系列中有 256 个特殊辅助继电器，可分成触头型和线圈型两大类。

(1)触头型　其线圈由 PLC 自动驱动，用户只可使用其触头。例如：

M8000：运行监视器(在 PLC 运行中接通)，M8001 与 M8000 相反逻辑。

M8002：初始脉冲(仅在运行开始时瞬间接通)，M8003 与 M8002 相反逻辑。

M8011、M8012、M8013 和 M8014 分别是产生 10 ms、100 ms、1 s 和 1 min 时钟脉冲的特殊辅助继电器。

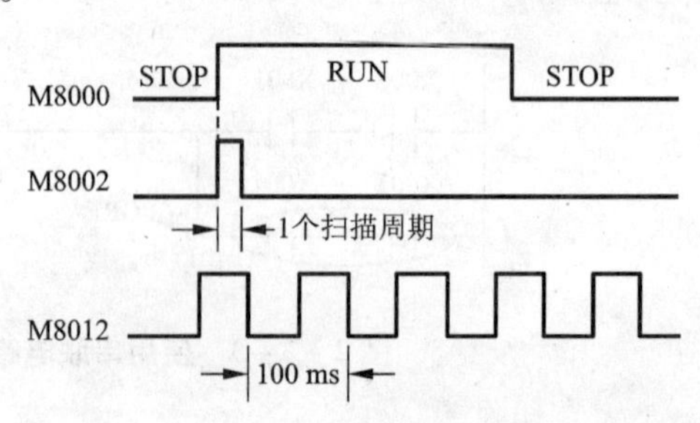

图 2-2-5　M8000、M8002、M8012 波形图

M8000、M8002、M8012 的波形图如图 2-2-5 所示。

(2)线圈型　由用户程序驱动线圈后 PLC 执行特定的动作。例如：

M8031：若使其线圈得电，PLC 内部的非锁存内存全部清除。

M8032：若使其线圈得电，PLC 内部的锁存内存全部清除。

M8033：若使其线圈得电，则 PLC 停止时保持输出映象存储器和数据寄存器内容。

M8034：若使其线圈得电，则将 PLC 的输出全部禁止。

M8039：若使其线圈得电，则 PLC 按 D8039 中指定的扫描时间工作。

2.2.2　任务实现

2.2.2.1　任务书

【实训任务】　分别设计三个灯依次点亮并保持和后一盏灯点亮后、前一盏灯熄灭两个 PLC 控制程序，并进行装配和调试，各程序的控制要求如下。

(1)依次点亮各灯并保持的电路的控制要求：分别按下三个启动按钮，依次点亮三盏灯。必须先点亮第一盏灯后，才能点亮第二盏灯、最后点亮第三盏灯。各灯点亮后，要求都保持点亮状态，并利用特殊辅助寄存器 M8013 的秒脉冲信号，使各点亮的灯闪烁。按下停止开关后，熄灭所有灯。

(2)后一盏灯点亮后、前一盏灯熄灭的电路的控制要求：分别按下三个启动按钮，依次点亮三盏灯。并要求下一盏灯亮后，熄灭前一盏灯，每次只亮一盏灯，按下停止开关后，可以熄灭任何一盏灯。

【实训目的】 通过编写PLC控制的顺序启动照明电路的梯形图程序，并安装调试电路和程序，认识触头串联指令(AND、ANI)、触头并联指令(OR、ORI)、串联电路块的并联指令ORB、并联电路块的串联连接指令ANB、辅助寄存器M及自锁、互锁程序的编程方法和控制原理，掌握PLC控制顺序启动照明电路接线图设计和接线、编写梯形图程序的方法。

【实训场地】 机电一体化实训室(不具备相关实训条件的学校，请在仿真平台上编写控制程序和运行仿真)。

【实训器材和工具】 4个常开按钮开关、3个额定电压为24 V的灯泡、1块电工装配板或电气控制实训台、1套通用电工工具、1块万用表、导线若干。

2.2.2.2　I/O 分配和接线图设计

PLC控制照明电路的I/O地址如表2-2-1所示。

表2-2-1　PLC控制照明电路的I/O地址表

输入端口			输出端口		
符号	地址	功能说明	符号	地址	功能说明
SB1	X20	按钮开关	HL1	Y20	DC24V 灯泡
SB2	X21	按钮开关	HL2	Y21	DC24V 灯泡
SB3	X22	按钮开关	HL3	Y22	DC24V 灯泡
SB4	X23	按钮开关			

说明：表中所列I/O地址表，为编程所用地址，不做强行规定；假如在仿真软件上编写程序，开关和指示灯数量有限，可以重复使用同一开关和指示灯，分任务编程和仿真。

图2-2-6是PLC控制顺序启动照明电路的原理图，图2-2-7是PLC控制顺序启动照明电路的接线图。

思考： 在任务1的继电器控制系统中，为实现类似的两个控制功能，需要设计两个不同的控制电路，而在PLC控制系统中，两个不同的控制功能，电路为什么相同？

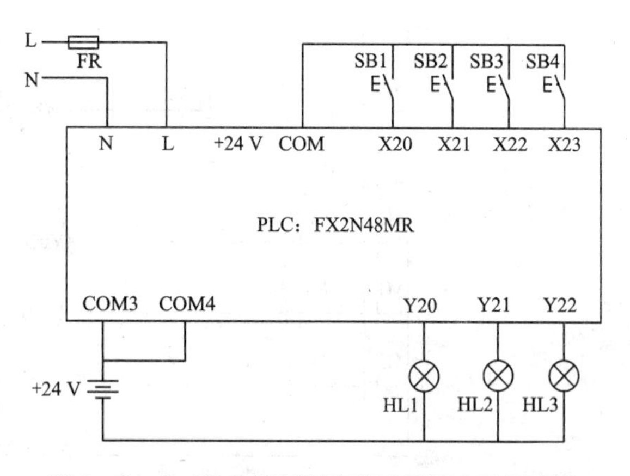

图2-2-6　PLC控制顺序启动照明电路原理图

2.2.2.3　编程与电路调试实习

1. 各灯依次点亮并保持电路的编程

该控制电路的例程如图2-2-8所示，其仿真效果如图2-2-9所示。

其程序控制原理分析如下：

一个复杂的程序都是由若干个基本程序构成的，PLC有10个典型应用程序，本教材将在

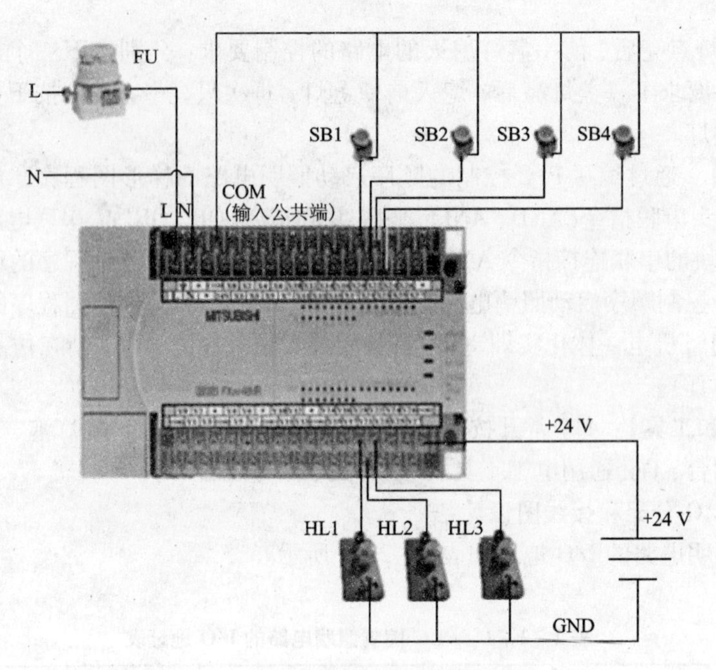

图 2-2-7 **PLC 控制顺序启动照明电路接线图**

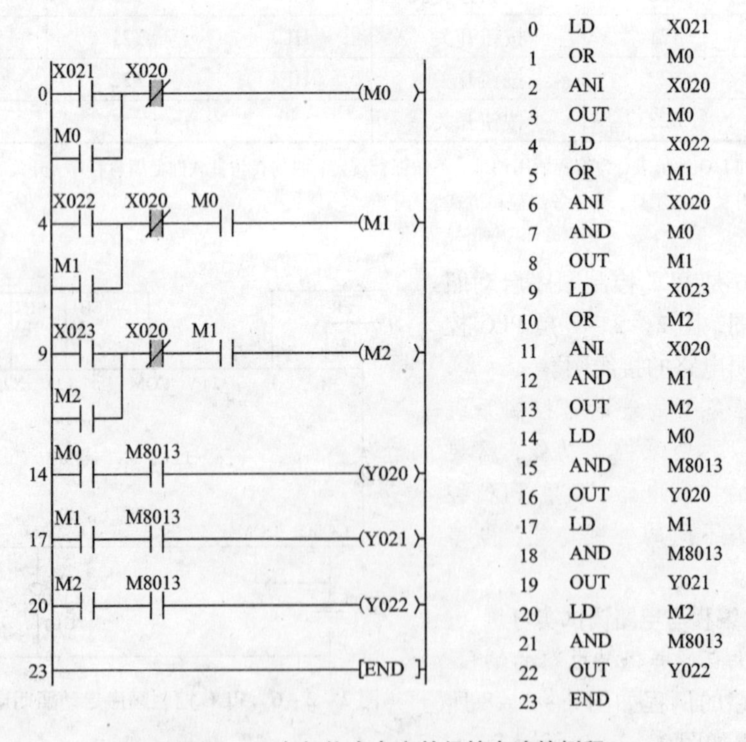

图 2-2-8 各灯依次点亮并保持电路的例程

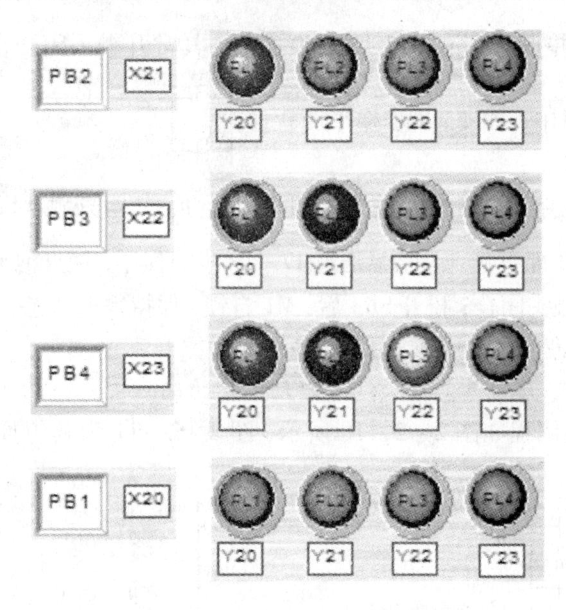

图2-2-9　各灯依次点亮并保持电路例程仿真效果

项目3中进行总结介绍。本程序要实现顺序按钮启动三盏灯的控制功能，可以用两个典型应用程序来实现：一是应用自锁启动和停止控制程序，另一个是应用顺序启动控制程序。

(1)自锁启动和停止控制的编程原理

自锁启动和停止控制的编程原理类似于继电器长动控制电路的控制原理，图2-2-8例程中的0-3步就是自锁启动和停止控制的梯形图程序。接在X21端口上的按钮开关SB2对接在Y20端口上的灯泡HL1进行点亮控制，当按下SB2时，输入继电器X21的常开触头 X021 闭合，中间继电器M0线圈 (M0) 得电，再通过M0的常开触头 M0 对接在Y20端口上的灯泡HL1进行点亮控制，如例程中的第14步程序所示。M0线圈得电的同时并联在X21两端的M0的常开触头闭合，如0-3步程序 0 X021 X020 (M0) M0 所示。松开SB2后，M0由于自锁线圈维持得电状态，HL1维持点亮状态。当按下停止按钮开关SB1时，其所接输入端口X20的常闭触头 X020 断开，M0输出线圈断电，解除自锁，同时HL1熄灭。

由于在第14步的程序中串联了特殊功能继电器M8013，输出了秒脉冲信号，使HL1闪烁点亮。

课堂练习：分析例程中4-8步和9-13步SB3和SB4对灯泡HL2和HL3进行点亮控制的控制原理。

(2)顺序启动控制的编程原理

自锁启动和停止控制程序可以使按钮开关SB2、SB3、SB4分别长期点亮灯泡HL1、HL2、HL3，并用按钮开关SB1熄灭上述灯泡。如何实现前一盏灯点亮后，才能点亮后一盏灯的顺序启动控制功能呢？现以图2-2-8例程中的4-8步程序为例，说明必须先点亮HL1后，才能顺序点亮HL2的编程原理。

当M0线圈闭合，并点亮灯泡HL1后，M0得电，其常开触头闭合，并将其常开触头串联到下一个灯泡启动程序中，如4－8步梯形图程序（4 X022 X020 M0 (M1) M1）所示。此时按下灯泡HL2的点亮控制按钮SB3（接在输入端口X22上），其常开触头 X022 闭合，中间继电器M1线圈 (M1) 得电，M1常开触头闭合，通过17－19步的程序，使灯泡HL2闪亮，同时并联在X22两端的M1的常开触头闭合，松开SB3后，M1自锁，保持得电状态，使HL2维持闪亮状态。

课堂练习： 分析例程中9－13步HL3顺序点亮的控制原理。

2. 后一盏灯点亮后、前一盏灯熄灭顺序启动电路的编程

该控制电路的控制例程如图2－2－10所示，图2－2－11为其仿真效果图。

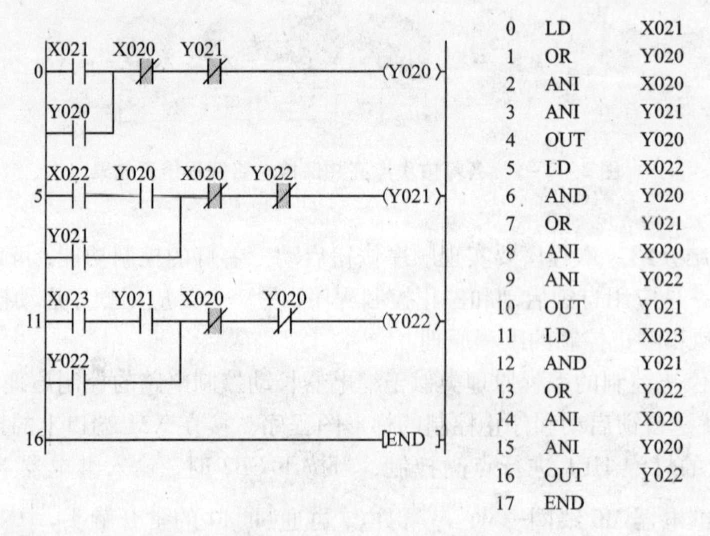


```
0   LD    X021
1   OR    Y020
2   ANI   X020
3   ANI   Y021
4   OUT   Y020
5   LD    X022
6   AND   Y020
7   OR    Y021
8   ANI   X020
9   ANI   Y022
10  OUT   Y021
11  LD    X023
12  AND   Y021
13  OR    Y022
14  ANI   X020
15  ANI   Y020
16  OUT   Y022
17  END
```

图2－2－10 后一盏灯点亮后、前一盏灯熄灭顺序启动电路的例程

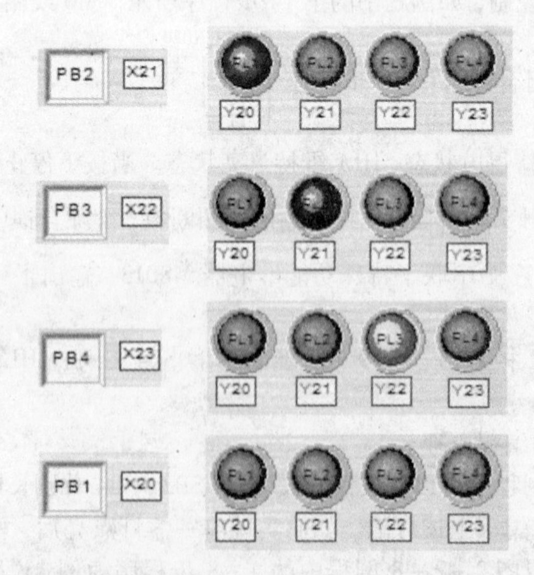

图2－2－11 后一盏灯点亮后、前一盏灯熄灭顺序启动电路例程的仿真效果

其程序控制原理分析如下：

该程序既要实现在前一盏灯点亮后才能点亮后一盏灯的顺序控制功能，还要实现后一盏灯点亮后要熄灭前一盏灯的功能，这种控制功能有点类似于继电器控制电路中的联锁控制，所以这个程序的编程重点有两个：一个是如何使用联锁控制程序，实现后一盏灯的点亮对前一盏灯熄灭的控制；另一个是如何在联锁控制的情况下，实现顺序启动。

(1)联锁控制的编程原理

该程序的 0 - 4 步与图 2 - 2 - 8 中程序 0 - 3 步都能实现按下按钮开关 SB2(接在 X21 上)后，由于 Y20 的自锁，使 HL1(接在 Y20 上)常亮。仔细比较这两段程序，可以发现图 2 - 2 - 10 程序中串联了 Y21 的常闭触头

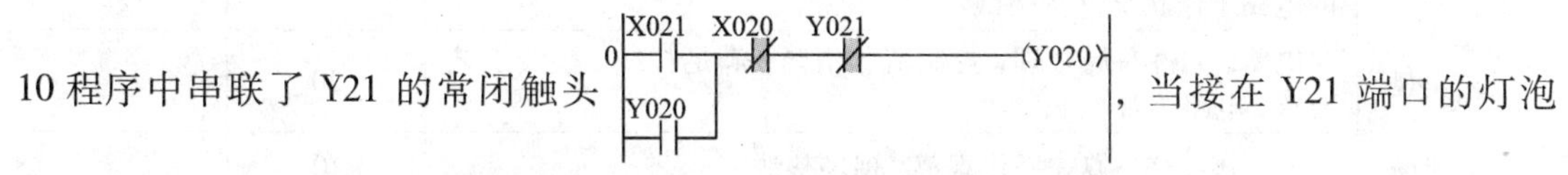

，当接在 Y21 端口的灯泡 HL2 点亮的同时，Y21 的常闭触头断开，使 Y20 线圈断电，灯泡 HL1 熄灭，这就是 Y21 对 Y20 联锁的控制原理和编程方法。同样道理，在 Y21 线圈控制电路中串联 Y22 的常闭触头，可以实现在 HL3 点亮的同时，熄灭 HL2，其中的控制原理，请读者自己分析理解。

(2)联锁控制下的顺序启动控制的编程原理

通过联锁控制，可以实现点亮后一盏灯的同时熄灭前一盏灯的功能，但不对图 2 - 2 - 8 中的顺序启动控制程序做改正，将会产生后一盏灯熄灭前一盏灯的同时，也会熄灭后一盏灯本身，其具体的演示效果如图 2 - 2 - 12(b)所示。

现以图 2 - 2 - 12(a)(c)所示中 HL2 点亮的同时熄灭 HL1，还会熄灭 HL2 本身为例，说明其自身为什么会熄灭的原因。在图(a)中的 5 - 10 步顺序启动控制程序中，当 HL1(Y20)点亮之后，再按下 SB3(X22)时，HL2(Y21)肯定会被点亮，由于 Y21 对 Y20 的联锁控制，Y21 的常闭触头马上断开，使 HL1(Y20)熄灭，Y20 的常开触头随即断开，如图(c)所示，HL2 自身也马上熄灭。

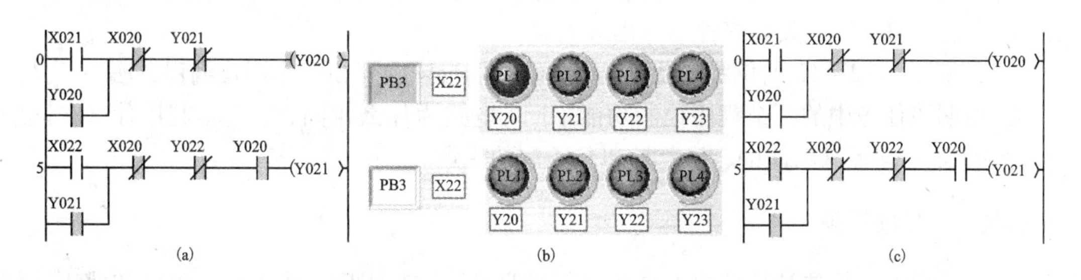

图 2 - 2 - 12　HL2 点亮后熄灭 HL1 然后熄灭自身分析图

通过以上分析可以找出点亮 HL2 熄灭 HL1 后，又熄灭自身的原因是 Y20 的常开触头串联在 Y21 控制电路的总支路中，当 HL1 被 HL2 联锁熄灭后，HL2 由于 Y20 常开触头断电，紧接着也会熄灭。可以通过改正 Y20 常开触头的位置，利用 Y21 的自锁，来解决这个控制缺陷，改正后的梯形图程序如图 2 - 2 - 10 所示中的 5 - 10 步所示。

2.2.3　考核评价

PLC 控制顺序启动照明电路的装配与调试考核评价如表 2 - 2 - 2 所示。

表 2-2-2 考核评价表

考核项目	考核标准	分值	评分
硬件接线	能根据控制要求，正确分配 I/O 地址，设计顺序启动照明电路的接线图，并正确接线	20	
编程功能	能正确编写自锁、互锁、顺序启动控制程序，灵活应用特殊辅助继电器，程序控制流程清晰，能实现电路 1 和电路 2 的不同控制功能	30	
程序调试	能根据三个灯依次点亮并保持和后一盏灯亮，熄灭前一盏灯的电路工作状况进行调试	20	
工艺美观	电路、元件布局合理，控制流程清晰，满足扎线、接线工艺要求，电路美观	20	
安全现场	不违规操作、遵守操作规范、现场整洁	10	
总　评		100	

2.2.4 基础练习与拓展提高

课题一　基础练习

(1)根据图 2-2-1 至图 2-2-4 中的梯形图(LAD)程序，写出相应的功能指令(STL)程序。

(2)说明 FX2N 辅助继电器 M 的特点及分类。

(3)说明特殊辅助继电器 M8000、M8002、M8003、M8011、M8012、M8013、M8014、M8031、M8032、M8033、M8034 的意义。

(4)分析图 2-2-8 的例程，说明辅助继电器 M0、M1、M2 及 M8013 的作用，能否像图 2-2-10 例程一样，用开关直接控制输出继电器。

(5)分析图 2-2-10 的例程，说明程序中继电器自锁和互锁的作用及编程方法。

(6)说明该任务中的两个程序控制功能不同，电路为什么相同，它们是利用什么在同一个电路中实现不同控制功能的，并说明 PLC 控制的优点。

课题二　拓展提高

(1)设计用三个拨拉开关依次点亮和熄灭三盏灯的控制程序，并比较该程序和使用按钮开关依次点亮三盏灯控制程序的特点。

(2)设计用三个单刀双投开关依次点亮后一盏灯、熄灭前一盏灯的控制程序，并比较该程序与使用按钮开关依次点亮后一盏灯、熄灭前一盏灯控制电路的特点。

(3)本任务的顺序控制程序是否可以推广应用到单相交流电动机和三相异步电动机的顺序启动控制？

(4)分析仿真平台 A-1 顺序工作过程，假如要设计一个用 PLC 控制的自动开门系统，请思考需要添加哪些自动检测开关，并说明其自动控制过程。

项目3　流水灯控制电路的装配与检修

项目描述

定时器和计数器是电气控制设备实现自动控制的重要元件，本项目通过任务1——时间继电器控制流水灯电路的装配与检修和任务2——PLC控制流水灯电路的装配与检修对比学习，达到以下项目实施目标：

1. 了解时间继电器的结构；
2. 了解时间继电器的工作原理、类别；
3. 掌握时间继电器的使用方法及参数设置方法；
4. 掌握PLC定时器、计数器、复位和置位指令的使用方法；
5. 了解加1减1指令INC(P)、DEC(P)，反转指令ALT，PLC数据存储器T、C、D、V等。
6. 熟练掌握10个典型PLC梯形图程序的编程方法。

项目任务

任务1　时间继电器控制流水灯电路的装配与检修

3.1.1　知识准备

时间继电器是电气控制中应用最多的继电器之一。把从得到输入信号(电磁线圈通电或是断电)开始，经过一定的延时后才得到输出信号(延时触头通、断变化)的继电器称为时间继电器。它从得到输入信号到得到输出信号有一定的延时，所以广泛应用于需要按时间顺序进行自动控制的电气线路中。

另外，时间继电器也有一得到输入信号，马上就会得到输出信号的情况。

时间继电器按延时方式可分为通电延时型和断电延时型，按其动作原理可分为电磁式、空气阻尼式和电子式。

电磁式时间继电器动作原理：

(1)通电延时型：线圈通电，瞬时触头立即动作(常开变为闭合，常闭变为断开)，延时触头延时动作(常开变为闭合，常闭变为断开)；线圈断电后，瞬时与延时触头立即复位。

(2)断电延时型：线圈通电时，瞬时与延时触头立即动作；线圈断电后，瞬时触头立即复位，延时触头延时复位。

3.1.1.1 直流电磁式时间继电器

直流电磁式时间继电器在铁芯上有一个阻尼铜套。其结构如图 3－1－1 所示，外形图如图 3－1－2 所示。由电磁感应定律可知，在继电器线圈通、断电过程中铜套内将产生感应电动势，同时有感应电流存在，此感应电流产生的磁通阻碍穿过铜套内的原磁通变化，因而对原磁通起到了阻尼作用。

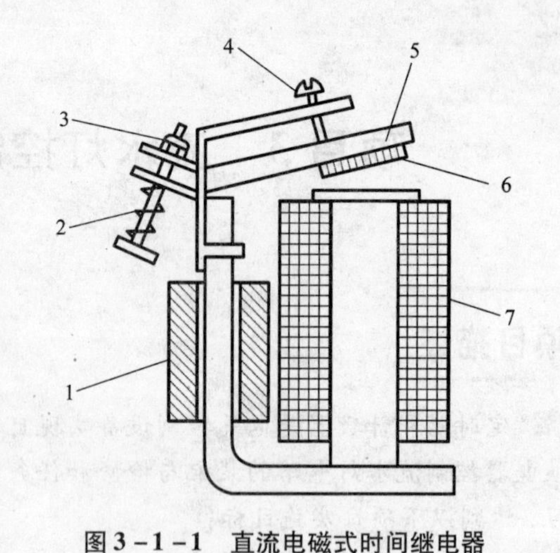

图 3－1－1 直流电磁式时间继电器

1—阻尼铜套；2—释放弹簧；3—调节螺母；4—调节螺钉；5—衔铁；6—非弹性垫片；7—电磁线圈

当继电器通电吸合时，由于衔铁处于释放位置，气隙大、磁阻大、磁通小，铜套阻尼作用也小，因此铁芯吸合时的延时不显著，一般可忽略不计。当继电器断电时，磁通量的变化大，铜套的阻尼作用也大，使衔铁延时释放起到延时的作用。因此，这种继电器仅作为断电延时用。这种时间继电器的延时时间短，最长不超过5 s，而且准确度低，通常用于延时时间要求不长、延时精度要求不高的场合。

图 3－1－2 JT3 系列直流电磁式时间继电器

3.1.1.2 空气阻尼式时间继电器

空气阻尼式时间继电器又称气囊式时间继电器，以 JS7－A 系列为例，其外形如图 3－1－3 所示，结构如图 3－1－4 所示，原理如图 3－1－5 所示。

图 3－1－3 JS7－A 系列空气阻尼式时间继电器外形

空气阻尼式时间继电器主要由电磁系统、延时机构和触头系统三部分组成。电磁系统为直动式双 E 字形电磁铁，延时机构采用气囊式阻尼器，触头系统为微动开关，包括两对瞬时触头(一对常开，一对常闭)和两对延时触头(一对常开，一对常闭)。其中电磁机构有交流和直流两种，延时方式有通电延时型和断电延时型两种。通电和断电延时型时间继电器的原理和结构相似，由图3-1-5可知，通电与断电延时型时间继电器的电磁机构安装的方向不同，即将空气阻尼式时间继电器的电磁机构旋转180°安装就可改变延时方式。当衔铁位于铁芯和延时机构之间时为通电延时型，当铁芯位于衔铁和延时机构之间时为断电延时型。

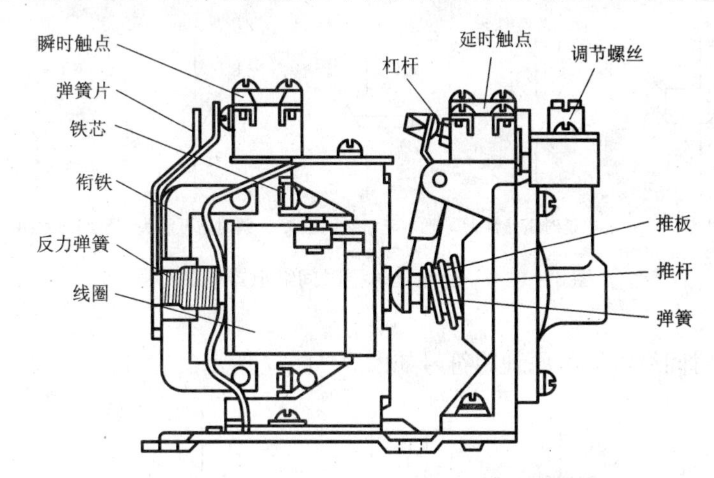

图3-1-4 JS7-A 系列空气阻尼式时间继电器结构图

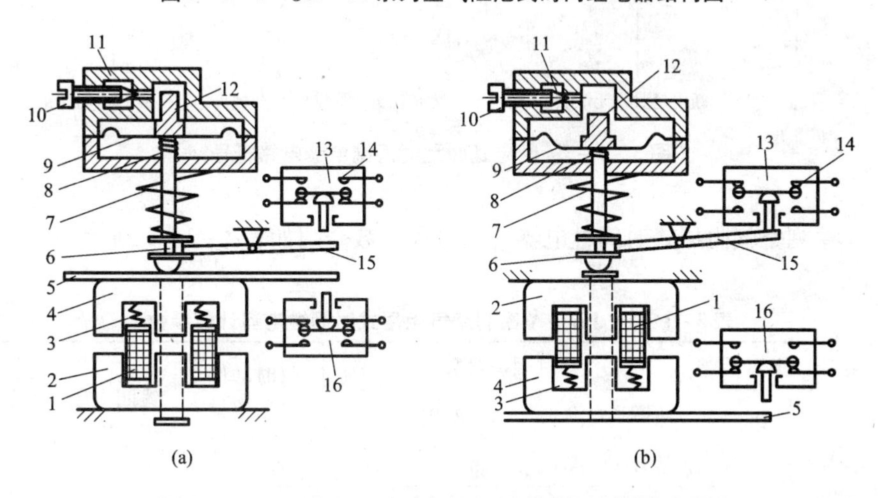

图3-1-5 JS7-A 系列空气阻尼式时间继电器原理图

(a)通电延时型；(b)断电延时型

1—线圈；2—静铁芯；3，7，8—弹簧；4—衔铁；5—推板；6—顶杆；9—橡皮膜；10—螺钉；11—进气孔；12—活塞；13，16—微动开关；14—延时触头；15—杠杆

通电延时时间继电器原理分析如下：当线圈1得电后衔铁4吸合，带动推板5移动而碰到微动开关16使瞬时触头立即动作(常开变为闭合，常闭变为断开)，同时顶杆6在气囊气压的作用下缓缓往下移动致使杠杆15往上翘，当过一定的时间(可以通过调节螺钉10调节进气孔气隙大小来改变)之后杠杆15碰到微动开关13使延时触头动作，从而起到通电延时的作用。当线圈失电时，衔铁释放，推板推动顶杆，杠杆下移(与微动开关13分离)，延时触

头复位，另外，在推板推动顶杆的同时，推板与微动开关16分离，瞬时触头也复位。

断电延时型时间继电器的原理与通电延时型的差不多，此处不再分析。

空气阻尼式时间继电器的特点是：延时时间较长(0.4～180 s)，结构简单，使用寿命长，价格低，但是延时误差大，没有调节指示，很难精准到预期值。所以在延时精度要求高的场合不宜使用。

通电延时型时间继电器的原理图符号如图3－1－6所示。

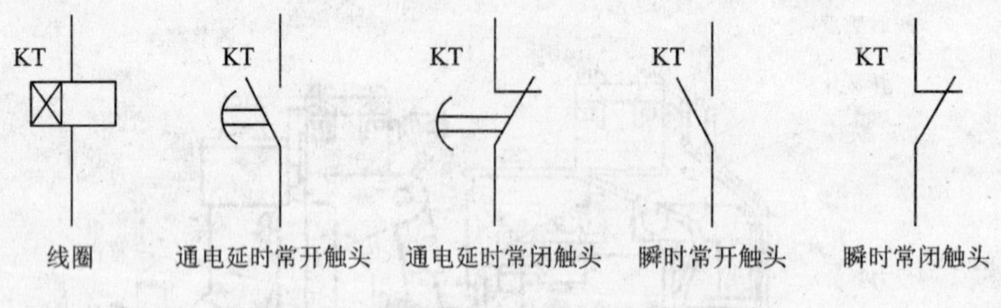

图3－1－6 通电延时型时间继电器电路符号

断电延时型时间继电器的原理图符号如图3－1－7所示。

图3－1－7 断电延时型时间继电器电路符号

JS7－A系列空气阻尼式时间继电器的型号和参数介绍如表3－1－1所示。

表3－1－1 JS7－A系列空气阻尼式时间继电器计数参数

<table>
<tr><th rowspan="3">型 号</th><th colspan="2">触头额定容量</th><th colspan="4">延时触头对数</th><th colspan="2" rowspan="2">瞬时动作触头数量</th><th rowspan="3">线圈电压/V</th><th rowspan="3">延时范围/s</th></tr>
<tr><th rowspan="2">电压/V</th><th rowspan="2">电流/A</th><th colspan="2">线圈通电延时</th><th colspan="2">断电延时</th></tr>
<tr><th>常开</th><th>常闭</th><th>常开</th><th>常闭</th><th>常开</th><th>常闭</th></tr>
<tr><td>JS7－1A</td><td rowspan="4">AC380</td><td rowspan="4">5</td><td>1</td><td>1</td><td></td><td></td><td></td><td></td><td rowspan="4">AC36、AC127、AC220、AC380</td><td rowspan="4">0.4～60及0.4～180</td></tr>
<tr><td>JS7－2A</td><td>1</td><td>1</td><td></td><td></td><td>1</td><td>1</td></tr>
<tr><td>JS7－3A</td><td></td><td></td><td>1</td><td>1</td><td></td><td></td></tr>
<tr><td>JS7－4A</td><td></td><td></td><td>1</td><td>1</td><td>1</td><td>1</td></tr>
</table>

3.1.1.3 电子式时间继电器

电子式时间继电器外形如图3－1－8所示。

电子式时间继电器也称为晶体管式或是半导体时间继电器，具有机械结构简单，延时时间长，延时精度高，体积小，耐冲击，耐振动，消耗功率小，调整方便及寿命长等优点。

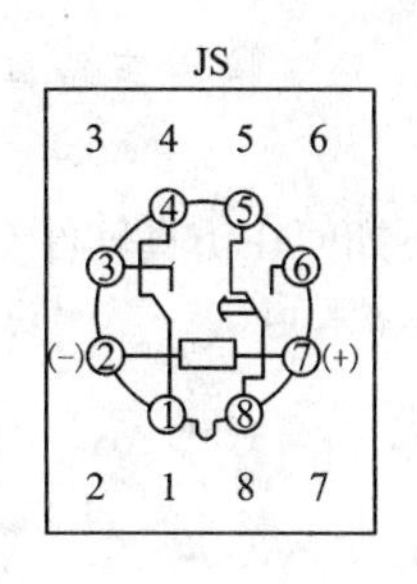

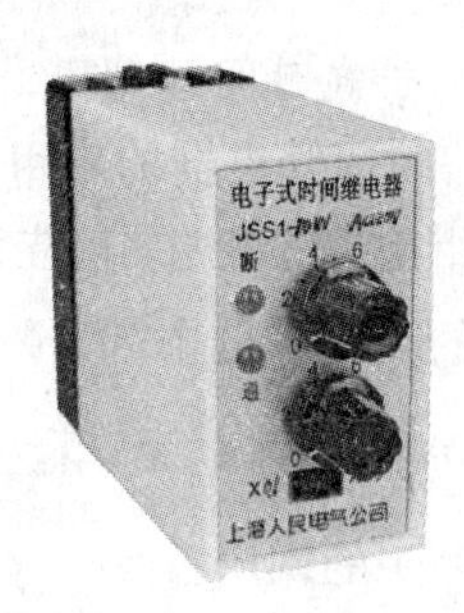

图3-1-8　电子式时间继电器

电子式时间继电器按结构可分为阻容式和数字式两类，按延时方式可分为通电延时型、断电延时型及带瞬时触头的通电延时型三类。

电子式时间继电器适用于延时精度高，延时时间长，或是控制回路相互协调需要无触头输出等情况。

3.1.1.4　时间继电器的检测

使用时间继电器前，应先进行必要的检测，检测内容包括线圈是否完好；衔铁是否被卡住；判断延时触头与瞬时触头的好坏等。

1. 测量线圈

首先将万用表拨至电阻 R×100 挡，并调零。再测量线圈电阻，若阻值为零，说明线圈短路；若为无穷大，说明线圈开路；若测得电阻值为几百欧，说明正常。

2. 测量触头(用万用表的量通断挡或是 R×100 挡)

(1)瞬时常开触头

无输入信号(电磁式的使衔铁静止，电子式的不通电)时，该触头两端阻值应为无穷大；若有输入信号，该触头两端阻值为零。

(2)瞬时常闭触头

无输入信号时，该触头两端阻值应为零；若有输入信号，该触头两端阻值为无穷大。

(3)通电延时常开触头

无输入信号时，该触头两端阻值为无穷大；有输入信号开始到延时时间未到时，该触头两端阻值也为无穷大；有输入信号并延时时间到时，该触头两端阻值为零。

(4)通电延时常闭触头

无输入信号时，该触头两端阻值为零；有输入信号开始到延时时间未到时，该触头两端阻值也为零；有输入信号并延时时间到时，该触头两端阻值为无穷大。

(5)断电延时常开触头

无输入信号时，该触头两端阻值为无穷大；有输入信号时，该触头两端阻值为零；输入信号停止之后，并延时时间到之后，该触头两端阻值为无穷大。

(6)断电延时常闭触头

无输入信号时，该触头两端阻值为零；有输入信号时，该触头两端阻值为无穷大；输入信号停止，并延时时间到之后，该触头两端阻值为零。

课堂练习：(1)认识空气阻尼式时间继电器，找出其线圈、各触头的接线端，并用万用表去测量线圈与各触头间的电阻，判断时间继电器的好坏。

(2)认识电子式时间继电器，并了解其接线座端口。

3.1.1.5 时间继电器的应用

在讲时间继电器的应用之前先讲下如何在仿真软件 CADe_SIMU CN. exe 中调用时间继电器。

(1)线圈的调用：点击 中的第十个图标，然后出现，选择第 5 或第 6 个图标。

(2)延时触头的调用：点击 中的第七个图标，然后出现，选择第 5 至 12 中你所需要的类型。

瞬时触头的调用与接触器辅助触头调用相同。

课堂练习：在仿真软件中分别调出通电和断电时间的线圈和触头。

例 3－1－1 点动按钮开关 SB1 之后 10 s 灯长亮，直到点动按钮开关 SB2 灯才灭。

分析：这是一个典型的延时启动应用。当点动 SB1 之后灯不会马上亮，而是要等待延时时间 10 s 结束才会亮。点动 SB2 便会立即使时间继电器 KT 线圈失电，KT 触头立即复位，灯熄灭。

方法一：适用于小功率负载。

第一步：启动灯亮。因为通电延时型时间继电器在线圈通电到延时时间到时延时触头才会动作，我们便可利用这一特点。点动按钮 SB1 时间继电器开始定时，10 s 到时利用其延时常开触头的闭合来接通灯的电源而使灯亮。

电路图如图 3－1－9 所示。

原理分析：点动 SB1→时间继电器 KT 线圈得电→时间继电器 KT 瞬时常开触头闭合（形成自锁）→等待定时时间 10 s 结束→时间继电器 KT 延时常开触头闭合并保持（因 KT 线圈能持续得电）→灯得电长亮。

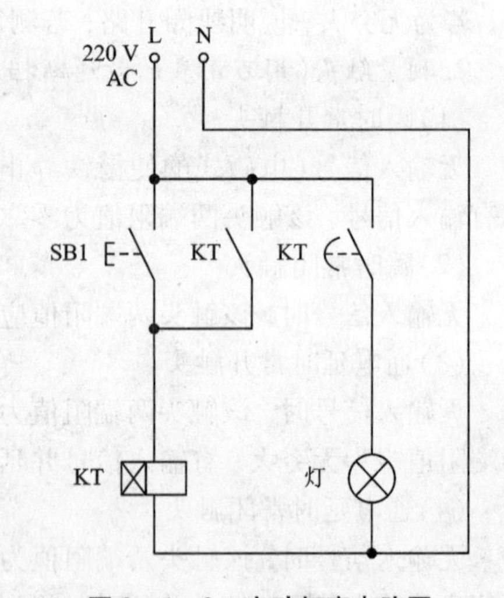

图 3－1－9 启动灯亮电路图

第二步：灭灯。灭灯实际上就是使灯失电（停电），因为通电延时型时间继电器的线圈一失电，其瞬时、延时触头都会复位，所以我们可利用这个特点来实现该功能。

电路图如图 3－1－10(a)所示。

原理分析：当灯被启动长亮后，点动 SB2→KT 线圈失电→KT 瞬时、延时触头立即复位→灯灭。

方法二：适用于大功率负载。（CADe_SIMU CN. exe 是国外软件，部分电路符号与我国符号有区别，此例所涉及到的接触器主触头就是其中之一）。电路如图 3－1－10(b)所示。

原理分析：点动 SB1→KT 线圈得电→KT 瞬时触头闭合（KT 线圈持续得电即自锁）→等待定时时间 10 s 结束 → KT 延时常开触头闭合 → KM 线圈得电

→ { KM 常开辅助触头闭合→KM 线圈持续得电
KM 常闭辅助触头断开→KT 线圈失电（节约电能）
KM 主触头闭合→灯亮 }

灯亮时点动 SB2→KM 线圈失电→KM 所有触头复位→灯灭。

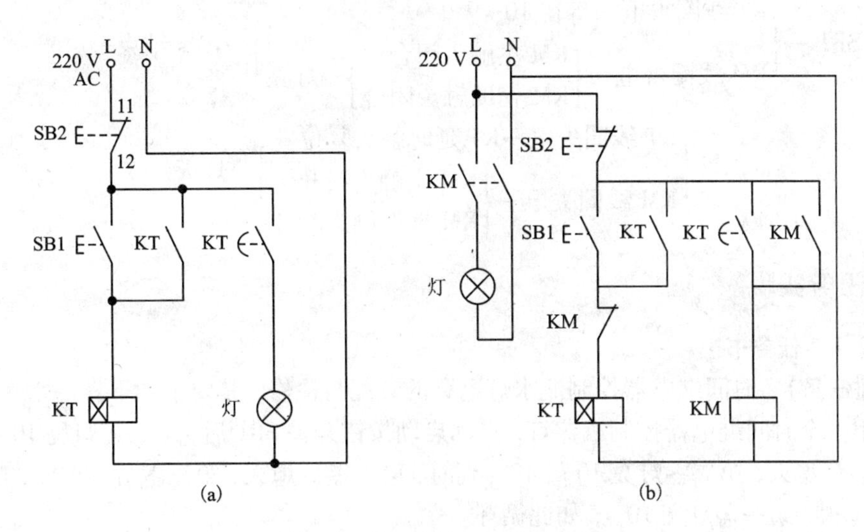

图 3-1-10 例 3-1-1 电路图

(a)方法一；(b)方法二

例 3-1-2 点动按钮开关 SB1 灯亮 10 s 然后熄灭。

分析：这是延时停止(断开)的典型应用。点动 SB1 灯立即亮，亮的时间为 10 s，时间一到便使灯失电。同样，我们可以使用通电延时型时间继电器，电路图如图 3-1-11 所示。

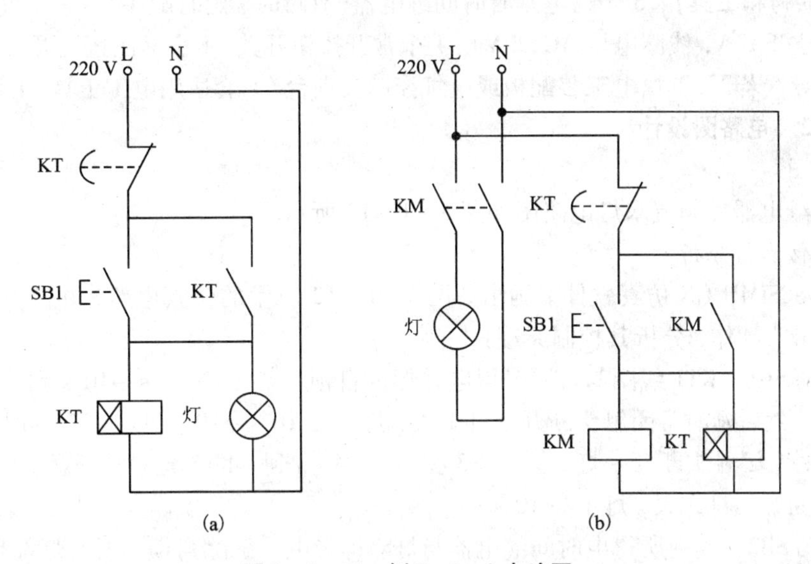

图 3-1-11 例 3-1-2 电路图

(a)方法一；(b)方法二

图(a)原理分析：这种方法适用于小功率负载。点动 SB1→KT 线圈与灯同时得电→KT 瞬时触头闭合自锁→KT 线圈与灯持续得电→等待定时时间 10 s→定时结束 KT 延时触头断开→KT 线圈与灯同时失电→KT 所有触头复位。

图(b)原理分析：这种方法适用于大功率负载。

点动 SB1 →{ KT 线圈得电→等待 10 s ; KM 线圈得电→{ KM 主触头闭合 ; KM 辅助触头闭合 }→灯亮 }→10 s 结束→

{ KT 线圈失电→KT 延时触头复位 ; KM 线圈失电→{ KM 主触头断开 ; KM 辅助触头断开 } }→灯灭

3.1.2 任务实现

3.1.2.1 任务书

【实训任务】 时间继电器控制流水灯电路的装配与检修，其要求如下：

(1)用三个时间继电器控制三盏灯，点动启动按钮开关 SB1 后，第一盏灯亮 10 s，10 s 到时，第一盏灯熄灭，第二盏灯亮 10 s，10 s 到时，第二盏灯熄灭，第三盏灯亮 10 s，10 s 到时，第三盏灯熄灭，第一盏灯亮 10 s，如此循环。

(2)点动停止按钮开关 SB2 后，所有灯熄灭。

【实训目的】 通过流水灯电路的装配与检修，掌握时间继电器的动作特点；会使用 CADe_SIMU CN. exe 仿真软件进行定时控制电路仿真；会正确检测和使用时间继电器；能分析相关控制电路原理；能进行电路装配和检修。

【实训场地】 电力拖动实训室或电气控制实训室。

【实训器材和工具】 3 个通电延时时间继电器(有瞬时、延时触头)——空气阻尼式时间继电器(型号 JSA2A，线圈电压 AC220V)、1 个常开按钮开关、1 个常闭按钮开关、3 个 220 V 白炽灯泡、导线若干、1 块电工装配板或电气控制实训台、1 套通用电工工具、1 块万用表。

3.1.2.2 电路图设计

1. 电路图

用时间继电器控制流水灯电路图如图 3-1-12 所示。

2. 电路仿真与分析

在 CADe_SIMU CN 仿真软件上画出如图 3-1-12 所示的仿真电路，并按以下步骤进行仿真，观察触头动作，分析其控制原理：

(1)点动 SB1→KT1 线圈与灯同时得电并形成自锁→灯 1 亮 10 s→10 s 到→KT1 延时常开触头闭合，然后延时常闭触头断开→灯 1 灭、灯 2 亮 10 s→10 s 到→KT2 延时常开触头闭合，然后延时常闭触头断开→灯 2 灭、灯 3 亮 10 s→10 s 到→KT3 延时常开触头闭合，然后延时常闭触头断开→灯 3 灭、灯 1 亮 10 s……

(2)点动 SB2→当前所得电时间继电器与灯立即失电→解除自锁→所有灯都是熄灭状态。

由以上工作过程仿真分析可知：该流水灯的点亮过程很类似项目 2 之“后一盏灯点亮后、前一盏灯熄灭”的控制过程。从电路结构和控制原理来对比分析，可以发现该流水灯控制，本质上也是顺序控制点亮三盏灯。只是在项目 2 中，是利用启动按钮和交流接触器进行手动控制顺序点亮三盏灯，而该电路是用时间继电器自动控制顺序点亮。请读者仔细体会这两种控制的相同和不同之处，从而更深刻领会时间继电器的控制特点和意义。

课堂练习：修改仿真电路，实现三盏灯依次点亮并保持的流水灯控制功能。

图 3-1-12 流水灯电路的实物接线图如图 3-1-13 所示。

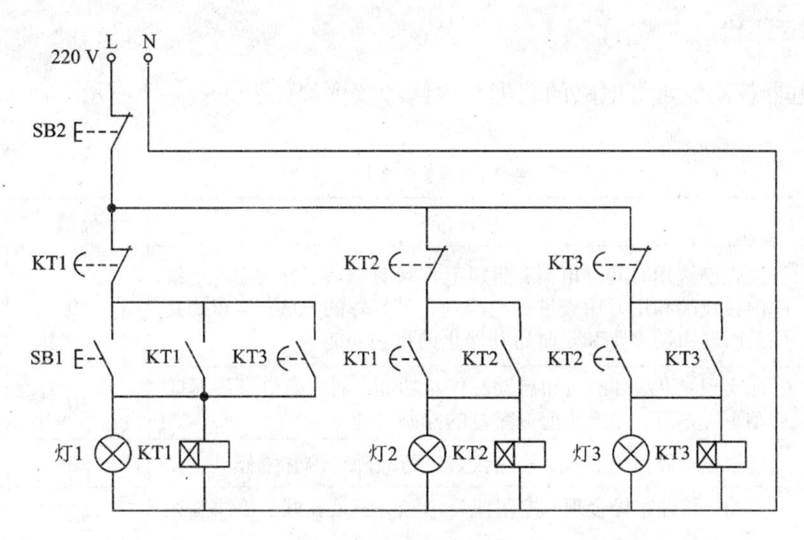

图 3-1-12　用时间继电器控制流水灯电路图

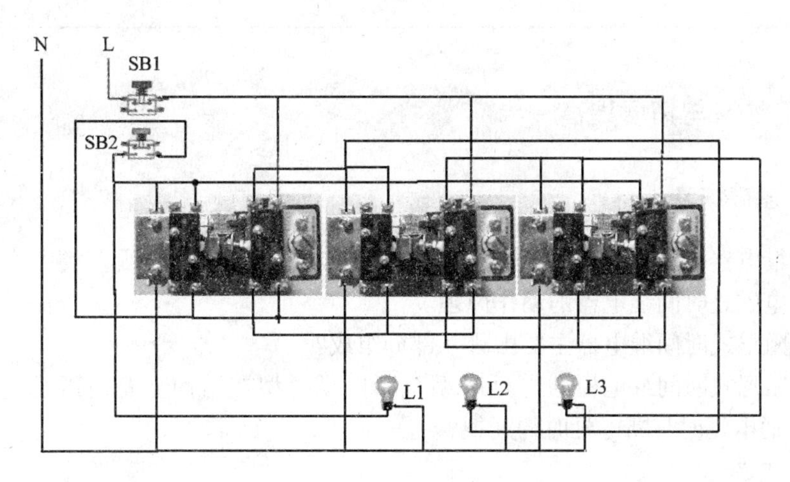

图 3-1-13　流水灯电路的实物接线图

3.1.2.3　**装配和检修实习**

具备实习条件的学校，建议进行该电路的装配和检修实习。实习步骤如下：

(1)根据装配板，设计元件布局图和接线图。

(2)根据装配工艺要求装配电路：左进右出、上进下出；左零右火；横平竖直。

(3)元件认识与测试：找到时间继电器瞬时、延时触头和线圈的接线端，并用万用表测试判定其好坏；定时长短调节；衔铁灵活性测试；按钮测试。

(4)不带电测试和检修电路：在通电测试电路前，一定要用万用表电阻挡测试电路，并排除所检测出来的故障，再通电测试电路。

(5)通电测试和检修电路。

3.1.3 考核评价

时间继电器控制流水灯电路的装配与检修考核评价如表 3－1－2 所示。

表 3－1－2 考核评价表

考核项目	考核标准	分值	评分
元件知识	能正确选用时间继电器；能判定其瞬时触头、延时触头、线圈的接线端和用万用表进行检测判定其好坏的方法；能正确使用其瞬时启动停止和延时启动停止的控制功能	20	
电路功能	能实现：流水灯的按钮启动和停止功能；前一盏灯顺序延时启动下一盏灯，并停止前一盏灯的控制功能	30	
故障检修	能根据电路运行状况，使用仪表进行故障检测和维修	20	
工艺美观	电路、元件布局合理，控制流程清晰，满足扎线、接线工艺要求，电路美观	20	
安全现场	不违规操作、遵守操作规范、现场整洁	10	
总　　评		100	

3.1.4 基础练习与拓展提高

课题一　基础练习

(1)时间继电器按延时方式可分为哪两种？按其动作原理可分为哪些类？

(2)简述电磁式时间继电器的动作原理。

(3)空气阻尼式时间继电器主要由哪几部分组成？

(4)空气阻尼式时间继电器通电延时型与断电延时型在结构上有何区别？在实际应用中，如何实现通电延时与断电延时的互换？

课题二　拓展提高

(1)根据以下要求分别设计电路：

①点动 SB1 后灯长亮，点动 SB2 后 10 s 灯灭。

②点动 SB1 后启动红灯亮，红灯亮 5 s 后再启动绿灯亮，点动 SB2 后红灯与绿灯同时灭。

③点动 SB1 启动灯 2 s 闪烁一次(1 s 亮 1 s 灭，也可 1.5 s 亮 0.5 s 灭)，点动 SB2 后停止闪烁。

④点动 SB1 启动延时 5 min。(不能用电子式时间继电器)

⑤调整流水灯速度，并修改电路，完成以下控制：后一个灯点亮后，前一个灯依然保持点亮，三个灯全亮 20 s 后，三个灯全部自动熄灭。

(2)对图 3－1－12 的用时间继电器控制流水灯的原理图进行修改，并使用图 3－1－8 的 JS 电子时间继电器，设计接线图。

任务2　PLC控制照明电路的装配与调试

3.2.1　知识准备

3.2.1.1　任务相关元件与指令

1. 软元件——定时器

定时器又可称为计时器，用字母T表示，采用十进制编号，在PLC中相当于继电器控制的时间继电器。在PLC控制中，使用定时器不仅可以获得延时的效果，而且还可使用延时常开、常闭触头若干次。PLC控制方式中的定时器是根据时钟脉冲的累积形式进行计时的。当定时器线圈得电时，定时器对应的时钟脉冲(100 ms、10 ms、1 ms)从零开始计数，计数值等于设定值时定时器的触头动作。定时器可以用用户程序存储器内的常数K作为设定值(K的范围为0～32767)，也可用数据寄存器D内的数据作为设定值。

(1)普通定时器

无输入信号时(线圈不得电)，定时器的触头为常态；有输入信号，定时时间未到时，其触头也为常态；有输入信号，定时时间到，其触头动作。简言之：加电计时，断电丢失，复电重计，到时吸合，失电释放。

100 ms型普通定时器：T0～T199，共200个，单个定时长度为0.1～3276.7 s。

10 ms型普通定时器：T200～T245，共46个，单个定时长度为0.01～327.67 s。

用普通定时器定时5 s的梯形图与时序图如图3－2－1所示，其中T0为100 ms型普通定时器，当计数值为K50时定时时间为100 ms×50＝5000 ms＝5 s。

控制原理：当X0常开触头闭合(ON)时，T0线圈得电，5 s时间到时，T0的常开触头闭合，Y0线圈得电。当X0常开触头断开(OFF)时，T0线圈失电，T0触头复位，Y0线圈失电。

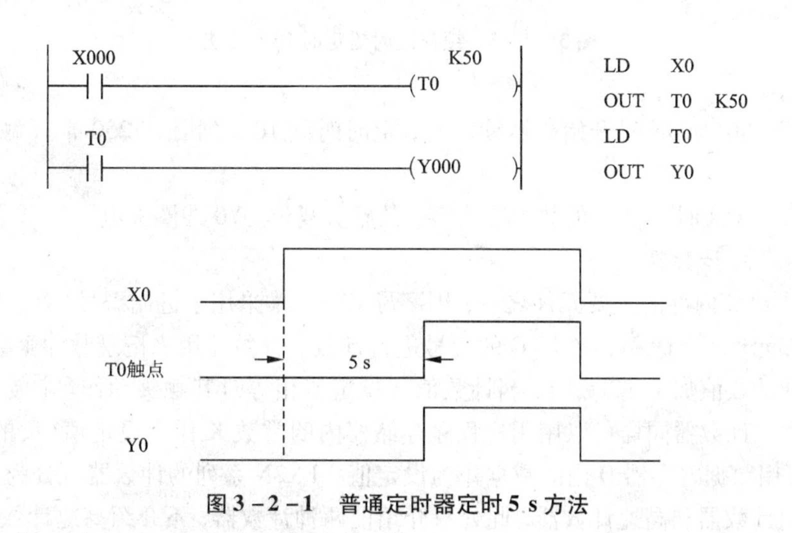

图3－2－1　普通定时器定时5 s方法

课堂练习： 完成仿真平台C－1、C－2、C－3训练，掌握定时器的使用方法。

(2)积算(断电保持型)定时器

无输入信号时，暂存输入信号时的最后值；有输入信号时，定时时间未到，开始或继续定时；有输入信号并定时时间到时，触头动作。若想使当前定时值清零，不能只是使相应线圈失电，还要用复位(清零)指令 RST 或 ZRST。积算定时器在定时过程中，PLC 突然断电，其定时值为断电时的值，而不是清零，因此积时定时器也称锁存定时器。

1 ms 积算定时器：T246 ~ T249，共 4 个(中断动作)，单个定时长度为 0.001 ~ 32.767 s。

100 ms 积算定时器：T250 ~ T255，共 6 个，其定时范围为：0.1 ~ 3276.7 s。

用锁存定时器定时 10 s 的梯形图与时序图如图 3－2－2 所示。RST 为单个元件复位指令，ZRST 为区间元件复位指令，如 RST T250 仅将 T250 的数据清零，ZRST T250 T255 将 T250，T251，T252，T253，T254，T255 的数据都清零。

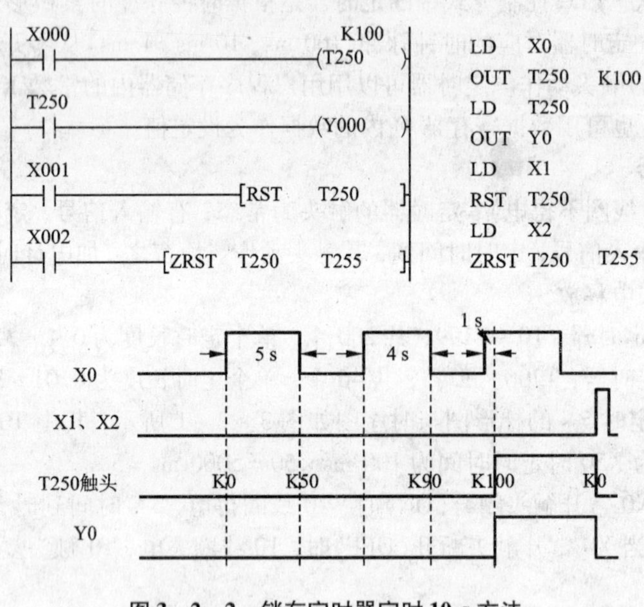

图 3－2－2 锁存定时器定时 10 s 方法

控制原理：X0 为 ON 时开始或继续定时，定时时间 10 s 到时，T250 常开触头变为 ON，Y0 线圈得电。

X1 或 X2 为 ON 时，T250 的数据变为零，其触头复位，Y0 线圈失电。

2. 软元件——计数器

计数器是 PLC 内部的重要元件之一，用字母 C 表示，采用十进制编号。它是在执行扫描操作时对内部元件 X、Y、M、S、T、C 的信号进行计数。计数器用来记录脉冲个数，输入端每来一个脉冲则计数值加 1(或减 1)，当计数值与设定值相等时其触头动作。计数器的触头可以使用若干次。计数器同样可以用用户程序存储器内的常数 K 作为设定值(K 的范围为 0 ~ 32767)，也可用数据寄存器 D 内的数据作为设定值。FX2N 系列的计数器可分为 16 位加计数器、32 位双向计数器和高速计数器，此处只介绍前两种计数器，不介绍高速计数器。

(1)16 位加计数器

16 位加计数器其设定值 K 的范围为 0 ~ 32767，分为 16 位通用加计数器(C0 ~ C99)和 16 位断电保持加计数器(C100 ~ C199)。每来一个脉冲，计数器的值加 1。PLC 中途断电时，普通加计数器当前计数值会被清零，断电保持加计数器的当前值与输出触头的通断可保持在当前状态。普通加计数器的使用如图3－2－3所示。

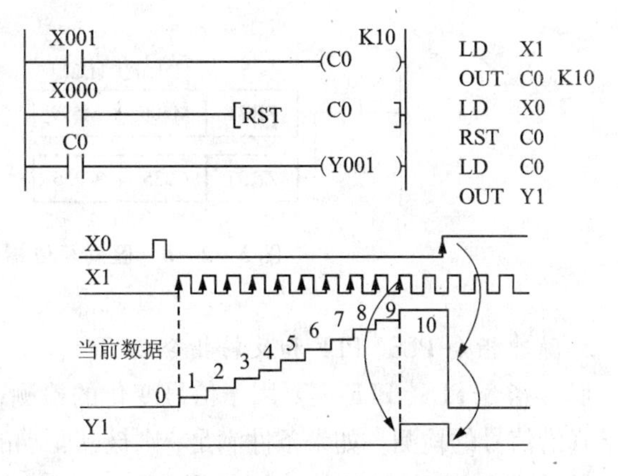

图3－2－3　普通加计数器的使用

课堂练习： 完成仿真平台C－4训练，掌握普通加计数器的使用方法。

（2）32位双向计数器

32位双向计数器的设定值在－2147483648～2147483647之间。其中，C200～C219共20点，为通用型计数器；C220～C234共15点，为断电保持型计数器。32位双向计数器是加、减型，由特殊辅助继电器M8200～M8234的状态设定。

3．复位指令RST和置位指令SET

SET（置位指令）的作用是使被操作的目标元件置位并保持。

RST（复位指令）使被操作的目标元件复位并保持清零状态。

SET、RST指令的使用如图3－2－4所示。当X0常开接通时，Y0变为ON状态并一直保持该状态，即使X0断开Y0的ON状态仍维持不变；只有当X1的常开闭合时，Y0才变为OFF状态并保持，即使X1常开断开，Y0也仍为OFF状态。

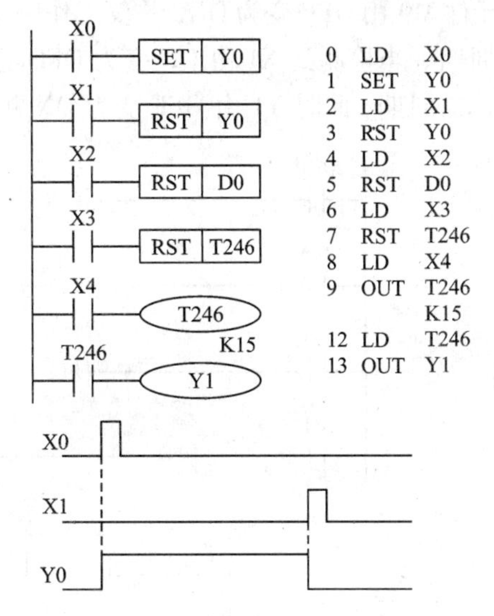

图3－2－4　复位指令RST和置位指令SET的使用

SET、RST指令的使用说明：

（1）SET指令的目标元件为Y、M、S，RST指令的目标元件为Y、M、S、T、C、D、V、Z。RST指令常被用来对D、Z、V的内容清零，还用来复位积算定时器和计数器。

（2）对于同一目标元件，SET、RST可多次使用，顺序也可随意，但最后执行者有效。

4．区间复位指令ZRST

区间复位指令ZRST（P）将指定范围内的同类元件成批复位。如图3－2－5所示，当X0由OFF→ON时，位元件M500～M599成批复位，字元件C235～C255也成批复位。

使用区间复位指令时应注意：

（1）[D1.]和[D2.]可取Y、M、S、T、C、D，且应为同类元件，同时[D1.]的元件号应小于[D2.]指定的元件号，若[D1.]的元件号大于[D2.]的元件号，则只有[D1.]指定的元件被复位。

（2）ZRST指令只有16位处理，占5个程序步，但[D1.][D2.]也可以指定32位计数器。

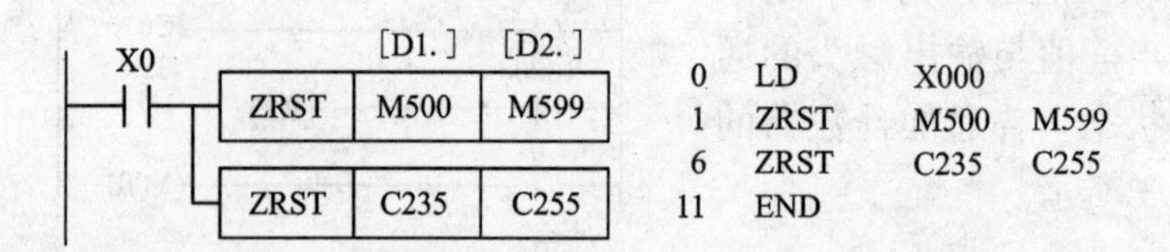

图3-2-5 区间复位指令 ZRST 的使用

5. 脉冲指令 PLS、PLF 和反转指令 ALT

脉冲指令 PLS、PLF 主要用于信号变化的检测，即从断开到闭合的上升沿或从闭合到断开的下降沿信号的检测。如果条件满足，则被其驱动的软元件将产生一个扫描周期的脉冲信号。

脉冲指令 PLS、PLF 的使用如图3-2-6所示，当检测到 X0 由 OFF 变为 ON 的上升沿时，软元件 M0 由 OFF 变为 ON，并仅工作一个扫描周期，此时，Y0 由 OFF 变为 ON 并持续一个扫描周期。当检测到 X1 由 ON 变为 OFF 的下降沿时，软元件 M1 由 OFF 变为 ON，并仅工作一个扫描周期，此时 Y1 由 OFF 变为 ON 并持续一个扫描周期。

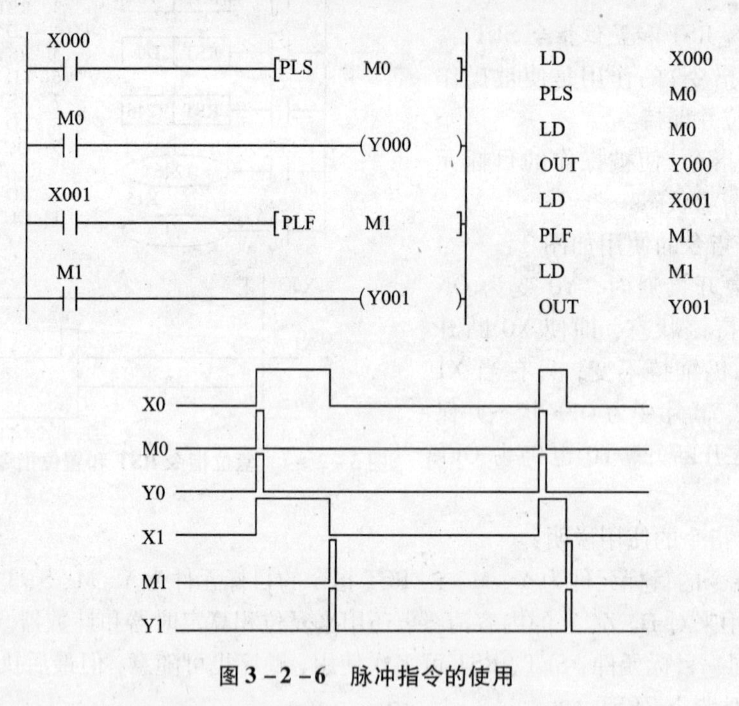

图3-2-6 脉冲指令的使用

反转指令 ALT(P)的操作功能为：当条件第一次满足时，其操作数为 ON；当条件第二次满足时，其操作数为 OFF；第三次条件满足时，其操作数又为 ON；如此循环。反转指令的使用如图3-2-7所示。

3.2.1.2 典型 PLC 梯形图程序

跟复杂的控制电路都是由基本控制电路构成一样，复杂的 PLC 程序也是由基本程序来构成的，以下为十个典型的 PLC 梯形图程序，掌握这些基本程序，对读者以后独立编程，帮助很大。

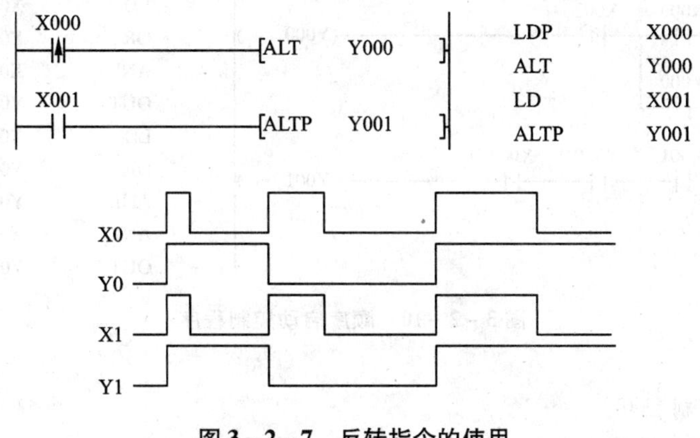

图3-2-7 反转指令的使用

1. 自锁启动和停止控制程序

自锁启动和停止控制程序梯形图和指令语句如图3-2-8所示。

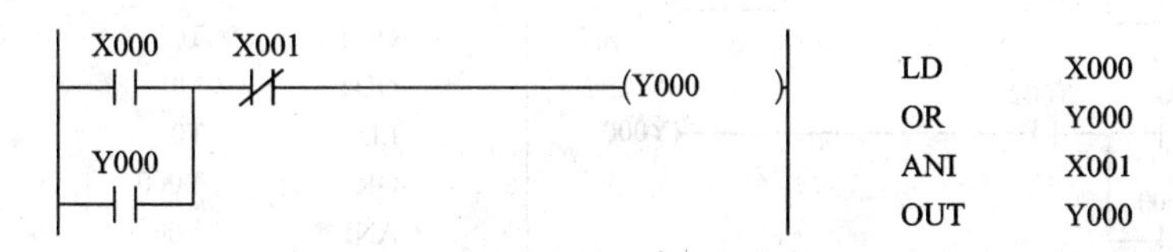

图3-2-8 自锁启动和停止控制程序

2. 联锁启动和停止控制程序

联锁启动和停止控制程序梯形图和指令语句如图3-2-9所示。

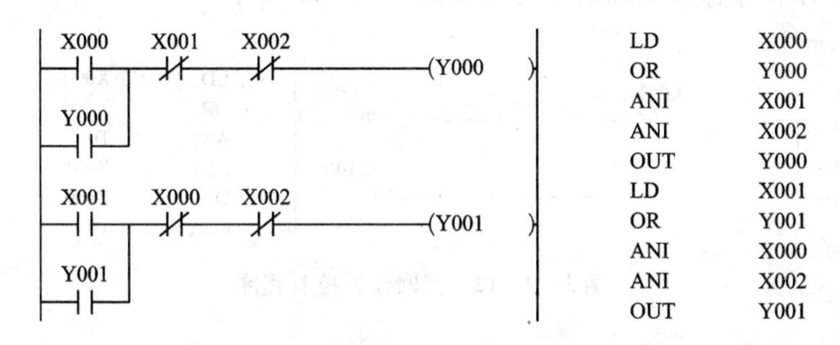

图3-2-9 联锁启动和停止控制程序

3. 顺序启动控制程序

顺序启动控制程序梯形图和指令语句如图3-2-10所示。

X000　X002　Y000　Y001　X001　Y000　X002　Y001

LD	X000
OR	Y000
ANI	X002
OUT	Y000
LD	X001
OR	Y001
AND	Y000
ANI	X002
OUT	Y001

图 3－2－10　顺序启动控制程序

4. 延时接通控制程序

延时接通控制程序梯形图和指令语句如图 3－2－11 所示。

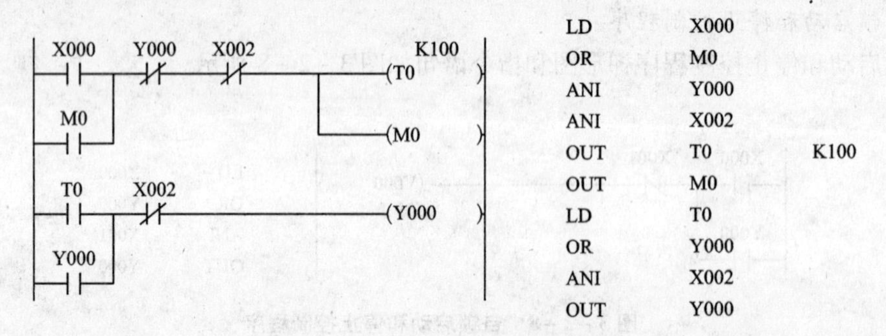

图 3－2－11　延时接通控制程序

5. 延时断开控制程序

延时断开控制程序梯形图和指令语句如图 3－2－12 所示。

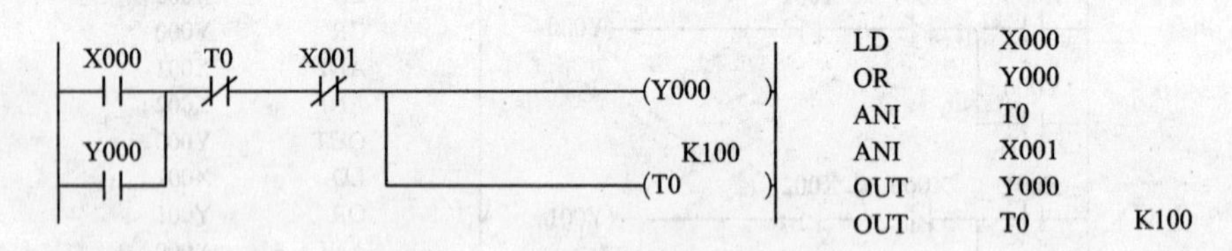

图 3－2－12　延时断开控制程序

6. 分频控制程序

分频控制程序梯形图和指令语句如图 3－2－13 所示。

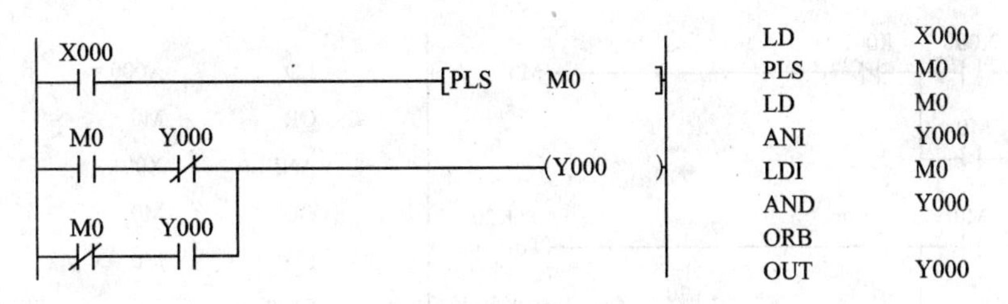

图 3-2-13　分频控制程序

7. 长延时控制程序

长延时控制程序梯形图和指令语句如图 3-2-14 所示。

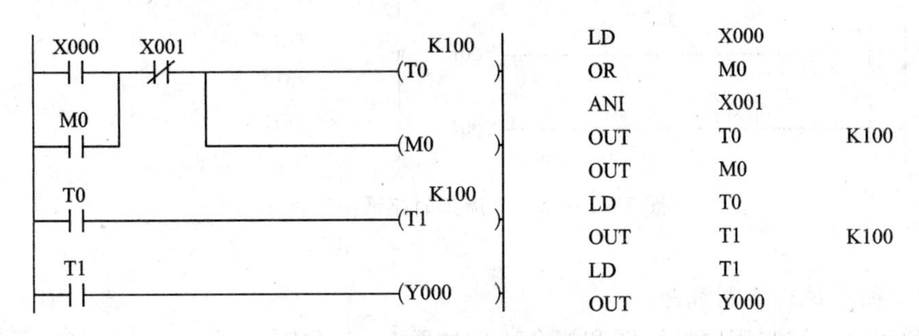

图 3-2-14　长延时控制程序

8. 振荡控制程序

振荡控制程序梯形图和指令语句如图 3-2-15 所示。

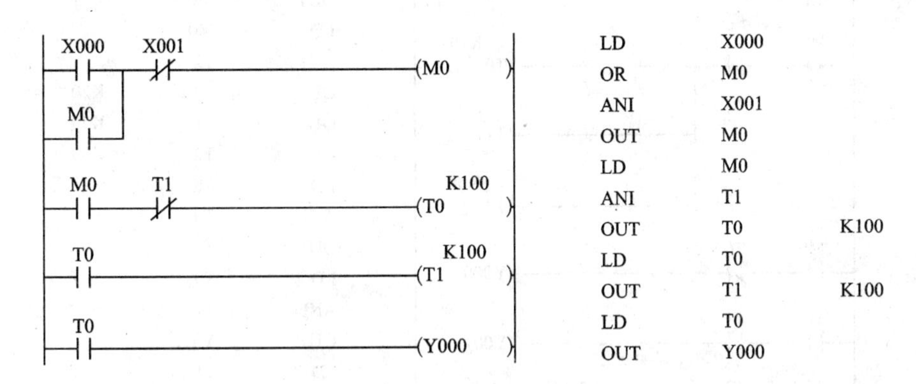

图 3-2-15　振荡控制程序

9. 顺序延时接通控制程序

顺序延时接通控制程序梯形图和指令语句如图 3-2-16 所示。

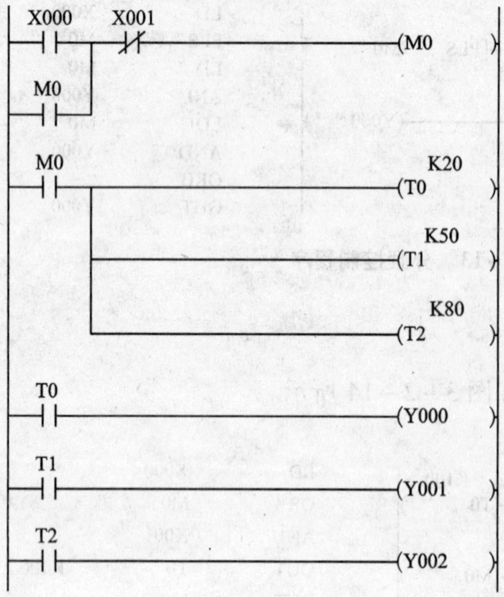

LD	X000	
OR	M0	
ANI	X001	
OUT	M0	
LD	M0	
OUT	T0	K20
OUT	T1	K50
OUT	T2	K80
LD	T0	
OUT	Y000	
LD	T1	
OUT	Y001	
LD	T2	
OUT	Y002	

图 3－2－16　顺序延时接通控制程序

10. 顺序循环执行控制程序

顺序循环执行控制程序梯形图和指令语句如图 3－2－17 所示。

LD	X000	
OR	M0	
ANI	X001	
OUT	M0	
LD	M0	
ANI	T2	
OUT	T0	K20
OUT	T1	K50
OUT	T2	K80
LD	M0	
ANI	T0	
OUT	Y000	
LD	T0	
ANI	T1	
OUT	Y001	
LD	T1	
ANI	T2	
OUT	Y002	

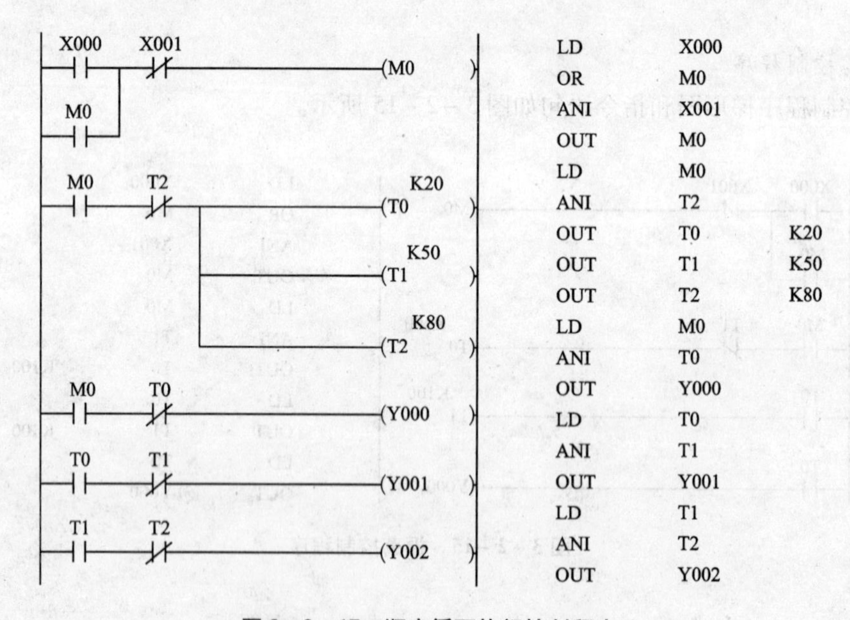

图 3－2－17　顺序循环执行控制程序

3.2.2　任务实现

3.2.2.1　任务书

【实训任务】 编写流水灯控制程序，依次点亮三盏灯，要求如下：

(1)点动按钮 SB1 后，流水灯开始运行，当循环 5 次时流水灯停止运行，报警灯以每 1s 闪烁 1 次的频率报警。

(2)点动按钮 SB2 后该控制系统停止。

【实训目的】 通过编写流水灯控制程序，并安装调试电路，感性认识 PLC 的定时器和计数器指令的功能和应用方法。

【实训场地】 机电一体化实训室(不具备相关实训条件的学校，请在仿真平台上编写控制程序和运行仿真)。

【实训器材和工具】 1 个常开按钮开关、1 个常闭按钮开关、4 个额定电压为 24 V 的灯泡、导线若干、1 块电工装配板或电气控制实训台、1 套通用电工工具、1 块万用表。

3.2.2.2　I\O 分配和接线图设计

I\O 分配表如表 3－2－2 所示。

表 3－2－2　PLC 控制流水灯电路的 I\O 分配表

输入端口			输出端口		
符号	地址	功能说明	符号	地址	功能说明
S(P)B1	X20	启动控制	HL1	Y20	流水灯 1
S(P)B2	X21	停止控制	HL2	Y21	流水灯 2
			HL3	Y22	流水灯 3
			HL4	Y23	警示

图 3－2－18 为 PLC 控制流水灯电路的原理图，图 3－2－19 为 PLC 控制流水灯电路的接线图。

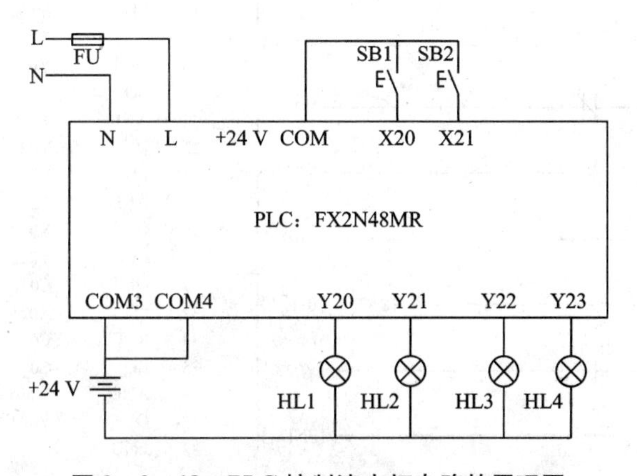

图 3－2－18　PLC 控制流水灯电路的原理图

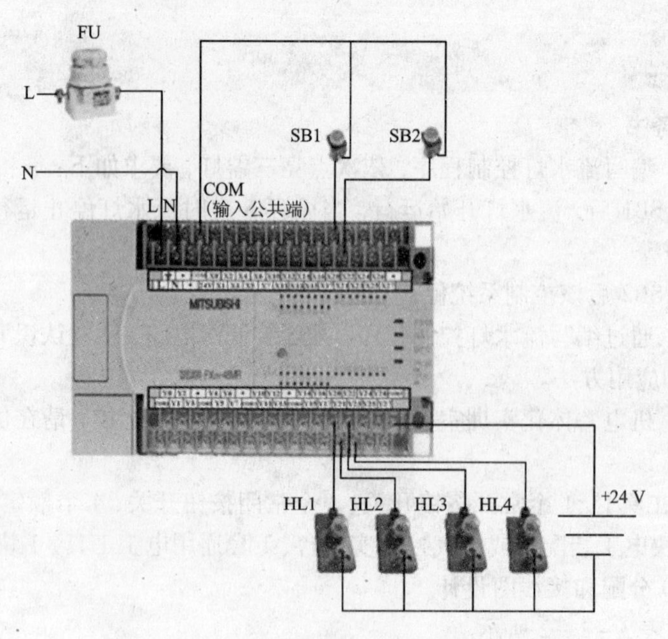

图 3-2-19 PLC 控制流水灯电路的接线图

3.2.2.3 编程与电路调试实习

该控制电路的例程如图 3-2-20 所示，其仿真效果如图 3-2-21 所示。

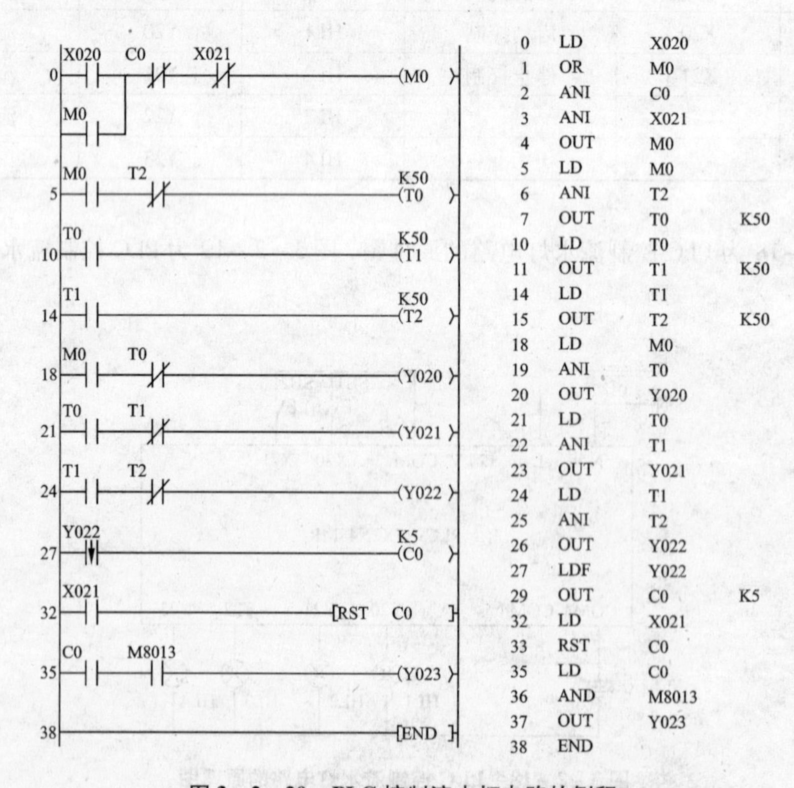

图 3-2-20 PLC 控制流水灯电路的例程

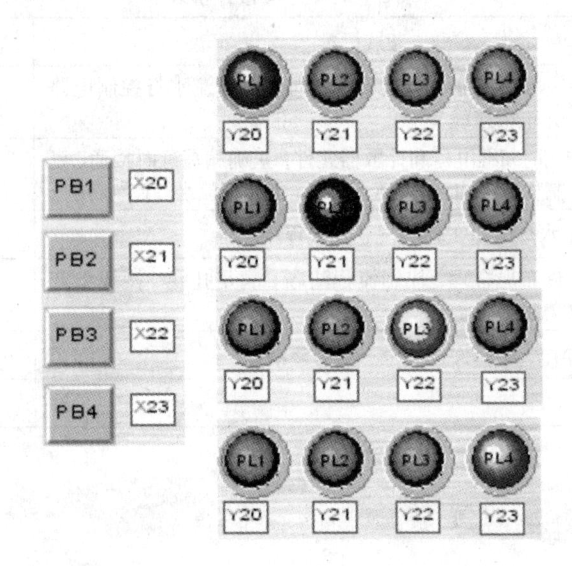

图 3-2-21　PLC 控制流水灯电路例程的仿真效果图

程序控制原理分析如下：

PLC 上电后，点动实物 SB1 或是仿真软件中的 PB1，辅助继电器 M0 线圈持续得电，启动 T0 定时 5 s，在这 5 s 内输出继电器 Y20 线圈得电使指示灯 HL1 或 PL1 亮，5 s 结束时第 19 步 T0 常闭触头断开(Y20 线圈失电使指示灯 HL1 或 PL1 灭)，同时第 10 步和第 21 步 T0 常开触头闭合，启动 T1 定时 5 s，在这 5 s 内输出继电器 Y21 线圈得电使指示灯 HL2 或 PL2 亮，5 s 结束时第 22 步的 T1 常闭触头断开(Y21 线圈失电使指示灯 HL2 或 PL2 灭)，同时第 14 步和第 24 步的常开触头会闭合，启动 T2 定时 5 s，在这 5 s 内输出继电器 Y22 线圈得电使指示灯 HL3 或 PL3 亮，5 s 结束时第 6 步和第 25 步的 T2 常闭触头断开(前者复位所有定时器，后者使 Y22 线圈失电使指示灯 HL3 或 PL3 灭)，Y22 失电瞬间启动下一轮流水灯，同时使计数器 C0 加 1。如此循环 5 次，即 C0 的值为 5 时第 35 步 C0 常开触头闭合，通过 M8013(1 s 周期的振荡)控制指示灯 HL4 或 PL4 一秒闪一次，另外第 2 步 C0 常闭触头断开解除辅助继电器 M0 的自锁，流水灯停止。

启动该系统之后的任何时刻点动 SB2 或是 PB2，解除 M0 自锁，清零计数器 C0，系统停止。

注意：计数器计到 5 之后，如果不先点动 SB2 或是 PB2 是不能再启动流水灯的。

3.2.3　考核评价

PLC 控制照明电路的装配与调试考核评价如表 3-2-3 所示。

表3-2-3 考核评价表

考核项目	考核标准	分值	评分
硬件接线	能根据控制要求，正确分配I/O地址，设计流水灯控制电路的接线图，并正确接线	20	
编程功能	能灵活应用时间继电器和计数器元件，正确编写延时接通、延时断开等控制程序，程序控制流程清晰，能实现流水灯控制功能	30	
程序调试	能根据流水灯电路工作状况，调试程序	20	
工艺美观	电路、元件布局合理，控制流程清晰，满足扎线、接线工艺要求，电路美观	20	
安全现场	不违规操作、遵守操作规范、现场整洁	10	
总　评		100	

3.2.4 基础练习与拓展提高

课题一 基础练习

(1)说明FX2N系列PLC定时器的分类、各自的特点及编号范围。

(2)说明FX2N系列PLC计数器的分类、各自的特点及编号范围。

(3)分析图3-2-1和图3-2-3的程序，说明PLC普通定时器和计数器的使用方法。

(4)分析图3-2-4和图3-2-7的程序，分别说明SET、RST、ZRST、ALT、PLS、PLF指令的功能和使用方法。

(5)调整流水灯速度，并修改图3-2-20的程序，完成以下控制：后一个灯点亮后，前一个灯依然保持点亮，三个灯全亮20 s后，三个灯全部自动熄灭。

(6)比较本项目中的两个任务中的停止方式：为什么继电器控制方式的停止使用常闭按钮，而PLC控制方式使用常开按钮？能否将PLC控制方式的停止按钮换成常闭的？

(7)分析PLC的十个典型程序，并说出各程序的控制原理。

课题二 拓展提高

(1)分别编写符合以下要求的8位流水灯程序：

①从左向右顺序点亮8盏灯，每次只亮一盏灯。

②从左向右顺序点亮8盏灯，并保持；然后从右向左顺序熄灭。

③从中间向两边顺序点亮8盏灯，并保持，即各灯的点亮顺序是：45、3456、234567、12345678；然后从两边向中间顺序熄灭，熄灭的顺序是：234567、3456、45。

(2)数码管驱动的梯形图程序设计。

①设计十个梯形图程序，PLC上电后分别显示0~9这十个数；

②设计一个梯形图程序，要求点动按钮SB1启动数码显示，首先显示“0”，然后显示“1”、……两个数码显示间隔为2 s，“9”显示完成之后自动停止，关闭数码显示。

(3)完成仿真平台D-2和D-5的挑战训练。

(4)在不改变PLC十个典型程序的控制要求的前提下，请设计其他替代程序。

项目4　三相异步电动机控制电路的装配与检修

项目描述

电气控制主要就是电力设备控制，本项目通过任务1——带点动的长动继电器控制电路的装配与检修、任务2——带点动的长动PLC控制电路的装配与调试、任务3——接触器按钮双重互锁双向运转控制电路的装配与检修、任务4——小车双向运行PLC控制电路的装配与调试、任务5——时间继电器控制的Y-△启动电路的装配与检修的学习，达到以下目标：

1. 认识行程开关的功能结构、分类，了解其工作原理，学会检测和使用行程开关的方法；
2. 认识三相异步电动机的功能结构，了解其工作原理，掌握电动机的Y、△连线方法和各种控制电路的装配检修方法；
3. 认识E500变频器的面板、接线端子和参数，学会PLC、变频器、电动机之间的连线方法，掌握修改变频器参数和编写PLC控制变频器程序的方法；
4. 了解项目相关PLC功能指令和元件；
5. 掌握步进指令和单流程SFC程序的编写方法。

项目任务

任务1　带点动的长动继电器控制电路的装配与检修

4.1.1　知识准备

4.1.1.1　**三相异步电动机相关知识**

三相异步电动机，作为主要的电力设备，可将所输入的电能转化为机械能。其外形如图4-1-1所示。

图4-1-1　三相异步电动机

1. 结构、工作原理

三相异步电动机由定子和转子两大部分组成，如图4-1-2所示。

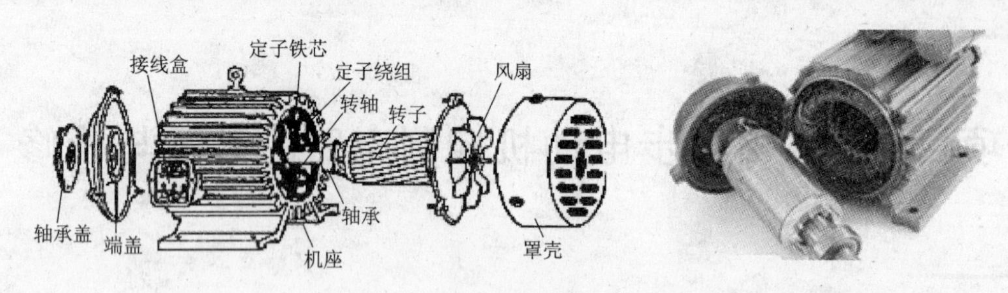

图4-1-2　三相异步电动机的构成

定子是静止部分，包括机座、定子铁芯、定子绕组、端盖、轴承盖、罩壳、接线盒、标牌。定子的主要部分是定子铁芯和定子绕组，定子绕组又称三相对称绕组(图4-1-3)，是三相异步电动机的主要电路部分，镶嵌在定子铁芯的线槽中，通入三相交流电源后，将三相电能转化为旋转磁场。

图4-1-3　定子铁芯和定子铁芯

转子是转动部分，包括转轴、转子铁芯、转子绕组、转子风扇、轴承。转子铁芯和转子绕组是转子的主要部分，由于被旋转磁场切割磁力线，而产生感应电流，再被磁场力反作用旋转，而将电能转化为机械能。三相异步电动机的转子分为鼠笼式和线绕式两种，如图4-1-4所示。

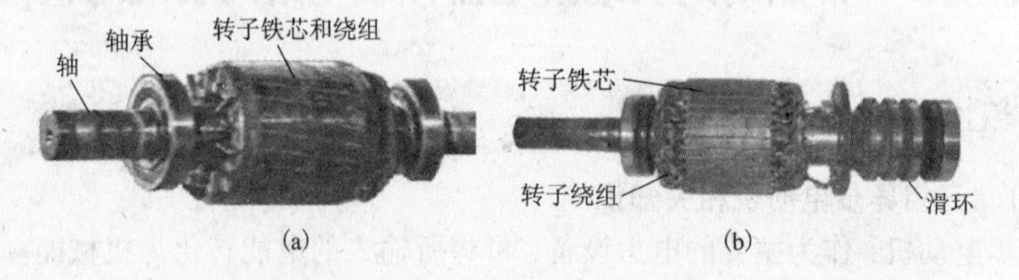

图4-1-4

(a)鼠笼式转子；(b)线绕式转子

2. 接线盒与接法

三相异步电动机三相对称绕组U、V、W共有六个接线端子：U1-U2、V1-V2、W1-W2，固定在接线盒中，有Y、△两种接线方法，如图4-1-5所示，图(a)(b)为Y形接法，图(c)(d)为△形接法。Y接法时定子绕组的相电压为220 V，其接法特点是三相绕组的末端连接在一起，首端分别与三相电源相连。△接法时定子绕组的相电压为380 V，其接法特点是三相绕组首尾相连，各连接点分别与三相电源相连。

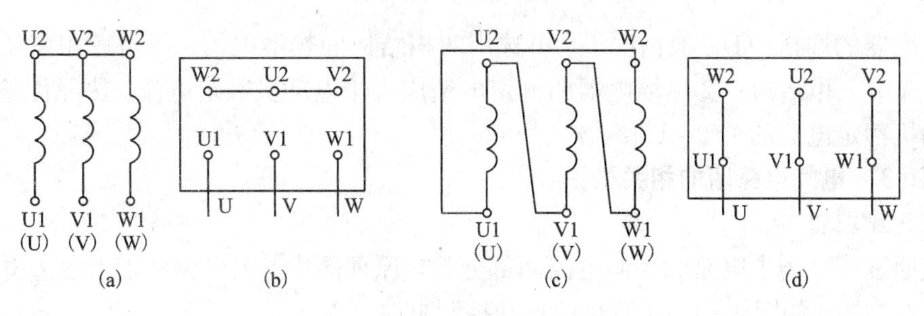

图4-1-5　Y、△原理图与接线图

(a)Y原理图；(b)Y接线图；(c)△原理图；(d)△接线图

4.1.1.2　热继电器

热继电器(FR)是利用电流的热效应原理，对电动机或其他电气设备进行过载保护的设备。图4-1-6是三相热继电器及图形符号，根据相数还分为两相和单相热继电器。

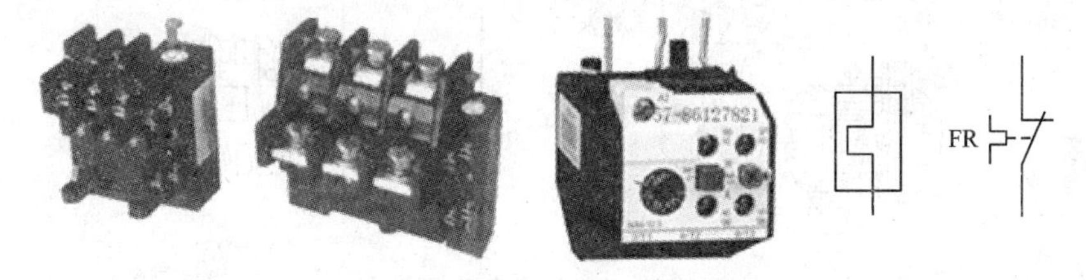

图4-1-6　热继电器及图形符号

电动机在实际运行中，常遇到过载情况，若过载电流不大且过载的时间较短，电动机绕组不超过允许温升，这种过载是允许的。但若过载时间长，过载电流大，电动机绕组的温升就会超过允许值，使电动机绕组老化，缩短电动机的使用寿命，严重时甚至会使电动机绕组烧毁。因此，凡是长期运行的电动机必须设置过载保护。热继电器由热元件、双金属片、触头、传动和调整机构、复位装置等组成，如图4-1-7所示。

1—双金属片；
2—热元件；
3—推板；
4—补偿双金属片；
5—推杆；
6—动断触头杆；
7—动断触点
8~9—触点开关接线端子
10~13—主电路接线端子

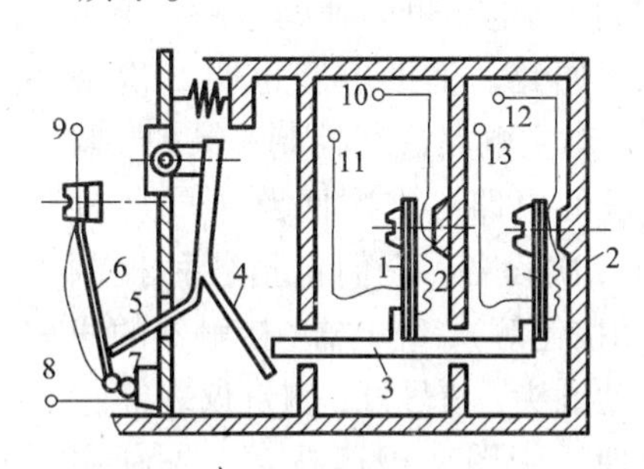

图4-1-7　双金属片式热继电器的机构和工作原理示意图

热元件就是一段电阻丝，串接在主电路中，其常闭触头串联在控制电路中。双金属片由两种不同热膨胀系数的金属片辗压而成。当电动机过载时，通过热元件的电流超过整定电流，双金属片受热向上弯曲脱离扣板，使常闭触头断开。由于常闭触头是接在控制电路中，它的断开会使交流接触器线圈断电，从而使接触器主触头断开，电动机的主电路断电，实现了过载保护。热继电器动作后，双金属片经过一段时间冷却，按下复位按钮即可复位。

热继电器的选择：①一般情况下，可选用两相结构的热继电器，但当三相电压的均衡性较差，宜选用三相结构。②热继电器的额定电流应大于电动机额定电流，热元件整定电流调节到电动机额定电流的1.1~1.15倍。

4.1.1.3 电气电路图的相关知识

1. 电气原理图

电气原理图分为主电路和控制电路两部分，在原理图中，主电路一般画在左边，控制电路一般画在右边，如图4-1-8所示的点动控制电路。

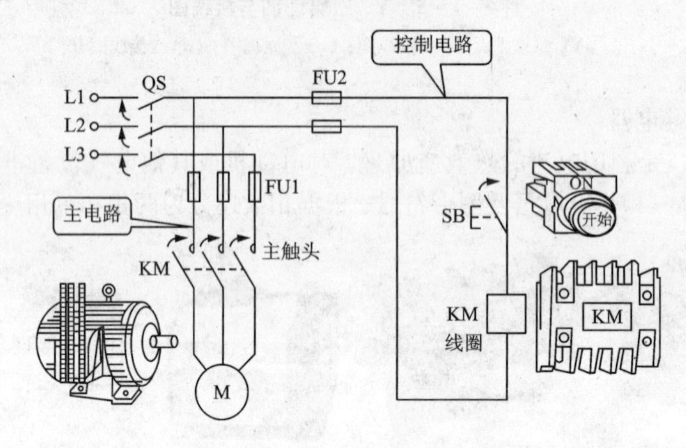

图4-1-8 电气原理图示例

(1)主电路也叫一次电路，它是从电源到负载输送电能时电流所经过的电路。一次电路中的各种电气设备叫一次设备，它们包括了各种开关、断路器、接触器、熔断器和用电设备。

(2)控制电路也叫辅助电路，还可以叫二次回路。辅助电路也叫二次回路，它是对主电路进行控制、保护、监视、测量的电路。二次回路中的各种设备叫二次设备，它们包括各种控制开关(如按钮等)，继电器、接触器的线圈和辅助触头，信号灯，测量仪表等。

原理图画图和识读技巧：先画主电路，再画控制电路；先读主电路，再读控制电路。

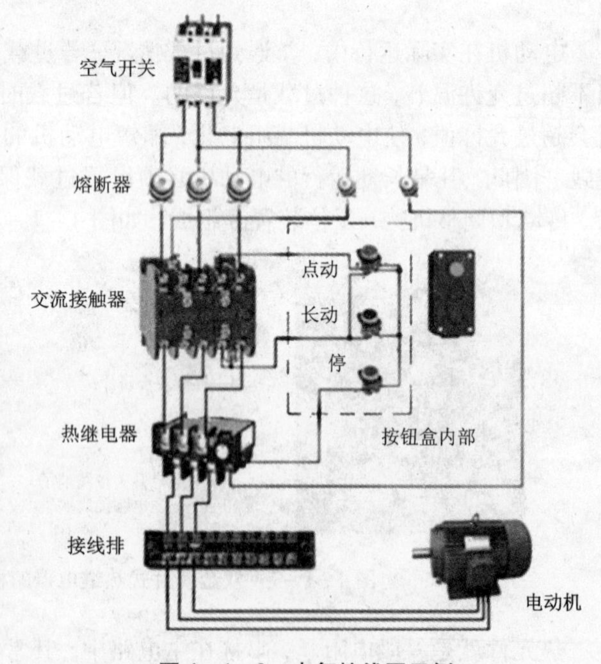

图4-1-9 电气接线图示例

2. 电气接线图

电气原理图表示了电气动作原理，初学者很难根据原理图直接装配出实物电路，为方便安装接线、线路的检查维修和故障处理，可以先设计好电气接线图，如图4-1-9所示。

电气接线图是根据电气设备和电器元件的内部结构和实际位置绘制的电路图，表示了电气设备和电器元件的接线方式、配线方式和布局位置，所以电气接线图非常接近实物电路，是原理图与实物电路之间的桥梁。

设计电气接线图的要求和技巧：

(1)了解元件结构、工作原理、接线方法。

(2)综合考虑信号流程、电路安装环境和工艺要求，定位电气设备和电器元件。

(3)先设计控制电路接线图、再设计主电路接线图；一条主支路一次性设计完，并联分支电路并联在主支路对应的节点间；可在原理图上对接线端口编号，接线图端口编号要与原理图端口编号一致，方便接线、线路检修和故障排除。

4.1.1.3　电机单向控制电路的相关知识

电机单向控制电路控制电机单向启动和停止，主要有以下三种形式。

1. 点动控制电路

电路如图4－1－10所示，当按下按钮SB时，交流接触器KM线圈得电，主常开触头闭合，电动机得电运行；当松开按钮SB时，交流接触器KM线圈失电，主常开触头断开，电动机失电，停止运行。点动控制电路没有自锁功能，不能长动，多用于起重机升降重物和机床对刀等场合。

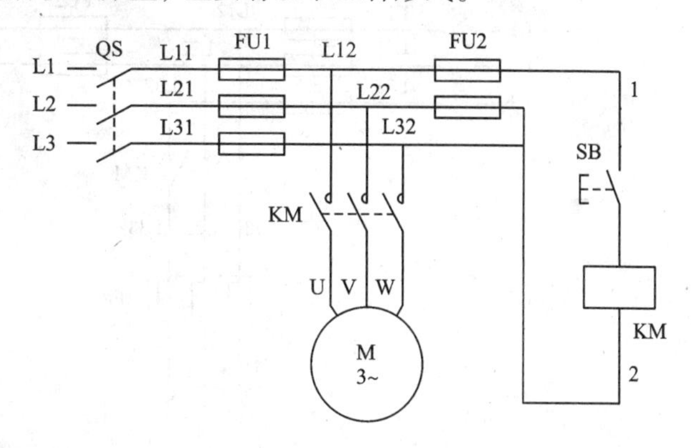

图4－1－10　点动控制电路

2. 长动控制电路

电路如图4－1－11所示，当按下启动按钮SB1后电动机得电运行；松开SB1，由于KM辅助触头闭合自锁，电动机长动运行；只有按下停止按钮SB2后，电动机才会失电停止运行。

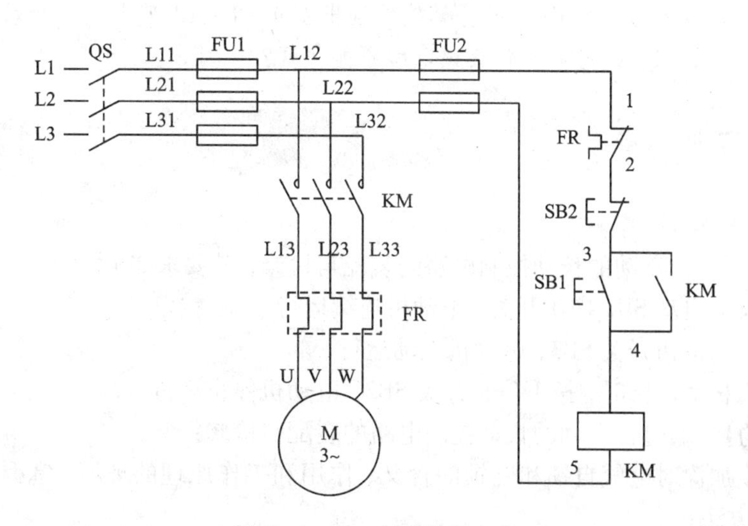

图4－1－11　长动控制电路

由于点动控制电路和长动控制电路都包含在后面介绍的带点动的长动控制电路中了，本任务只安排了带点动的长动控制电路的装配与检修实习。但前两个电路毕竟是实习电路的基础，为帮助读者直观感性地认识电动机的点动和长动控制的电路结构、控制特点、控制原理和可能遇到的控制故障，请读者在 CADe_SIMU CN 仿真软件上画出图 4－1－10 和 4－1－11 所示的点动控制和长动控制的仿真电路，并按下各开关进行仿真运行，观察其控制过程、学习其控制原理。

3. 带点动的长动控制电路

电路如图 4－1－12 所示，当按下长动按钮 SB1 时，电动机长动运行；当按下点动复合按钮开关 SB3 时，由于复合按钮开关的互锁，KM 辅助触头的自锁支路被断开，无法实现自锁功能，电动机点动运行；电动机长动运行时，按下停止按钮开关 SB2，电动机失电停止运行。

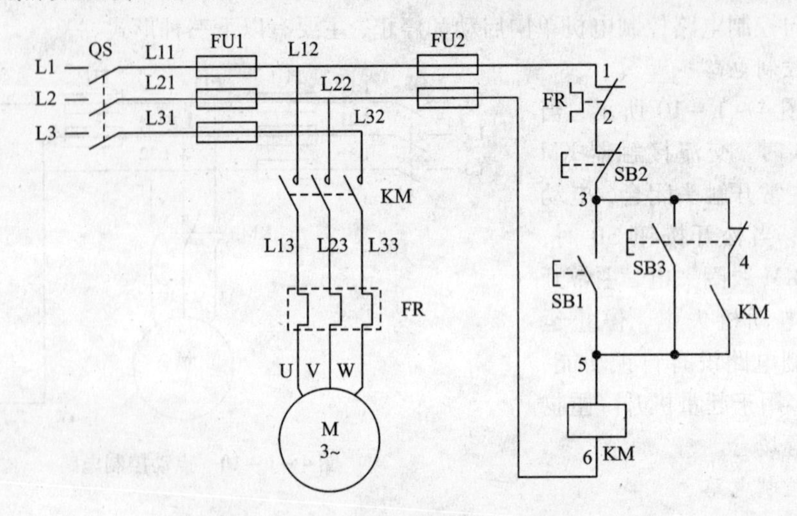

图 4－1－12　带点动的长动控制电路

课堂练习：请在 CADe_SIMU CN 仿真软件画出图 4－1－12 带点动的长动控制电路的仿真电路，观察仿真结果，并思考为什么该电路不能仿真？

4.1.2　任务实现

4.1.2.1　任务书

【实训任务】　带点动的长动控制电路的装配与检修，其要求如下：

(1) 按下长动启动 SB1 按钮开关，电动机连续运行。

(2) 按下点动按钮开关 SB3，电动机点动运行。

(3) 电动机长动运行时，按下停止开关 SB2，电动机停止运行。

【实训目的】　通过带点动的长动控制电路的装配与检修：

(1) 进一步加深对电气自锁和互锁的含义、作用和工作原理的理解，掌握灵活应用电气自锁和互锁的方法；

(2) 感性认识电动机点动控制、长动控制、带点动的长动控制电路的电路结构、功能特点和控制原理，学会带点动的长动控制电路的装配与检修方法。

【实训场地】 电力拖动实训室或电气控制实训室。

【实训器材和工具】 1个三刀空气开关或三刀转换开关、3个复合按钮开关、1组熔断器、1个交流接触器、1个热继电器、1台三相异步电动机、导线若干、1块电工装配板或电气控制实训台、1套通用电工工具、1块万用表。

4.1.2.2　**电路图设计**

带点动的长动控制电路的电路图、接线图如图4-1-13所示。

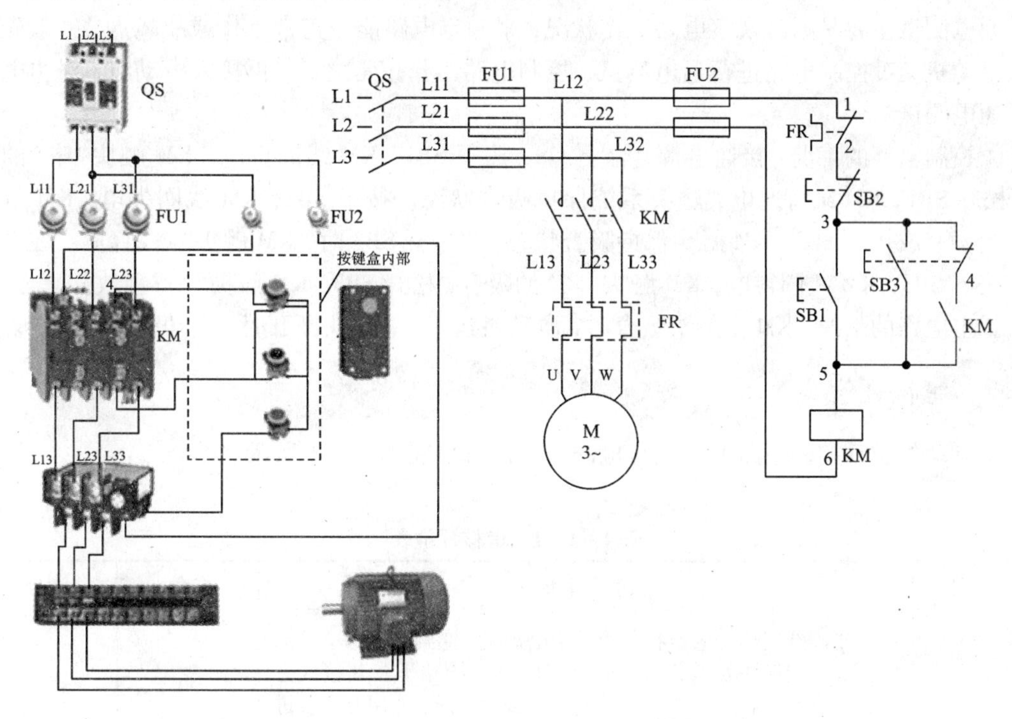

图4-1-13　带点动的长动控制电路的接线图、原理图

请在装配实习前，熟练掌握实习电路的结构、元件功能和接线端口、电路布局及电路控制过程，为实物电路装配和检修实习打下坚实的基础。

4.1.2.3　**装配与检修实习**

带点动的长动控制电路装配与检修实习步骤如下：

(1)根据装配板，设计元件布局图和接线图。

(2)根据装配工艺要求装配电路。在做到项目1中提出的装配工艺要求外，注意以下要求：先接控制电路、再接主电路；一条主支路一次性接完，并联支路接在主支路相应的断点间。

(3)不带电测试和检修电路。

①控制电路的电阻测试：将万用表红、黑表笔放在L1、L2，合上开关QS或将表笔放在1、6两端，此时控制电路为开路状态，所测量中的电阻为无穷大。按下SB1、SB3、KM手动开关，所测电阻下降为KM线圈电阻，控制电路为通路状态，表示SB1、SB3可以实现启动控制、KM可以实现自锁控制；此时同时按下SB2，控制电路电阻恢复为无穷大，表示停止按钮开关可以实现断路控制。假如不能实现启动和停止控制或存在短路故障，应按线路顺序测量

电路电阻，发现故障点，进行维修。

②主电路的电阻测试：将万用表红、黑表笔放在L1、U或L2、V或L3、W，合上开关QS，此时主电路某相电路中的电阻为无穷大，按下KM手动开关，电阻为零，表示该相电路为通路状态。假如存在短路故障或不能实现接触器手动控制，应按线路顺序测量电路电阻，发现故障点，进行维修。

(4)通电测试和检修电路。

通电测试主要是通过观察电路工作状况，来判定电路能否正常工作或故障点，一般先不接入电动机，对控制电路进行通电测试，控制电路工作正常之后，再接入电动机，对主电路进行通电测试。

①控制电路的工况：接通电源，合上QS，按下SB1，KM线圈得电，KM触头"嗒"的吸合，松开SB1，KM维持通电，触头系统保持吸合状态。按下SB2，KM线圈失电，KM触头"嗒"释放；或按下SB3，KM触头保持吸合状态，当松开SB3时，KM触头"嗒"释放。在停止状态按下SB3，KM线圈得电，KM触头"嗒"的吸合，松开SB3，KM触头"嗒"释放。

②主电路的工况：KM主触头吸合时，电动机运行；主触头断开时，电动机停止运行。

4.1.3 考核评价

带点动的长动控制电路的装配与检修考核评价如表4-1-1所示。

表4-1-1 考核评价表

考核项目	考核标准	分值	评分
元件知识	能正确选用热继电器和三相异步电动机；能判定热继电器的常开和常闭触头及其接线方法、主电路接线端子及其接线方法；能采用Y和△两种方法对电动机进行接线；能用万用表进行检测判定热继电器和电动机好坏的方法	20	
电路功能	能实现电动机的点动、长动和停止控制功能，控制流程清楚	30	
故障检修	能根据电路运行状况，使用仪表进行故障检测和维修	20	
工艺美观	电路、元件布局合理，控制流程清晰，满足扎线、接线工艺要求，电路美观	20	
安全现场	不违规操作、遵守操作规范、现场整洁	10	
总　评		100	

4.1.4 基础练习与拓展提高

课题一　基础练习

(1)三相异步电动机由哪几个部分组成？说明各部分的作用。

(2)三相异步电动机定子绕组有几种接法？不同接法时，定子绕组的相电压各为多少伏？并画出不同接法的原理图和接线盒中的接线图。

(3)热继电器有什么功能？由哪几部分组成？具有什么动作特征？如何使用？并画出其图形符号。

(4)电气控制电路的原理图和接线图各有什么特点？什么叫一次线路和二次线路？

(5)如何设计电气控制电路的原理图和接线图？

(6)说明点动控制电路、长动控制电路、带点动的长动控制电路的控制功能和特点，并画出这三个控制电路的原理图。

(7)分析带点动的长动控制电路的接触器自锁和按钮互锁的控制原理及应用特点。

课题二　拓展提高

(1)设计点动控制电路和长动控制电路的接线图。

(2)写出点动控制电路、长动控制电路、带点动的长动控制电路的控制过程。

(3)分析长动控制电路不能自锁长动、带点动的长动控制电路不能点动控制的原因。

(4)参考项目2的图2－1－7，设计顺序启动三台异步电动机的原理图。

任务2　带点动的长动PLC控制电路的装配与调试

4.2.1　知识准备

4.2.1.1　PLC指令的相关知识

1. PLC指令的分类

在项目1、2、3中已经介绍了部分与项目任务相关的指令，这些指令看似杂乱无章，不便于记忆，实际是按规律分类的，应用也有规律可循，记忆和应用都比较便捷。各类PLC梯形图、指令系统都差不多，都包含基本指令、步进指令、功能指令三类指令。FX系列PLC有20或27条基本逻辑指令、2条步进指令、100多条功能指令(不同系列有所不同)。

基本指令是基于继电器、定时器、计数器等软元件，主要用于逻辑处理的指令，如：LD、AND、OUT、SET等指令，绝大部分基本指令采用梯形图的符号即可输入。

步进指令是专为顺序控制而设计的指令，在工业控制领域许多的控制过程都可用顺序控制的方式来实现，使用步进指令实现顺序控制变得非常方便简单，将在本项目的任务4中进行介绍。

功能指令实际上就是应用程序，应用于数据的传送、运算、变换及程序控制等，具有功能强大、指令处理的数据多、数据在存储单元流转的过程复杂等特点。功能指令不含表达梯形图符号间相互关系的成分，而是用助记符直接表达了指令功能，所以PLC功能指令的功能、助记符、操作数范围、指令结构都需要理解记忆。

2. 功能指令相关知识

(1)位元件与字元件

功能指令要处理大量的数据，其所用到的数据存储器分为位元件、字组合元件、字元件三类。

X、Y、M、S等软元件称为位元件；位元件可以通过组合使用，4个位元件为一个单元，通用表示方法是由Kn加起始的软元件号组成，n为单元数。例如K2 M0表示M0～M7组成两个位元件组(2表示2个单元)，它是一个8位数据，M0为最低位。

如果将16位数据传送到不足16位的位元件组合(n<4)时，只传送低位数据，多出的高位数据不传送，32位数据传送也一样。被组合的元件首位元件可以任意选择，但为避免混乱，建议采用编号以0结尾的元件，如S10，X0，X20等。

T、C、D等软元件称为字元件，一个字元件由16位二进制数组成。软元件D为数据寄存器，为16位，最高位为符号位。可用两个数据寄存器来存储32位数据，最高位仍为符号位。FX2N系列PLC的数据寄存器有以下几种类型：

①通用数据寄存器(D0～D199)：共200点。当M8033为ON时，D0～D199有断电保护功能；当M8033为OFF时则它们无断电保护，这种情况PLC由RUN运行到停止或停电时，数据全部清零。

②断电保持数据寄存器(D200～D7999)：共7800点。其中D200～D511(共312点)有断电保持功能，可以利用外部设备的参数设定改变通用数据寄存器与有断电保持功能数据寄存器的分配；D512～D7999的断电保持功能不能用软件改变，但可用指令清除它们的内容。

③特殊数据寄存器(D8000～D8255)：共256点。特殊数据寄存器的作用是用来监控PLC的运行状态。如扫描时间、电池电压等。未加定义的特殊数据寄存器，用户不能使用。具体可参见用户手册。

(2)数据长度

功能指令可处理16位数据或32位数据。处理32位数据的指令是在助记符前加"D"标志，无此标志即为处理16位数据的指令。如图4-2-3所示，若MOV指令前面带"D"，则当X1接通时，执行D11D10→D13D12(32位)。在使用32位数据时建议使用首编号为偶数的操作数。

(3)表示格式

功能指令表示格式与基本指令不同。功能指令用编号FNC00～FNC294表示，并给出对应的助记符(大多用英文名称或缩写表示)。例如FNC45的助记符是MEAN(平均)，若使用简易编程器时键入FNC45，若采用智能编程器或在计算机上编程时也可键入助记符MEAN。本书都是在计算机上编程，所有指令都用助记符表示。在编写梯形图时，按快捷键F8，在弹出的对话框中按正确格式输入指令即可，如图4-2-1所示。

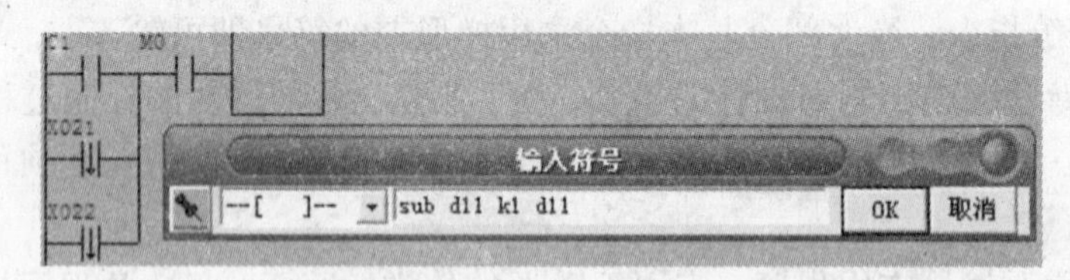

图4-2-1 功能指令输入示例

有的功能指令没有操作数，而大多数功能指令有1至4个操作数。如图4-2-2所示为一个计算平均值指令，它有三个操作数，[S]表示源操作数，[D]表示目标操作数，如果使用变址功能，则可表示为[S.]和[D.]。当源或目标不止一个时，用[S1.]、[S2.]、[D1.]、[D2.]表示。用n和m表示其他操作数，它们常用来表示常数K和H，或作为源和目标操作数的补充说明，当这样的操作数多时可用n1、n2和m1、m2等来表示。

图中源操作数为D0、D1、D2，目标操作数为D4Z0(Z0为变址寄存器)，K3表示有3个数，当X0接通时，执行的操作为[(D0)+(D1)+(D2)]÷3→(D4Z0)，如果Z0的内容为

20，则运算结果送入 D24 中。

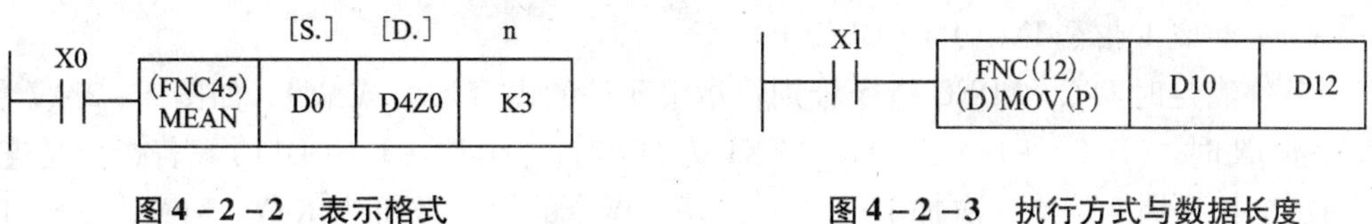

图 4－2－2　表示格式　　　图 4－2－3　执行方式与数据长度

(4)执行方式

功能指令有连续执行和脉冲执行两种类型，如图 4－2－3 所示，指令助记符 MOV 后面有“P”表示脉冲执行，即该指令仅在 X1 接通(由 OFF 到 ON)时执行(将 D10 中的数据送到 D12 中)一次；如果没有“P”则表示连续执行，即在 X1 接通(ON)的每一个扫描周期该指令都要被执行。

4.2.1.2　**相关功能指令**

1. 赋值指令(D)MOV(P)

赋值指令又称传送指令 MOV，可将源数据传送到指定的目标，如图 4－2－4 所示。当 X0 为 ON 时，则将[S.]中的数据 K100 传送到目标操作元件[D.]即 D10 中。当 X0 为 OFF 时，则指令不执行，数据保持不变。

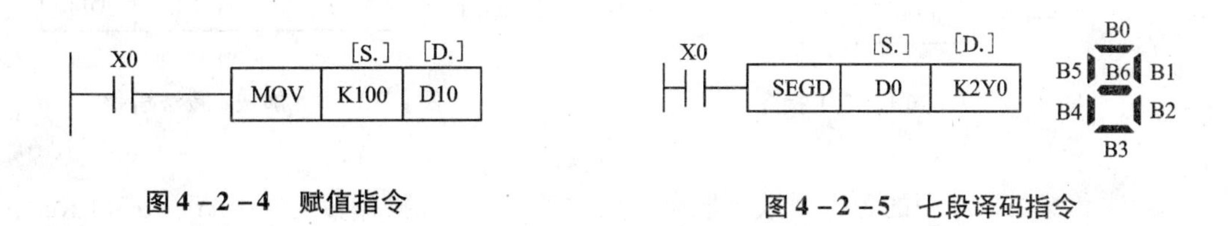

图 4－2－4　赋值指令　　　图 4－2－5　七段译码指令

赋值指令的源操作数可取所有数据类型，目标操作数可以是 KnY、KnM、KnS、T、C、D、V、Z。

2. 七段码译码指令 SEGD(P)和编码指令 ENCO(P)

七段译码指令 SEGD(P) 如图 4－2－5 所示，将[S.]指定元件的低 4 位所确定的十六进制数(0～F)经译码后存于[D.]指定的元件中，以驱动七段显示器。如果要显示 0，则应在 D0 中写入 0，通过 SEGD 译码，将 3FH 输出给 K2Y0。

编码指令 ENCO(P)如图 4－2－6 所示，当 X1 有效时执行编码指令，将[S.]中 2^n 最高位的 1(M3)所在位数(4)放入目标元件 D10 中，即把 011 放入 D10 的低 3 位。

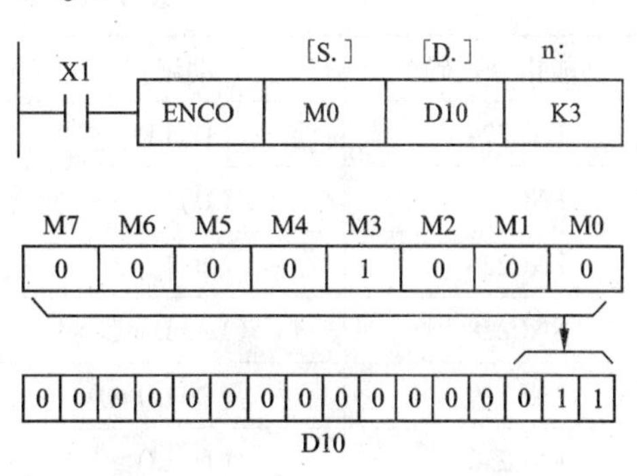

图 4－2－6　编码指令的使用

使用编码指令时应注意：

(1)源操作数是字元件时，可以是 T、C、D、V 和 Z；源操作数是位元件时，可以是 X、Y、M 和 S。目标元件可取 T、C、D、V 和 Z。

(2)操作数为字元件时应使 n≤4，为位元件时则 n=1～8，n=0 时不作处理。

(3)若指定源操作数中有多个1，则只有最高位的1有效。

3. 加1和减1指令 INC(P)、DEC(P)

当条件满足时 INC 和 DEC 指令分别将指定元件的内容加1或减1，如图4-2-7所示。当 X0 为 ON 时，(D10)+1→(D10)；当 X1 为 ON 时，(D11)-1→(D11)。若指令是连续指令，则每个扫描周期均作一次加1或减1运算。指令的操作数可为 KnY、KnM、KnS、T、C、D、V、Z。

4. 加法指令 ADD(P)、减法指令 SUB(P)

加法指令 ADD(P)将指定的源元件中的二进制数相加，结果送到指定的目标元件中，如图4-2-8所示。当 X0 为 ON 时，执行(D10)+(D12)→(D14)。

减法指令 SUB(P)将[S1.]指定元件中的内容以二进制形式减去[S2.]指定元件的内容，其结果存入由[D.]指定的元件中，如图4-2-8所示。当 X0 为 ON 时，执行(D10)-(D12)→(D14)。

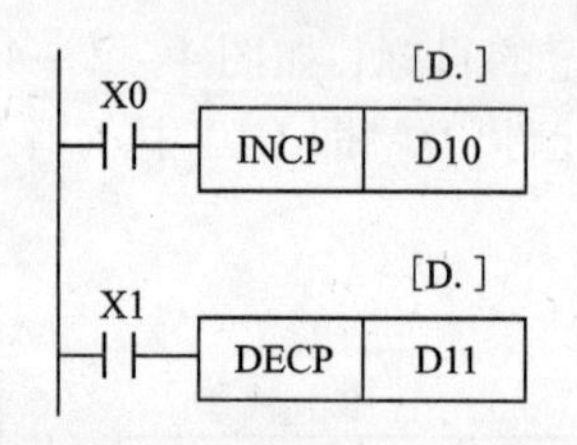

图4-2-7 加1、减1指令

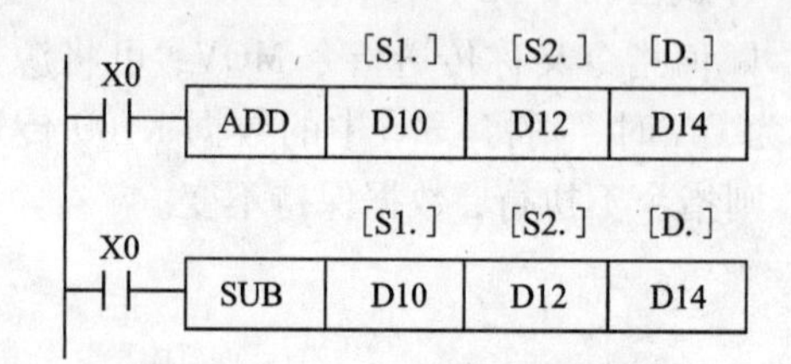

图4-2-8 加法、减法指令

加法和减法指令中的源操作数可取所有数据类型，目标操作数可取 KnY、KnM、KnS、T、C、D、V 和 Z。

5. 触头比较指令

触头比较指令分为 LD 触头比较指令、AND 触头比较指令、OR 触头比较指令三大类。

(1)LD 触头比较指令

LD 触头比较指令的助记符、代码、功能如表4-2-1所示。

表4-2-1 LD触头比较指令

功能指令代码	助记符	导通条件	非导通条件
FNC224	(D)LD=	[S1.]=[S2.]	[S1.]≠[S2.]
FNC225	(D)LD>	[S1]>[S2.]	[S1.]≤[S2.]
FNC226	(D)LD<	[S1.]<[S2.]	[S1.]≥[S2.]
FNC228	(D)LD< >	[S1.]≠[S2.]	[S1.]=[S2.]
FNC229	(D)LD≤	[S1.]≤[S2.]	[S1.]>[S2.]
FNC230	(D)LD≥	[S1.]≥[S2.]	[S1.]<[S2.]

如图4－2－9所示为LD＝指令的使用，当计数器C10的当前值为200时驱动Y10。其他LD触头比较指令不在此一一说明。

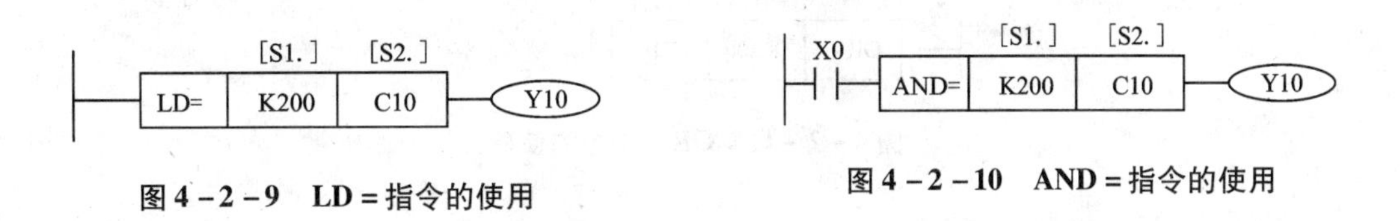

图4－2－9　LD＝指令的使用

图4－2－10　AND＝指令的使用

(2)AND触头比较指令

AND触头比较指令的助记符、代码、功能如表4－2－2所示。

表4－2－2　AND触头比较指令

功能指令代码	助记符	导通条件	非导通条件
FNC232	(D)AND＝	[S1.]＝[S2.]	[S1.]≠[S2.]
FNC233	(D)AND＞	[S1]＞[S2.]	[S1.]≤[S2.]
FNC234	(D)AND＜	[S1.]＜[S2.]	[S1.]≥[S2.]
FNC236	(D)AND＜＞	[S1.]≠[S2.]	[S1.]＝[S2.]
FNC237	(D)AND≤	[S1.]≤[S2.]	[S1.]＞[S2.]
FNC238	(D)AND≥	[S1.]≥[S2.]	[S1.]＜[S2.]

如图4－2－10所示为AND＝指令的使用，当X0为ON且计数器C10的当前值为200时，驱动Y10。

(3)OR触头比较指令

该类指令的助记符、代码、功能列于表4－2－3中。

表4－2－3　OR触头比较指令

功能指令代码	助记符	导通条件	非导通条件
FNC240	(D)OR＝	[S1.]＝[S2.]	[S1.]≠[S2.]
FNC241	(D)OR＞	[S1]＞[S2.]	[S1.]≤[S2.]
FNC242	(D)OR＜	[S1.]＜[S2.]	[S1.]≥[S2.]
FNC244	(D)OR＜＞	[S1.]≠[S2.]	[S1.]＝[S2.]
FNC245	(D)OR≤	[S1.]≤[S2.]	[S1.]＞[S2.]
FNC246	(D)OR≥	[S1.]≥[S2.]	[S1.]＜[S2.]

OR＝指令的使用如图4－2－11所示，当X1处于ON或计数器的当前值为200时，驱动Y0。

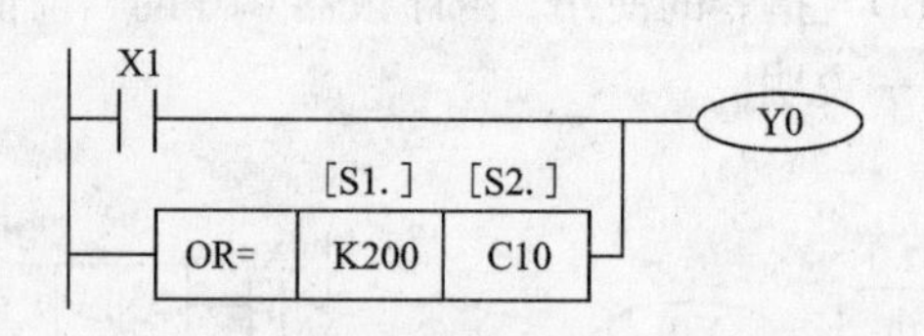

图 4-2-11 OR=指令的使用

触头比较指令源操作数可取任意数据格式。

4.2.2 任务实现

4.2.2.1 **任务书**

【实训任务】 在仿真平台上编写带点动的长动控制电路的程序。其要求如下：

(1)对点动、长动、停止三种状态进行编码，对应编码值分别为"01"、"10"、"11"，在仿真界面用两个指示灯 Y20、Y21 或在实训台上用两个指示灯指示按钮状态。

(2)按下长动按钮开关，电动机长动运行；按下点动按钮开关，电动机无论处于停止状态还是长动状态，都点动运行；长动运行时，按下停止按钮开关，电动机马上停止运行。

(3)对长动运行设置限时控制，设定 2 min 的运行时间，每运行 24 s，数码显示减 1，共减 5 次。当电动机长动运行 2 min 后，自动停止。

【实训目的】 通过编写三相异步电动机带点动的长动控制程序、安装调试电路，感性认识 PLC 对三相异步电动机控制的编程方法和电路设计，并比较 PLC 和继电器控制的各自特点，掌握根据实际控制要求设计、装配、调试带点动的长动控制电路及编写控制程序的方法能力。

【实训场地或平台】 机电一体化实训室或 PLC 仿真软件。

【实训器材和工具】 3 个常开按钮开关、1 个三相空气开关、1 组熔断器、1 个额定电压为 DC 24 V/AC 380 V 固态继电器、1 个 380 V 交流接触器、导线若干、1 块电工装配板或电气控制实训台、1 套通用电工工具、1 块万用表。

4.2.2.2 **I/O 分配和接线图设计**

PLC 控制带点动的长动控制电路的 I/O 地址表如表 4-2-4 所示，接线图如图 4-2-12 所示。

表 4-2-4 PLC 控制带点动的长动控制电路的 I/O 地址表

输入端口			输出端口		
符号	地址	功能说明	符号	地址	功能说明
SB1	X20	长动按钮	KM1	Y0	24 V 接触器
SB2	X21	停止按钮	H1	Y20	按键状态显示
SB3	X22	点动按钮	H2	Y21	按键状态显示
FR	X24	热继电器	a	Y10	数码显示 a

续上表

输入端口			输出端口		
符号	地址	功能说明	符号	地址	功能说明
			b	Y11	数码显示 b
			c	Y12	数码显示 c
			d	Y13	数码显示 d
			e	Y14	数码显示 e
			f	Y15	数码显示 f
			g	Y16	数码显示 g

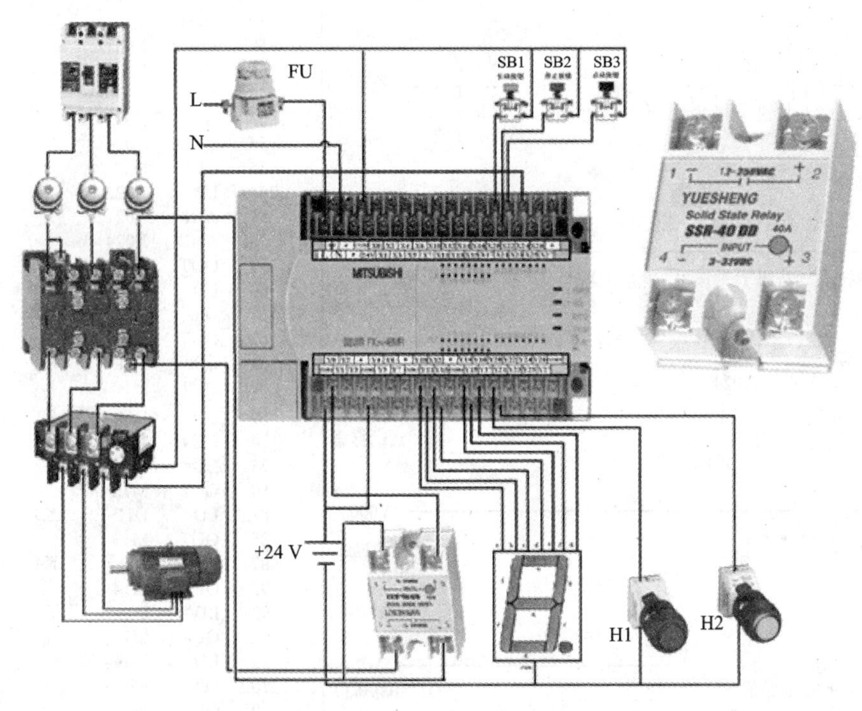

图 4－2－12　PLC 控制的带点动的长动控制电路的接线图

4.2.2.3　编程与电路调试实习

该控制电路的例程如图 4－2－13 所示，其仿真效果如图 4－2－14 所示。

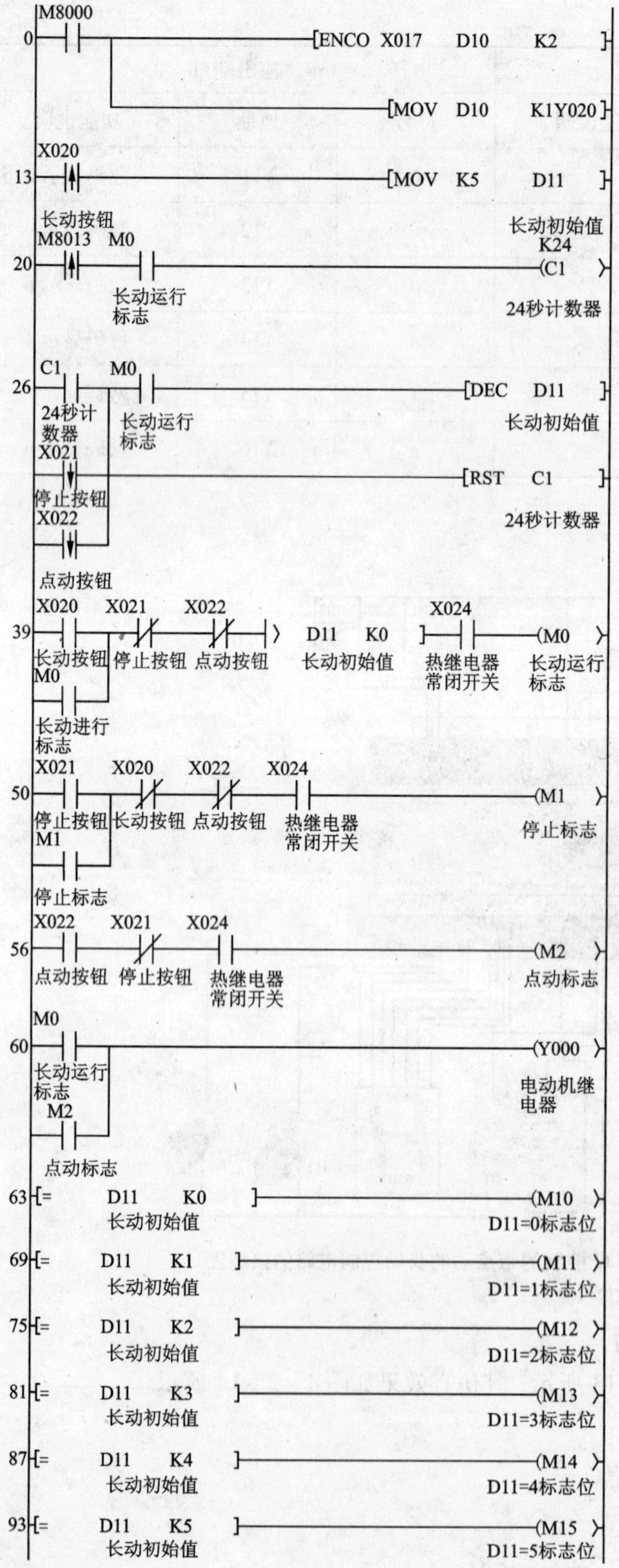

0 M8000 [ENCO X017 D10 K2]
[MOV D10 K1Y020]

13 X020 [MOV K5 D11]
长动按钮 长动初始值

20 M8013 M0 K24 (C1)
长动运行标志 24秒计数器

26 C1 M0 [DEC D11]
24秒计数器 长动运行标志 长动初始值
X021 [RST C1]
停止按钮 24秒计数器
X022
点动按钮

39 X020 X021 X022 [> D11 K0] X024 (M0)
长动按钮 停止按钮 点动按钮 长动初始值 热继电器常闭开关 长动运行标志
M0
长动进行标志

50 X021 X020 X022 X024 (M1)
停止按钮 长动按钮 点动按钮 热继电器常闭开关 停止标志
M1
停止标志

56 X022 X021 X024 (M2)
点动按钮 停止按钮 热继电器常闭开关 点动标志

60 M0 (Y000)
长动运行标志 电动机继电器
M2
点动标志

63 [= D11 K0] (M10)
长动初始值 D11=0标志位

69 [= D11 K1] (M11)
长动初始值 D11=1标志位

75 [= D11 K2] (M12)
长动初始值 D11=2标志位

81 [= D11 K3] (M13)
长动初始值 D11=3标志位

87 [= D11 K4] (M14)
长动初始值 D11=4标志位

93 [= D11 K5] (M15)
长动初始值 D11=5标志位

步	指令	操作数		
0	LD	M8000		
1	ENCO	X017	D10	K2
8	MOV	D10	K1Y020	
13	LDP	X020		
15	MOV	K5	D11	
20	LDP	M8013		
22	AND	M0		
23	OUT	C1	K24	
26	LD	C1		
27	ORF	X021		
29	ORF	X022		
31	MPS			
32	AND	M0		
33	DECP	D11		
36	MPP			
37	RST	C1		
39	LD	X020		
40	OR	M0		
41	ANI	X021		
42	ANI	X022		
43	AND>	D11	K0	
48	AND	X024		
49	OUT	M0		
50	LD	X021		
51	OR	M1		
52	ANI	X020		
53	ANI	X022		
54	AND	X024		
55	OUT	M1		
56	LD	X022		
57	ANI	X021		
58	AND	X024		
59	OUT	M2		
60	LD	M0		
61	OR	M2		
62	OUT	Y000		
63	LD=	D11	K0	
68	OUT	M10		
69	LD=	D11	K1	
74	OUT	M11		
75	LD=	D11	K2	
80	OUT	M12		
81	LD=	D11	K3	
86	OUT	M13		
87	LD=	D11	K4	
92	OUT	M14		
93	LD=	D11	K5	
98	OUT	M15		
99	LD	M10		
100	OR	M12		
101	OR	M13		
102	OR	M15		
103	OUT	Y010		
104	LD	M10		
105	OR	M11		
106	OR	M12		
107	OR	M14		
108	OUT	Y011		
109	LD	M10		
110	OR	M11		
111	OR	M13		
112	OR	M14		
113	OR	M15		

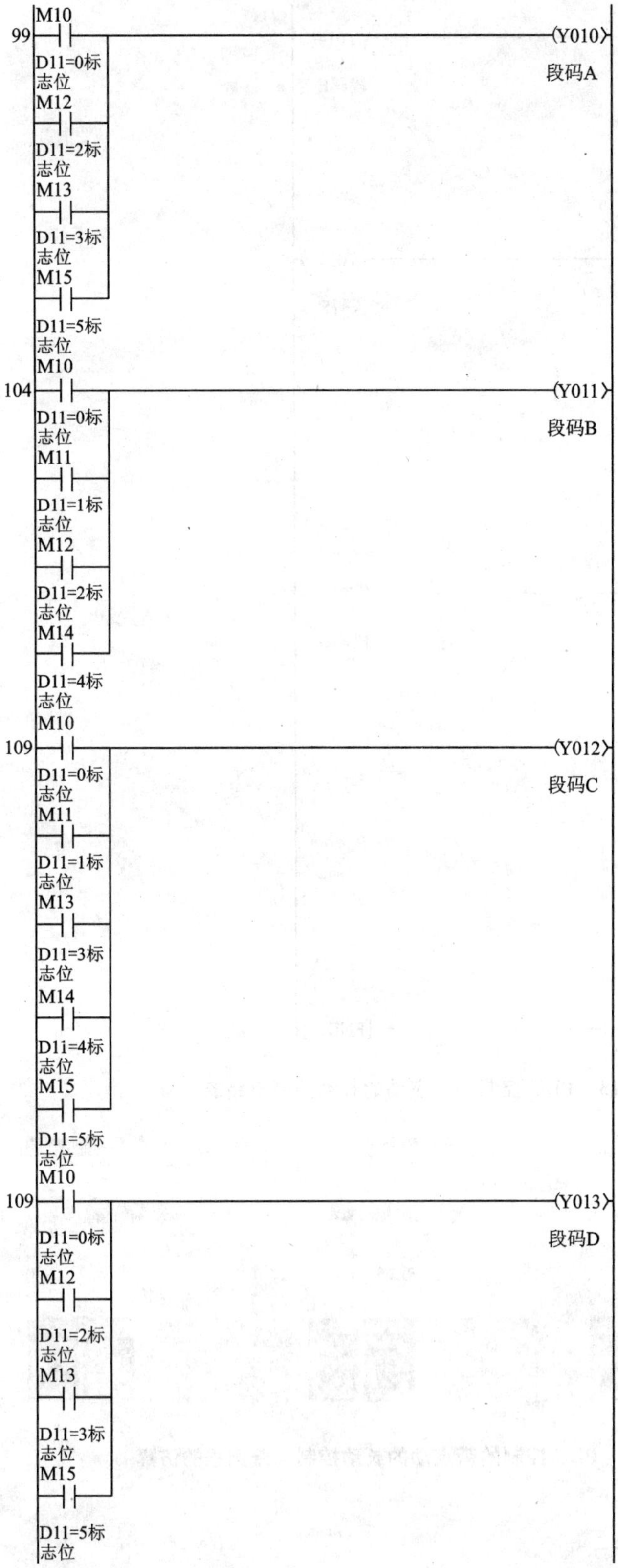

99
M10
D11=0标志位
M12
D11=2标志位
M13
D11=3标志位
M15
D11=5标志位
(Y010)
段码A

104
M10
D11=0标志位
M11
D11=1标志位
M12
D11=2标志位
M14
D11=4标志位
(Y011)
段码B

109
M10
D11=0标志位
M11
D11=1标志位
M13
D11=3标志位
M14
D11=4标志位
M15
D11=5标志位
(Y012)
段码C

109
M10
D11=0标志位
M12
D11=2标志位
M13
D11=3标志位
M15
D11=5标志位
(Y013)
段码D

114	OUT	Y012
115	LD	M10
116	OR	M12
117	OR	M13
118	OR	M15
119	OUT	Y013
120	LD	M10
121	OR	M12
122	OUT	Y014
123	LD	M10
124	OR	M14
125	OR	M15
126	OUT	Y015
127	LD	M12
128	OR	M13
129	OR	M14
130	OR	M15
131	OUT	Y016
132	END	

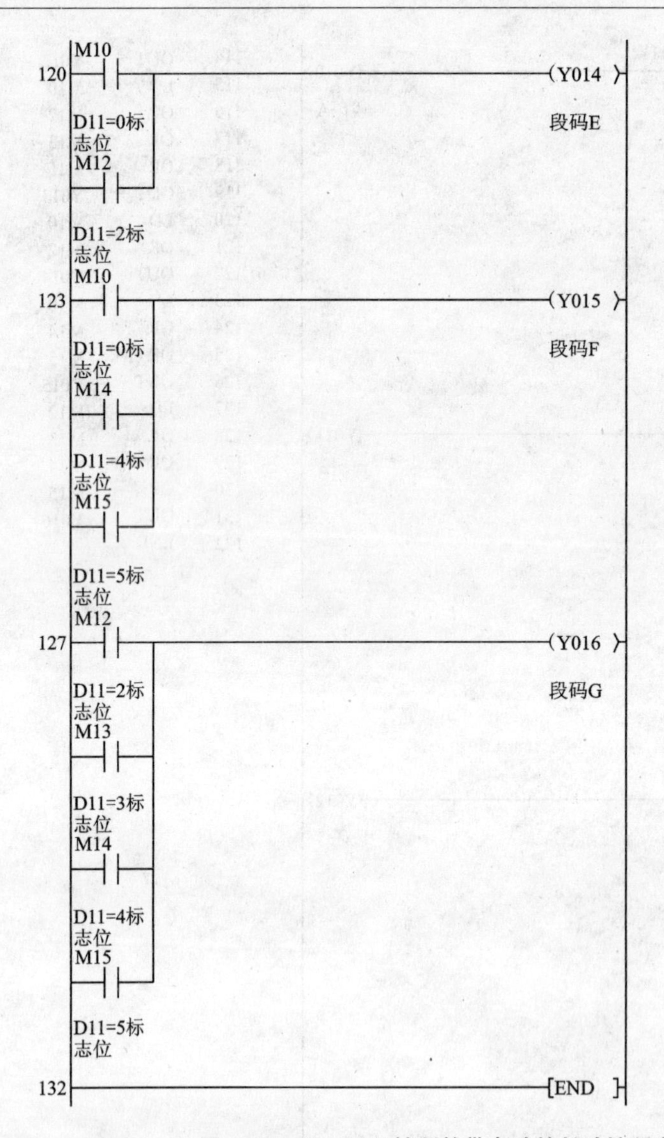

图 4-2-13　PLC 控制的带点动的长动控制电路的例程

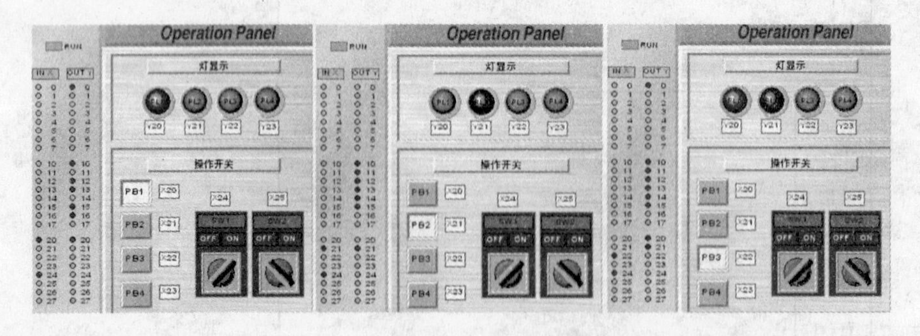

图 4-2-14　PLC 控制的带点动的长动控制电路例程的仿真

其程序控制原理分析如下：

0-12 步：PLC 上电运行状态标志位 M8000 在 PLC 上电运行后闭合，对接在 X20～X21

端口的按钮开关 SB1、SB2、SB3 的按键状态进行编码，ENCO 编码指令的编码范围取 4 位即可，操作数可以确定为 K2。编码结果保存在 D10 中，并通过 MOV 赋值指令送到位组合地址 K1Y20 中，使接在 Y20、Y21 上的指示灯点亮。

13－19 步：当按下接在 X20 端口上的长动按钮 SB1 时，将常数 5 送到 D11 中。

20－25 步：在电动机长动运行时，用计数器 C1 对 M8013 所输出的秒脉冲进行计数，计数频率为 24 秒。

26－38 步：在长动运行状态，C1 每计满 24 秒，通过 DEC 减 1 指令对 D11 中的数值减 1，当长动运行 2 分钟 =120 秒 =5 * 24 秒后，D11 由 5 减为 0。再按下 SB2、SB3 时，对 C1 进行复位。

减 1 指令可以用减法指令 SUB 代替，具体替代方法如图 4－2－15 所示。

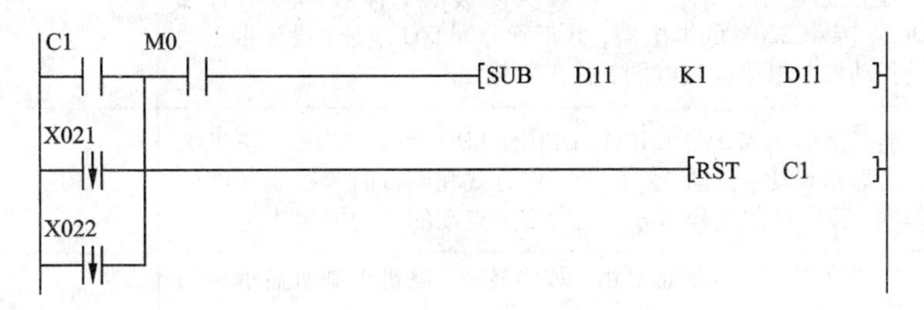

图 4－2－15　DEC 的 SUB 指令替代方法

INC 加 1 指令和 ADD 加法指令与 DEC 减 1 指令和 SUB 减法指令功能相反，但指令格式和使用方法是相同的，可以参照使用。

39－49 步：长动自锁标志位输出，在按下 SB1 后，M0 自锁，长动运行标志位常开触头闭合。停止按钮 SB1、点动按钮 SB3、运行时间参数设定、热继电器开关 FR 都可以停止长动运行。

50－55 步：停止状态标志位 M1 自锁控制程序。

56－59 步：点动状态标志位 M2 自锁控制程序。

60－62 步：点动和长动控制通过 Y0 输出给 DC24V 接触器 KM1。

63－98 步：通过触头等于比较指令，使标志位 M10 ~ M15 根据 D11 中参数的变化，相应接通。

99－132 步：分段译码显示控制程序。分段显示控制程序编写难度不大，但编程工作量大，可以用七段译码显示指令 SEGD 实现，由于仿真软件不能执行该指令，所以采用分段译码显示程序。使用 SEGD 指令可以使上述分段译码程序简化为一段程序，大大地减少了工作量。由此可见功能指令功能强大的特点，在实际工作中，应熟练掌握、使用功能指令。SEGD 七段译码显示指令编程如图 4－2－16 所示。

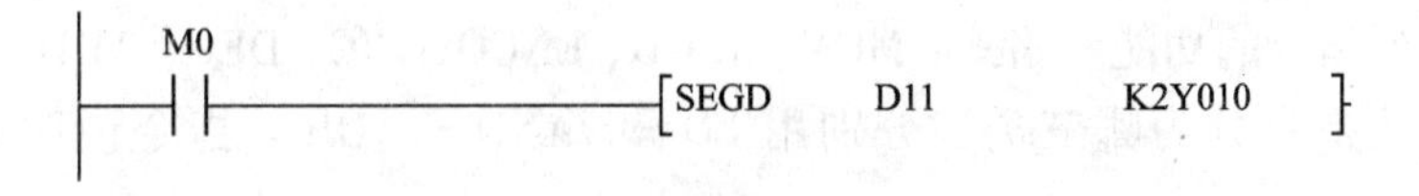

图 4－2－16　SEGD 显示指令的应用

课堂编程仿真练习：请在仿真平台上，编写带点动的长动控制电路的 PLC 控制程序，并仿真演示。

电路装配调试实训*：具备PLC实训条件的学校，安排编程、电路装配、程序下载调试一体化实训。

4.2.3 考核评价

带点动长动PLC控制电路的装配与调试考核评价如表4-2-5所示。

表4-2-5 考核评价表

考核项目	考核标准	分值	评分
硬件接线	能根据控制要求，正确选择共阴极的七段数码显示管和DC24转AC220V的继电器，并正确分配I/O地址，设计带点动的长动控制电路的接线图，并正确接线	20	
编程功能	能灵活应用MOV、ENCO、DECP、LD=等功能指令，正确编写能显示点动、长动、停止等工作方式和倒计时等控制功能的程序，程序控制流程清晰，能实现带点动的长动控制功能	30	
程序调试	能根据程序工作状态显示、数码显示、电机控制所显示出的状况，调试程序	20	
工艺美观	电路、元件布局合理，控制流程清晰，满足扎线、接线工艺要求，电路美观	20	
安全现场	不违规操作、遵守操作规范、现场整洁	10	
总　评		100	

4.2.4 基础练习与拓展提高

课题一　基础练习

(1)PLC的指令分为哪三类，各有什么特点？三菱FX系列PLC共有多少条指令？

(2)三菱FX系列PLC的位元件有哪些？字元件有哪些？字组合元件有什么组合规则？

(3)三菱FX系列PLC的数据寄存器分为哪几种类型？并说明其范围和应用特点。

(4)三菱FX系列PLC的功能指令分为哪几类？有哪两种表示方法？这两种表示方法各有什么特点？计算机上编程一般使用哪种方法输入？

(5)以某个指令为例，说明三菱FX系列PLC功能指令的格式及各部分的意义。

(6)功能指令中，字母D和P有什么意义？

(7)说明下列指令的功能和格式：MOV、SEGD、ENCO、INC、DEC、ADD、SUB。

(8)触头比较指令分为哪三类？分别用LD=、AND=、OR=指令说明其功能和应用方法。

(9)分析例程中各步程序的功能和功能实现原理。

课题二　拓展提高

(1)编写点动控制电路的PLC控制程序，实现以下功能：

①PLC 上电运行后，用指示灯 1 常亮指示，按下点动启动按钮开关后，用指示灯 2 常亮指示。

②按下点动按钮开关，电动机点动运行。

③对启动次数进行计数，并显示。当启动次数超过6 次时，再按下启动按钮，不能启动，并用指示灯闪烁、蜂鸣器鸣叫报警提示。按下复位按钮开关对计数器清零后，才能重新启动。

(2)编写长动控制电路的 PLC 控制程序，实现以下功能：

①PLC 上电运行后，用指示灯 1 常亮指示；按下长动启动按钮开关后，用指示灯 2 常亮指示，熄灭指示灯 3；按下停止按钮开关后，熄灭指示灯 2，点亮指示灯 3；按下急停开关后，指示灯 4 闪烁、蜂鸣器鸣叫报警，直到急停开关复位。

②按下启动开关，电动机长动运行；按下停止开关，电动机停止运行；按下急停开关，电动机停止运行，急停开关复位后，电动机继续运行。

③对电动机实际运行时间计时，并按以下价格计价收费：实际运行 10 分钟，收费 0.2 元，并显示余额。

④当用电费超过预交费用时，电动机不能再启动，并用报警灯和蜂鸣器报警，提示用户缴费。

(3)用多种编程方法修改例程程序。

任务 3　接触器按钮双重互锁双向运转控制电路的装配与检修

4.3.1　知识准备

4.3.1.1　三相异步电动机反转控制

三相异步电动机反转原理：对调电动机绕组三相电源中任意两个相序即可(俗称换相)，通常是 V 相不变，将 U 相与 W 相对调。可用三刀双掷开关或倒顺开关(组合开关)直接换相、两个交流接触器的电动开关换相，实现电动机反转控制。一般中、小功率的电动机采用开关直接换相，较大功率电机采用交流接触器换相控制，如图 4－3－1 所示。

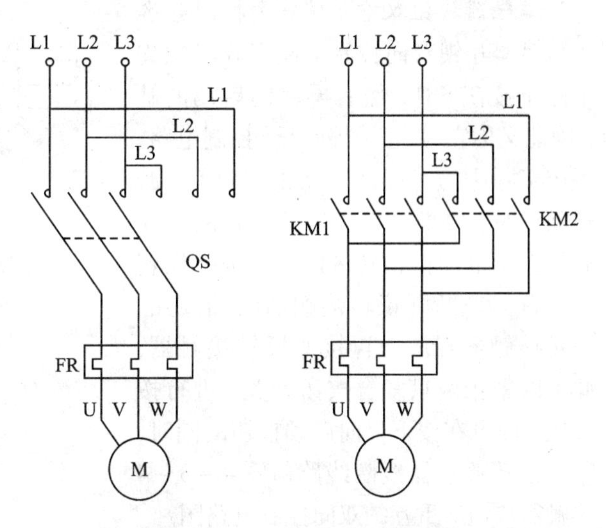

图 4－3－1　电动机换相原理图

为了保证可靠调换电动机的相序，接线时应使刀开关或接触器的上或下端口接线保持一致，在刀开关或接触器的一个端口换相，图 4－3－1 采用了上端口换相。交流接触器换相时，必须确保两个 KM 线圈不能同时得电，否则会发生严重的相间短路故障，因此必须采取互(联)锁。有按钮联锁(机械)与接触器联锁(电气)两种互锁方式，具体应用请参看图 4－3－3 和图 4－3－4 所示的控制电路。

4.3.1.2 行程开关

行程开关又称限位开关或位置开关，安装在相对静止的物体或运动的物体上，当被碰撞时，触头开关动作，其常开触头闭合、常闭触头断开。行程开关分为直行式和滚动式，其中滚动式又分为单滚轮式和双滚轮式，各种行程开关及其触头开关的图形符号如图 4-3-2 所示。

图 4-3-2 行程开关及其触头开关的图形符号

软件 CADe_SIMU CN 中，行程开关的调用请参照本书 31 页按钮的调用方法，选择按钮之后 4 个中你所需要的类型。

4.3.1.3 常用电机双向控制电路

1. 接触器互锁双向控制电路

接触器互锁双向控制电路的控制功能如下：按下正向启动按钮 SB2，KM1 线圈得电，KM1 主触头闭合，电动机正转运行。在电动机运行时，由于交流接触器 KM1、KM2 之间的互锁，按下反向启动按钮 SB3 后，电动机不能换相反转。必须先按下停止按钮 SB1，让交流接触器线圈先失电，解除接触器互锁和电动机绕组电源后，再按下反向启动按钮 SB3，KM2 线圈才能得电，使电动机反转。电动机反向运转时，不先按下停止按钮 SB1，直接按下正向启动按钮 SB2，也不能直接换相，使电动机由反转变为正转。图 4-3-3 为接触器互锁双向控制电路原理图。

2. 接触器按钮双重互锁双向控制电路

接触器互锁双向控制电路存在必须先按下停止按钮 SB1，然后再反向启动的缺点，因此又称它为“正-停-反”控制电路。在生产实际中为了提高劳动生产效率，减少辅助工时，要求直接实现正反转的变换控制。由于电动机正转的时候，按下反转按钮时首先应断开正转接触器线圈线路，待正转接触器释放后再接通反转接触器，为此可以采用两只复合按钮开关，进行按钮互锁，即可在按下反向启动按钮的同时，先断开正转接触器线圈线路。图 4-3-4 为接触器按钮双重互锁双向控制电路图。

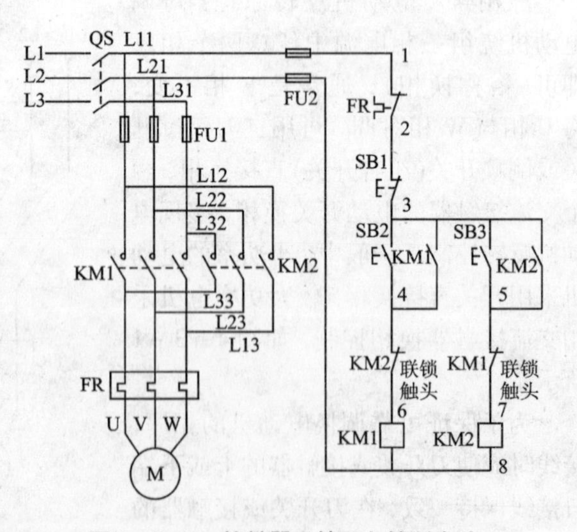

图 4-3-3 接触器互锁双向控制电路

接触器按钮双重互锁双向控制电路控制功能如下：按下正向启动按钮 SB2，KM1 线圈得电，KM1 主触头闭合，电动机得电正向运转，同时 KM1 辅助触头闭合，实现了长动自锁和断开反向控制支路的接触器互锁。按下反向复合启动按钮 SB3，常闭触头首先动作，断开正向控制支路，使电动机停止正转，同时 KM1

辅助触头断开，解除了 KM1 的长动自锁和反向控制支路的互锁。SB3 的常开触头接着闭合，接通反向控制支路，KM2 线圈得电，KM2 主触头闭合，电动机反转，KM2 辅助触头闭合，实现了反向长动自锁和断开正向控制的接触器互锁。这种电路既有接触器互锁(电气互锁)，又有按钮互锁(机械互锁)，一方面保证了电路可靠的工作，另一方面可以使电路直接换向，提高了工作效率，又称为“正－反－停”控制电路。

课堂练习：在仿真软件上对图 4－3－4 进行仿真，观察触头动作，并分析与图 4－3－3 的区别。

图 4－3－4　接触器按钮双重互锁双向控制电路

3. 行程往复控制电路

在生产实践中，有些生产需要设备自动往复运动，可以利用行程开关实现往复运动控制，如图 4－3－5 所示。

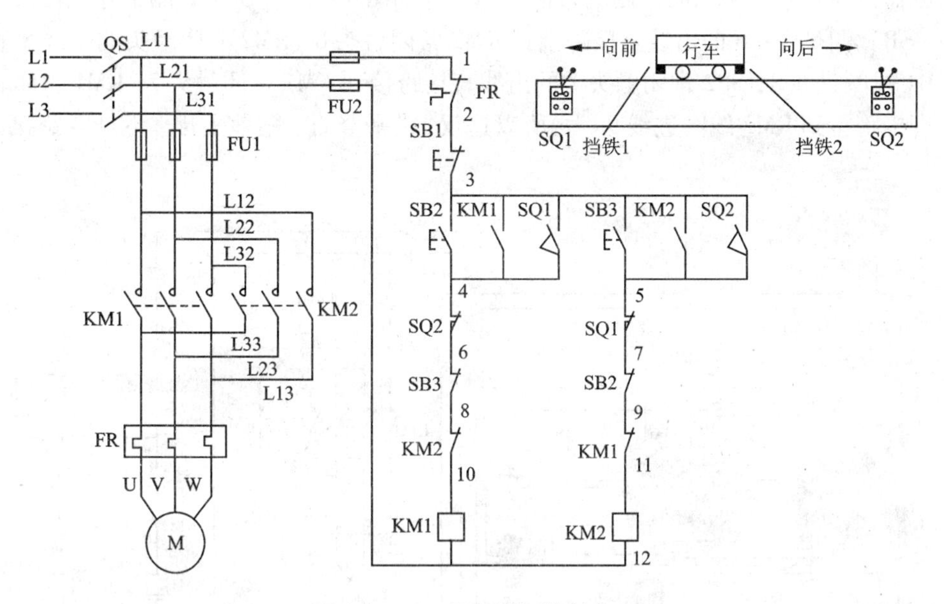

图 4－3－5　行程往复控制电路

图 4－3－5 中限位开关 SQ1 安装在左端需要反向的位置，而 SQ2 安装在右端需要反向的位置，机械挡铁装在运动部件上。启动时，利用正向或反向启动按钮启动小车，如按下 SB2，KM1 线圈得电，主触头吸合，行车向后(右)运动。当行车移至右端并碰到 SQ2 时，将 SQ2 压下，其常闭触头断开，切断 KM1 线圈电路，稍后其常开触头闭合，接通 KM2 线圈电路，电动机又正转变为反转，带动行车向前(左)运动，直到碰到 SQ1，电动机由反转又变为正转，这样驱动行车进行自动往复运动，直到按下停止按钮开关 SB1。

4.3.2 任务实现

4.3.2.1 任务书

【实训任务】 接触器按钮双重互锁双向控制电路的装配与检修，其要求如下：

(1)按下正向启动按钮开关 SB2，电动机正向运行。

(2)按下反向启动按钮开关 SB3，电动机反向运行。

(3)按下停止开关后，电动机停止运行。

【实训目的】 通过接触器按钮双重互锁双向控制电路的装配，感性认识：

(1)三相异步电动机反转控制的工作原理和常用控制方法；

(2)接触器互锁双向控制、接触器按钮双重互锁双向控制、行程往复控制电路的控制特点、电路结构和控制原理及电路装配和检修方法。

【实训场地】 电力拖动实训室或电气控制实训室。

【实训器材和工具】 1 个三刀空气开关或三刀转换开关、3 个复合按钮开关、1 组熔断器、2 个交流接触器、1 个热继电器、1 台三相异步电动机、导线若干、1 块电工装配板或电气控制实训台、1 套通用电工工具、1 块万用表。

4.3.2.2 电路图设计

接触器按钮双重互锁双向控制电路接线图设计如图 4－3－6 所示。图中存在几条不规范的接线：SB3 常闭触头 6 的出线直接跨接到 KM2 常闭触头 6，KM2 常闭触头的出线 8 直接跨接到 KM1 线圈进线 8；SB2 常闭触头 7 的出线直接跨接到 KM1 常闭触头 7，KM1 常闭触头的出线 9 直接跨接到 KM2 线圈进线 9。之所以违反“横平竖直、贴地平排、不悬空跨接、弯线

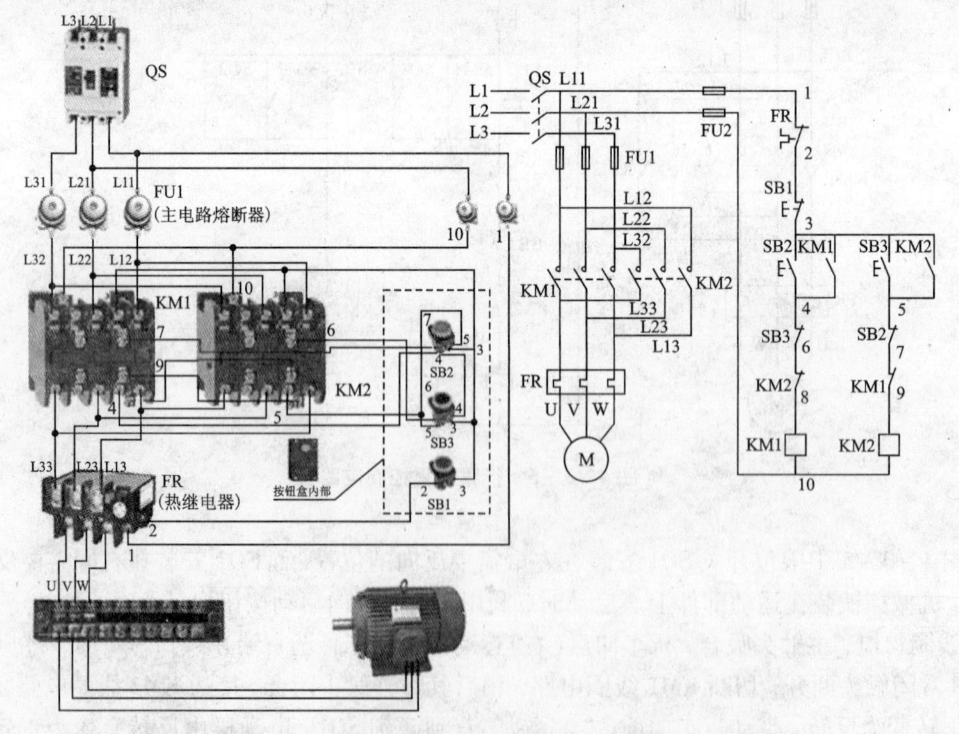

图 4－3－6 接触器按钮双重互锁双向控制电路的接线图

90°转角、转折有微弧、就近省线”的接线工艺要求，是因为该控制电路线路复杂，为帮助读者清晰地读懂接线图，对少数几条线做了跨接处理，在装配接线时，还是要按照接线工艺要求进行施工。

请在装配实物前，在CADe_SIMU CN仿真软件上画出如图4－3－4所示的仿真电路图，并通过仿真，熟练掌握实习电路的结构、元件功能和接线端口、电路布局及电路控制过程，为实物电路装配和检修实习打下坚实的基础。

4.3.2.3 **装配与检修实习**

接触器按钮双重互锁双向控制电路的装配与检修实习步骤如下：

(1)根据装配板，设计元件布局图和接线图。

(2)根据装配工艺要求装配电路和测试检修电路。

接触器按钮双重互锁双向控制电路的二次电路接线复杂，我们一定要遵循“先接控制电路、再接主电路；一条主支路一次性接完、并联支路接在主支路相应的两个端点间；可对复杂电路的端口进行编号，按编号进行接线；边装边测试检修电路”的原则，进行规范操作，防止接线顺序混乱而造成接线错误，通过边装边测试检修电路，可以及时检测已装配支路是否能够实现控制功能、是否存在错误和电路故障，及时进行维修，避免浪费在错误电路上继续操作的时间和劳动力成本。本项目参考接线步骤如下：

①主支路1－2－3－4－6－8－10的接线顺序和电阻测试

a. 接线顺序：相线L1—熔断FU2进端，出端1—热继电器FR的进端95，出端98的接线端口编号2—停止按钮SB1常闭触头的进端，出端3—正向启动按钮SB2常开触头进线端，出端4—反向启动按钮开关SB3常闭触头进线端，出端6—反向控制交流接触器KM2常闭辅助触头进线端，出端8—正向控制交流接触器KM1线圈进线端，出端10—熔断器FU2—相线L2。

b. 电阻测试：将万用表红、黑表笔放在L1、L2，合上开关QS或将表笔放在1、10两端，此时控制电路为开路状态，所测量中的电阻为无穷大，说明控制电路中没有短路故障，接着进行以下测量。

• 正向启动和停止功能的检测维修：按下SB2，电阻下降为交流接触器线圈电阻，控制电路为通路状态，表示SB2可以实现正向启动控制；此时同时按下SB1，控制电路电阻恢复为无穷大，表示停止按钮开关可以实现断路控制。假如不能实现启动和停止控制或存在短路故障(按下SB2后，所测量电阻为零)，应按线路顺序测量电路电阻，发现故障点，进行维修。

• 接触器KM2和按钮SB3互锁功能的检测维修：按下SB2的同时按下SB3或KM2，控制电路电阻恢复为无穷大，表示可以实现接触器KM2和按钮SB3双重互锁控制功能。假如不能实现互锁功能控制，应按线路顺序测量电路电阻，发现故障点，进行维修。

②KM1自锁并联支路的接线顺序和电阻测试

a. 接线顺序：停止按钮SB1常闭触头的进端，出端3—正向控制交流接触器KM1常开触头进线端，出端4。

b. 电阻测试：

• KM1自锁和停止功能的检测维修：按下KM1，电阻下降为交流接触器线圈电阻，控制电路为通路状态，表示KM1可以实现自锁控制；此时同时按下SB1，控制电路电阻恢复为无穷大，表示停止按钮开关可以实现断路控制。

• 接触器KM2和按钮SB3互锁功能的检测维修：按下KM1的同时按下SB3或KM2，控制电路电阻恢复为无穷大，表示可以实现接触器 KM2 和按钮 SB3 双重互锁控制功能。

③反向启动并联支路 3－5－7－9－10 的接线顺序和电阻测试

a. 接线顺序：停止按钮 SB1 常闭触头的进端，出端 3—反向启动按钮 SB3 常开触头进线端，出端 5—正向启动按钮开关 SB2 常闭触头进线端，出端 7—正向控制交流接触器 KM1 常闭辅助触头进线端，出端 9—反向控制交流接触器 KM2 线圈进线端，出端 10。

b. 电阻测试：

• 正向启动和停止功能的检测维修：按下 SB3，电阻下降为交流接触器线圈电阻，控制电路为通路状态，表示 SB3 可以实现反向启动控制；此时同时按下 SB1，控制电路电阻恢复为无穷大，表示停止按钮开关可以实现断路控制。

• 接触器 KM1 和按钮 SB2 互锁功能的检测维修：按下 SB3 的同时按下 SB2 或 KM1，所测量电阻由交流接触器线圈电阻，变为无穷大，说明接触器 KM1 和按钮 SB2 具有互锁功能。

④KM2 自锁并联支路的接线顺序和电阻测试

将 KM2 辅助常开触头并联在 3、5 之间，功能测试方法类似于 KM1 自锁支路的测量。

⑤主电路安装相对控制电路要简单，关键是换相，既可以在交流接触器上口也可以在下口换相，本电路的原理图是上口换相，接线图是下口换相。其检测也很简单：不接入电动机，按下 KM1、KM2 手动开关，测量交流接触器主触头开关即可。

3. 通电测试和检修电路

先不接入电动机，对控制电路进行通电测试，控制电路工作正常之后，再接入电动机，对主电路进行通电测试。

(1)控制电路的工况：接通电源，合上 QS，按下 SB2，KM1 线圈得电，KM1 触头“嗒”的吸合，松开 SB2，KM1 维持通电，触头系统保持吸合状态。按下 SB3，KM1“嗒”释放，KM2 触头“嗒”吸合，当松开 SB3 时，KM2 触头保持吸合状态。按下 SB1，KM1 或 KM2 线圈失电，KM1 或 KM2 触头“嗒”释放。

(2)主电路的工况：KM1 或 KM2 主触头吸合时，电动机正向或反向运行，主触头断开时，电动机停止运行。

4.3.3　考核评价

接触器按钮双重互锁双向控制电路的装配与检修考核评价见表 4－3－1。

表 4－3－1　考核评价表

考核项目	考核标准	分值	评分
元件知识	能正确选用复合按钮开关；能用万用表进行检测判定复合按钮开关的常开常闭触头好坏的方法	20	
电路功能	能实现接触器按钮双重互锁电动机正反转控制功能，控制流程清楚	30	
故障检修	能根据电路运行状况，使用仪表进行故障检测和维修	20	
工艺美观	电路、元件布局合理，控制流程清晰，满足扎线、接线工艺要求，电路美观	20	
安全现场	不违规操作、遵守操作规范、现场整洁	10	
总　评		100	

4.3.4 基础练习与拓展提高

课题一 基础练习

(1)说明三相异步电动机反转控制原理，画出三刀双掷开关和交流接触器换相的原理图(上口换相)。

(2)行程开关又称什么开关，分哪几类？并画出其图形符号。

(3)比较接触器互锁、接触器按钮双重互锁、行程往复双向控制电路的控制特点，并分别分析其工作原理。

(4)电气控制电路的原理图和接线图各有什么特点？什么叫一次线路和二次线路？

(5)在 CADe_SIMU CN 仿真软件上画出图 4-3-3 和图 4-3-5 的仿真电路图，并通过仿真，分析接触器互锁双向控制和行程往复控制电路控制过程，说明其控制特点。

课题二 拓展提高

(1)设计接触器互锁双向控制电路和行程往复控制电路的接线图。

(2)写出接触器互锁双向控制电路、接触器按钮双重互锁、行程往复控制电路的控制过程。

(3)了解顺-停-逆开关，及其双向控制电路，接线图如图 4-3-7 所示。

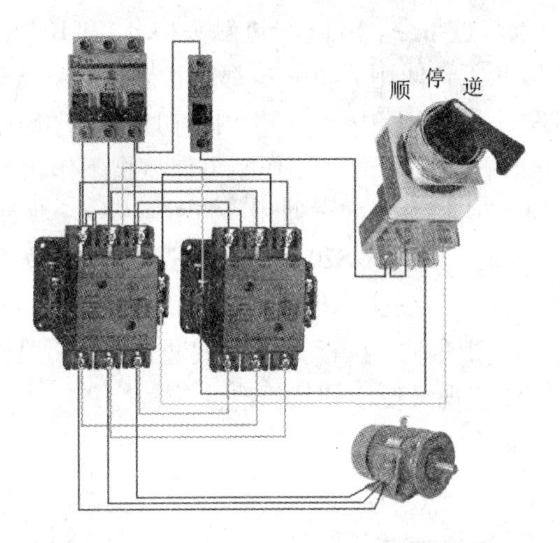

图4-3-7 顺-停-逆双向控制接线图

任务4 小车双向运行 PLC 控制电路的装配与调试

4.4.1 知识准备

4.4.1.1 任务相关指令

1. 循环移位指令

(1)右、左循环移位指令 ROR(P)和 ROL(P)

执行这两条指令时，各位数据向右(或向左)循环移动 n 位，最后一次移出来的那一位同时存入进位标志 M8022 中，如图 4－4－1(a)所示。

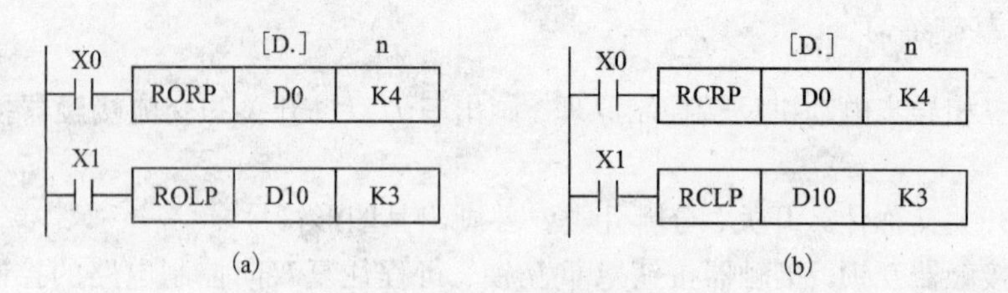

图 4－4－1 循环移位指令

(2)带进位的循环移位指令 RCR(P)和 RCL(P)

执行这两条指令时，各位数据连同进位(M8022)向右(或向左)循环移动 n 位，如图 4－4－1(b)所示。

使用 ROR/ROL 和 RCR/RCL 指令时，目标操作数可取 KnY，KnM，KnS，T，C，D，V 和 Z，目标元件中指定位元件的组合只有在 K4(16 位)和 K8(32 位指令)时有效。

2. 步进指令

顺序控制过程可分为若干个步，每步都有不同的动作，当完成当前步(也称活动步)的所有动作后，假如转换条件满足时，就将由上一步转换到下一步。步进指令是专为顺序控制而设计的指令，FX2N 中有两条步进指令：STL(步进触头指令)和 RET(步进返回指令)。STL 和 RET 指令必须与状态寄存器 S 配合使用。每一步都用状态寄存器 S 表示，FX2N 系列 PLC 有 900 个状态寄存器(S0～S899)可用，其中 S0～S9 用作初始状态，S10～S19 用作回原点状态，S20～S499 用作通用工作状态，S500～S899 用作断电保持型工作状态。

指令 STL 与状态寄存器 S20 和 S21 配合使用，如图 4－4－2 所示。分别用 S20 和 S21 记录了两个工步，当 S20 为 ON 时，则进入 S20 所表示的这一步，开始执行本步的控制任务，并判断进入 S21 步的条件是否满足。一旦转化条件满足，将 S21 置 ON，则关断 S20 进入 S21 步。RET 指令是用来复位 STL 指令的，执行 RET 后将重回母线，退出步进状态。使用步进指令编写顺序控制程序，既方便实现又便于阅读修改。

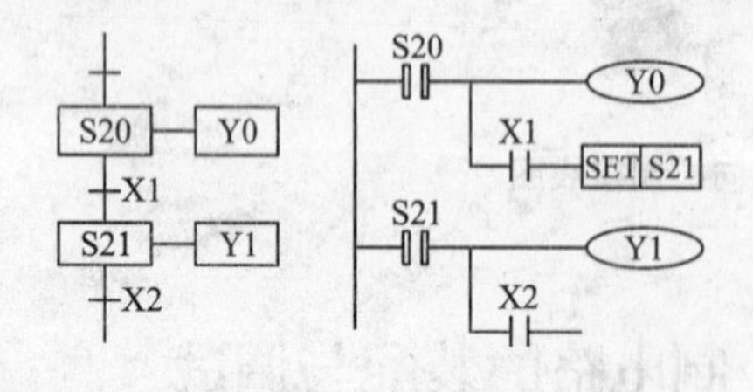

图 4－4－2 步进指令应用实例

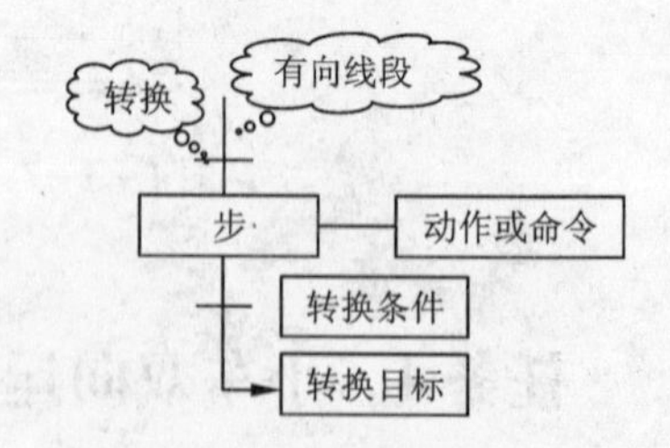

图 4－4－3 SFC 图的组成要素

在使用步进指令时应注意：

①STL 触头是与左侧母线相连的常开触头，某 STL 触头接通，则对应的状态为活动步；

②与 STL 触头相连的触头应用 LD 或 LDI 指令，只有执行完 RET 后才返回左侧母线；

③STL 触头可直接驱动或通过别的触头驱动 Y、M、S、T 等元件的线圈；

④由于 PLC 只执行活动步对应的电路块，所以使用 STL 指令时允许双线圈输出(顺控程序在不同的步可多次驱动同一线圈)；

⑤STL 触头驱动的电路块中不能使用 MC 和 MCR 指令，但可以用 CJ 指令；

⑥在中断程序和子程序内，不能使用 STL 指令。

4.4.1.2　**顺序功能图** SFC

常用顺序功能图 SFC 描述顺序控制过程，编写顺序控制程序首先要根据系统的工作过程，画出顺序功能图 SFC，然后根据顺序功能图 SFC 编写 SFC 程序或 LAD 程序。顺序功能图 SFC 的组成要素包括：步、动作或命令、转换和转换条件、转换目标，如图 4－4－3 所示。

画顺序功能图 SFC 时，要注意以下几点：

①两个步绝对不能直接相连，必须用一个转换将它们隔开。

②两个转换也不能直接相连，必须用一个步将它们隔开。

③顺序功能图中的初始步不能少。

④在连续循环工作方式时，应从最后一步返回下一个工作周期开始运行的第一步。

SFC 图根据具体的控制过程，分为以下三种结构。

(1)单流程结构 SFC

单流程结构是顺序控制中最常见的一种流程结构，其结构特点是程序顺着工序步，步步为序地向后执行，中间没有任何的分支。图 4－4－4 为单流程结构 SFC 的示例。

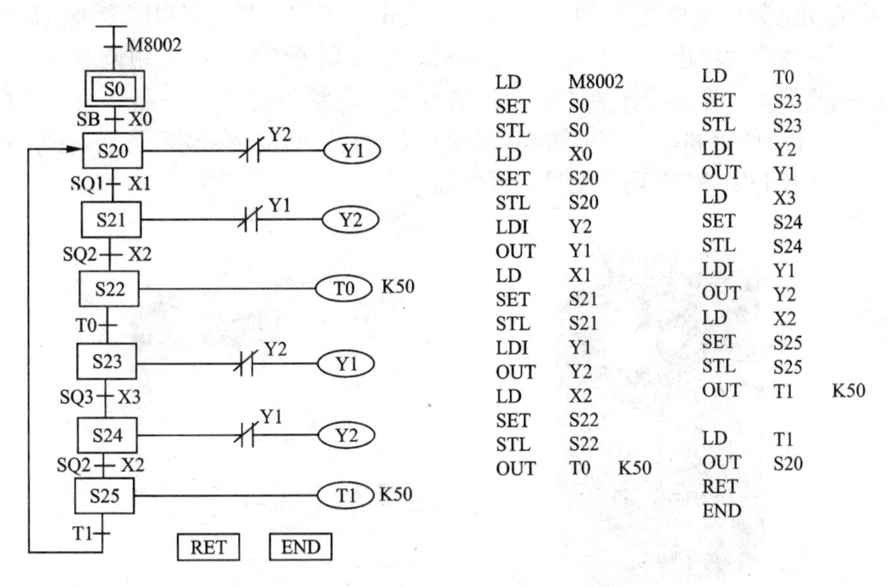

图 4－4－4　单流程结构 SFC 示例

(2)选择性分支结构 SFC

当工作条件需要根据当时条件的不同转移到不同的状态时，要用选择性分支结构，选择性分支结构的 SFC 示例如图 4－4－5 所示。选择性分支在分流处的转换条件不能相同，并且转换的条件都应位于各分支中；在合流处，转换的条件也应该是在各分支中，转换条件可以相同，也可以不同。

(3)并行分支结构 SFC

当要求有几个工作流程同时进行时，要用并行分支结构。并行分支结构的示例如图4－4－6所示。在并行分支结构中，分流处转换的条件一定是在分支之前，分支后的第一个状态前不能再有转换条件；在合流处转换的条件应该完全相同，并且不能放在分支中。

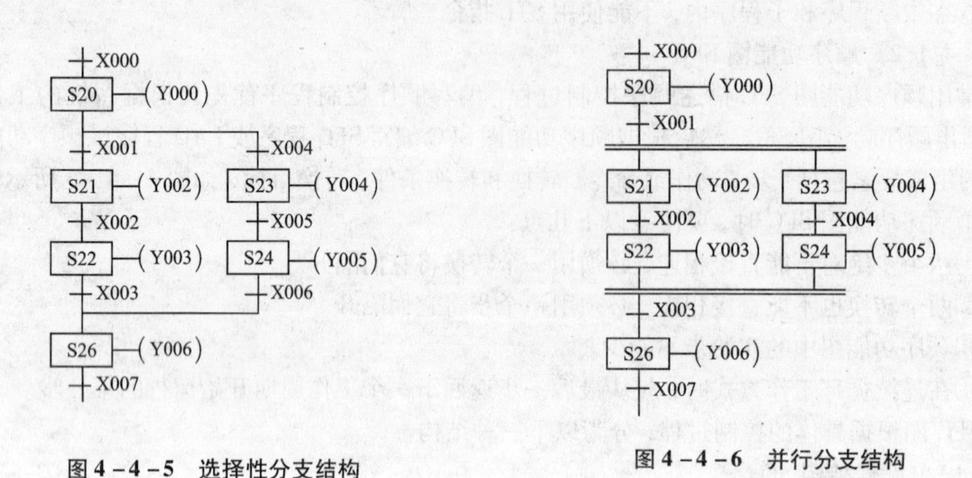

图4－4－5　选择性分支结构

图4－4－6　并行分支结构

4.4.1.3　三相异步电动机的变频器控制

变频器应用变频技术与微电子技术，通过改变电机工作电源频率和幅度来控制交流电动机的速度、方向和启动停止，在三相异步电动机的诸多调速方法中，变频调速方法的性能最好，它的调速范围大，静态稳定性好，运行效率高。变频器也有多种品牌，本教材以三菱FR－E500为例介绍使用PLC、变频器控制三相异步电动机的接线和编程方法。图4－4－7为三菱FR－E700和FR－E500两种型号的变频器。

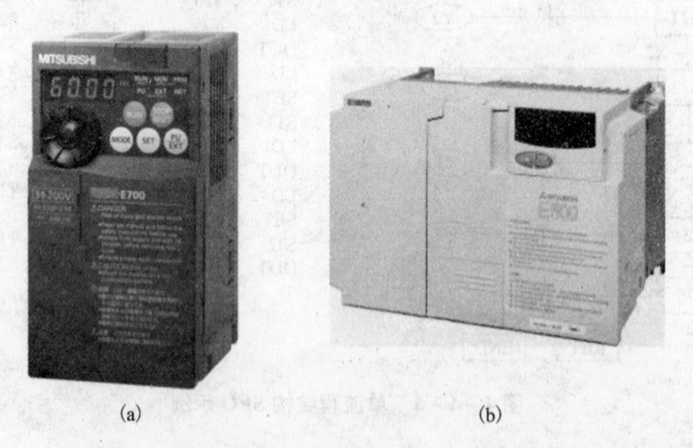

图4－4－7　三菱FR－E700和FR－E500变频器外形

(a)三菱FR－E700；(b)FR－E500

1. FR－E500变频器的接线

变频器的接线端子分为主回路和控制回路两大部分，把变频器前盖打开，即可看到主回路端子和控制回路端子，如图4－4－9所示，并依照图4－4－8所示进行接线。

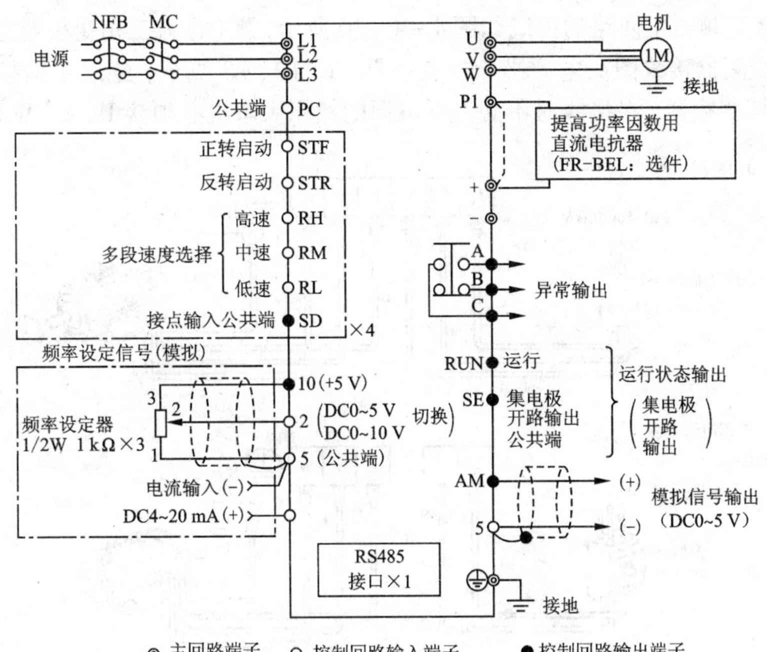

图4-4-8　FR-E500变频器的接线图

(1)主回路接线

FR-E500变频器主回路接线端子如图4-4-9所示，功能说明如表4-4-1所示。

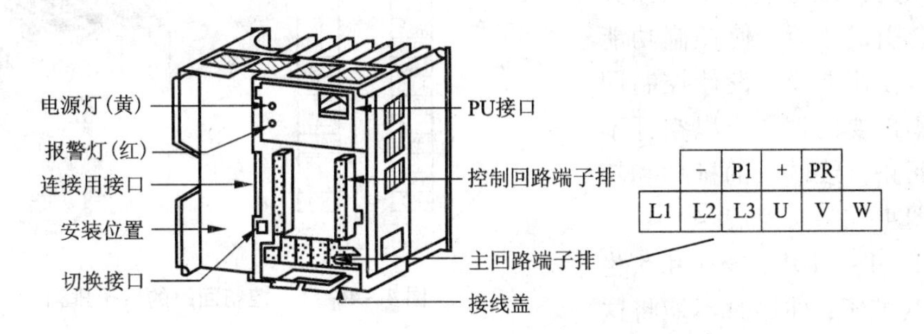

图4-4-9　FR-E500主回路和控制回路端子

表4-4-1　主回路端子功能说明

端子标记	端子名称	内　　容
L1、L2、L3	主电源输入端	接三相380 V工频电源的三根相线
U、V、W	变频器输出端	必须连到三相异步电动机(U、V、W)三相上，不可接到三相电源上，否则会烧坏变频器
+，PR	制动电阻器连接端	在端子+-PR之间连接选件制动电阻器
+，-	制动单元连接端	连接作为选件的制动单元、高功率整流器(FR-HC)及电源再生共用整流器(FR-CV)
+，P1	直流电抗器连接端	连接改善功率因数用直流电抗器(拆开连接端子的短路片)
⊥	接地端	变频器外壳接地，必须接大地

FR－E500 变频器主回路的接线如图 4－4－10 所示，图(a)为三相变频器主回路接线图，图(b)为单相变频器接线图。电源必须接变频器 L1、L2、L3 端子，绝对不能接 U、V、W 端子，否则会损坏变频器，在接线时不必考虑电源的相序。电机必须接 U、V、W 端子。

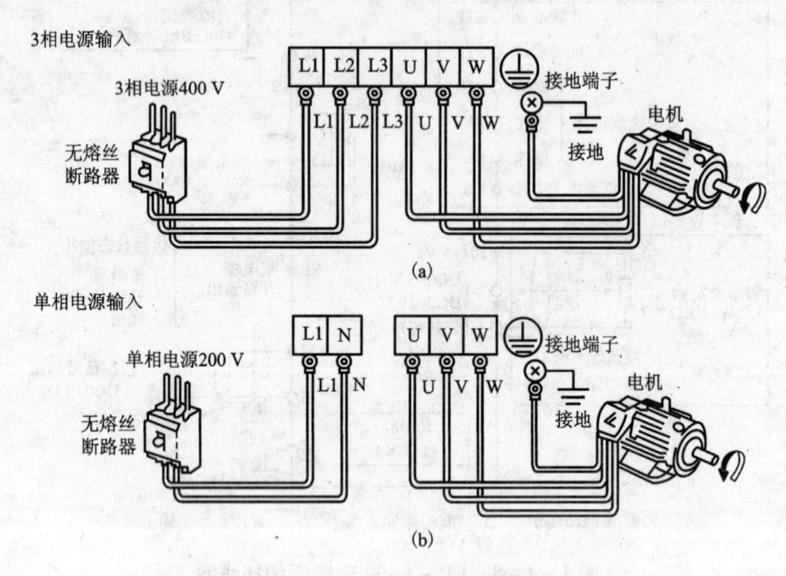

图 4－4－10　FR－E500 变频器主回路接线图

(2)控制回路接线

控制回路接线必须与主回路分开，否则会引起干扰，使控制功能失灵，根据使用要求，设计控制回路接线。不需要的端子可以空开不用，控制回路接线端子的排列和功能分别如图 4－4－11 和表 4－4－2 所示。图 4－4－11 中的 SD 和 5 为信号的公共端子，外接时不能将这些端子互相连接或接地。

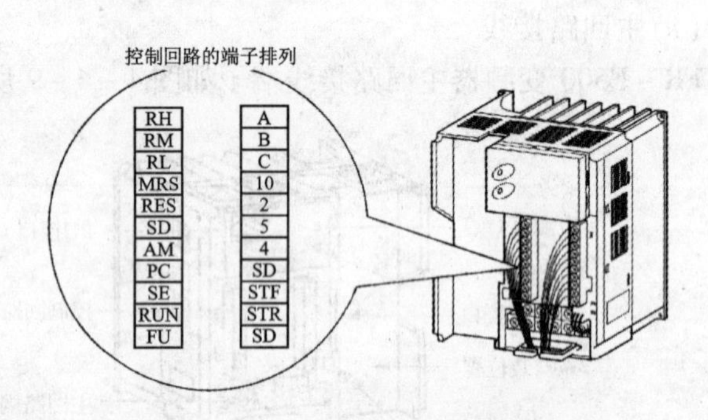

图 4－4－11　控制回路的端子排列

表 4－4－2　FR－E500 控制回路的端子功能说明

<table>
<tr><th colspan="3">端子记号</th><th>端子名称</th><th colspan="2">内　容</th></tr>
<tr><td rowspan="3">输入信号</td><td rowspan="3">接点输入</td><td>STF</td><td>正转启动</td><td>STF 信号 ON 时为正转，OFF 时为停止指令</td><td rowspan="2">STF、STR 信号同时为 ON 时，为停止指令</td></tr>
<tr><td>STR</td><td>反转启动</td><td>STR 信号 ON 时为反转，OFF 时为停止指令</td></tr>
<tr><td>RH
RM
RL</td><td>多段速度选择</td><td>· 可根据端子 RH、RM、RL 信号的短路组合，进行多段速度的选择；
· 速度指令的优先顺序是 JOG、多段速设定(RH、RM、RL、REX)、AU 的顺序</td><td>根据输入端子功能选择(Pr. 60 ~ Pr. 63)，可改变端子的功能(＊4)</td></tr>
</table>

续上表

端子记号			端子名称	内　　容
输入信号	SD (＊1)		接点输入公共端(漏型)	· 此为接点输入(端子 STF、STR、RH、RM、RL)的公共端子； · 端子 5 和端子 SE 被绝缘
	PC (＊1)		外部晶体管公共端；DC 24 V 电源接点输入公共端(源型)	· 当连接程序控制器(PLC)之类的晶体管输出(集电极开路输出)时，把晶体管输出用的外部电源接头连接到这个端子，可防止因回流电流引起的误动作； · PC－SD 间的端子可作为 DC 24 V、0.1 A 的电源使用； · 选择源型逻辑时，此端子为接点输入信号的公共端子
	10		频率设定用电源	DC 5V。容许负荷电流 10 mA
	频率设定	2	频率设定(电压信号)	· 输入 DC 0～5 V(0～10 V)时，输出成比例；输入 5 V(10 V)时，输出为最高频率； · 5 V/10 V 切换用 Pr.73“0～5 V，0～10 V 选择”进行； · 输入阻抗 10 kΩ。最大容许输入电压为 20 V
		4	频率设定(电流信号)	· 输入 DC 4～20 mA。出厂时调整为 4 mA 对应 0 Hz，20 mA 对应 60 Hz； · 最大容许输入电流为 30 mA，输入阻抗约为 250 Ω； · 电流输入时，请把信号 AU 设定为 ON； · AU 信号用 Pr.60～Pr.63(输入端子功能选择)设定
	5		频率设定公共输入端	此端子为频率设定信号(端子 2，4)及显示计端子“AM”的公共端子。端子 SD 和端子 SE 被绝缘，请不要接地

2. FR－E500 变频器的操作面板

(1) FR－E500 变频器操作面板的名称和功能

图 4－4－12 中的左图为变频器操作面板盖打开前的状态，右图为面板盖打开后的状态。

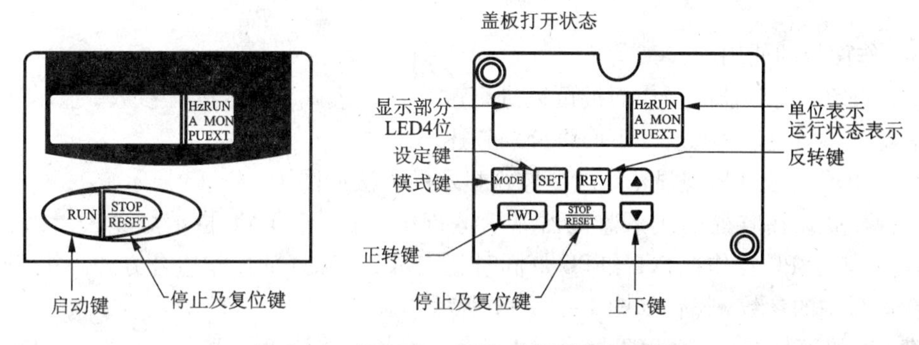

图 4－4－12　FR－E500 变频器操作面板

操作面板上各键的含义如表 4－4－3 所示，操作面板上单位和运行指示灯表示的含义如表 4－4－4 所示。

表4-4-3 FR-E500变频器操作面板上各键的含义

按　键	说　明
RUN键	正转运行指令键
MODE键	可用于选择操作模式或设定模式
SET键	用于确定频率和参数的设定
▲/▼键	·用于连续增加或降低运行频率。按下这个键可改变频率 ·在设定模式中按下此键，则可连续设定参数
FWD键	用于给出正转指令
REV键	用于给出反转指令
STOP RESET键	·用于停止运行 ·用于保护功能动作输出停止时复位变频器

表4-4-4 FR-E500变频器操作面板上单位和运行指示灯的含义

表示	说　明
Hz	表示频率时，灯亮 (Pr.52"操作面板/PU主显示数据选择"为"100"时，有闪烁/亮灯的动作。)
A	表示电流时，灯亮
RUN	变频器运行时灯亮。正转时/灯亮，反转时/闪亮
MON	监视显示模式时灯亮
PU	PU操作模式时灯亮
EXT	外部操作模式时灯亮

(2)操作面板的使用

用FR-E500变频器的操作面板可以进行改变监视模式、设定运行参数、显示错误、报警记录清楚和参数复制等操作，下面将分别叙述。

①按MODE键改变监视显示。改变监视显示的方法如图4-4-13所示。

②监视模式。在监视模式下监视器显示运行中的指令。EXT指示灯亮表示外部操作；PU指示灯亮表示PU操作；EXT和PU灯同时亮表示PU和外部操作组合方式。按SET键可监视正在运行中的参数，操作如图4-4-14所示。

注意：a.按下标有*1的SET键超过1.5秒，能把电流监视模式改为上电监视模式。

b.按下标有*2的SET键超过1.5秒，能显示包括最近4次的错误指示。

c.在外部操作模式下转换到参数设定模式。

③频率设定模式。在PU操作模式下设定运行频率，操作如图4-4-15所示。

④参数设定模式。在操作变频器时，可根据控制要求向变频器输入一些参数，如上、下限频率，加、减速时间等。另外要实现某种功能，可采用组合操作方式。一个参数值的设定

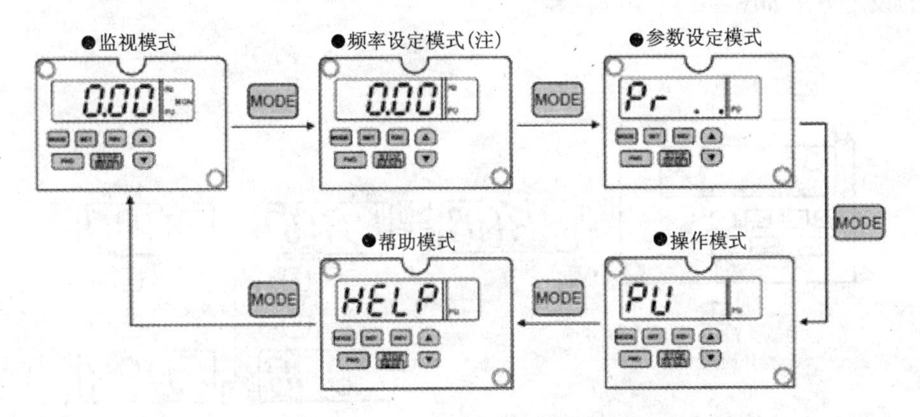

图4－4－13　按MODE键改变监视显示

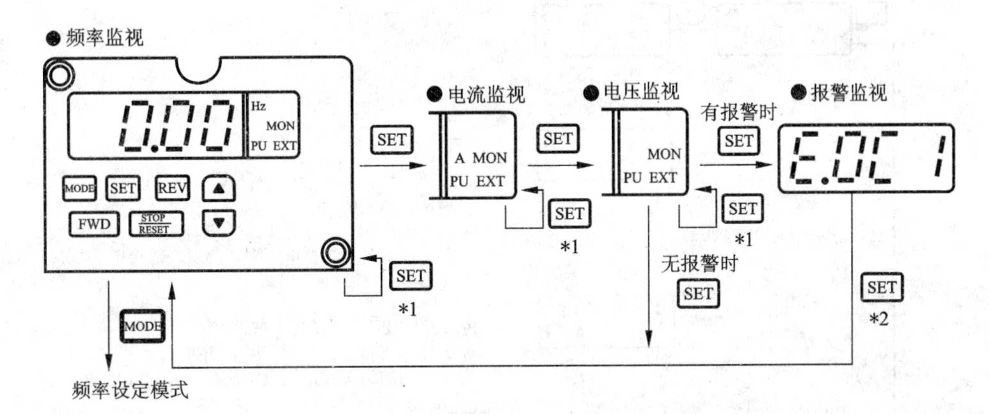

图4－4－14　监视模式操作

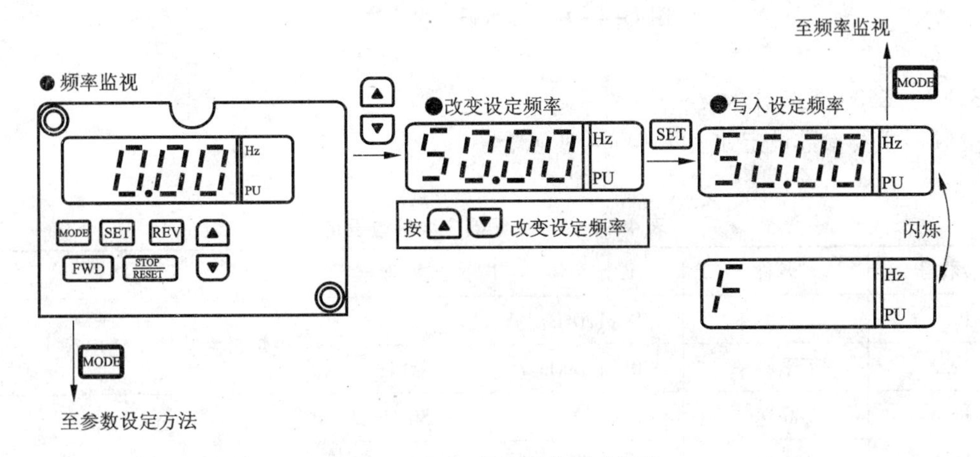

图4－4－15　频率设定模式操作

用▲/▼键增减。按下SET键超过1.5秒，写入设定值并更新。参数设定只有把Pr.79操作模式选择PU操作模式时才能实现，即Pr.79要设定为“0”“1”“3”或“4”。参数Pr.79由2

变为 1 的设定方法如图 4 -4 -16 所示。

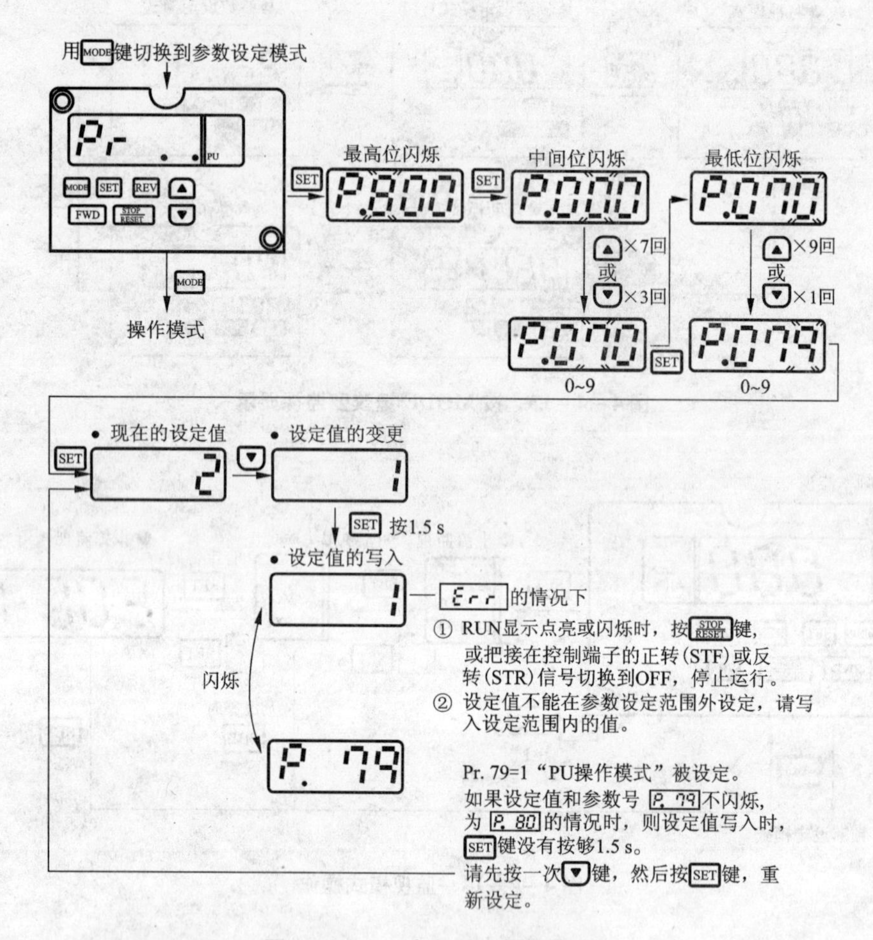

图 4 -4 -16 参数设定模式的操作

3. FR - E500 变频器参数

变频器主要参数设定如表 4 -4 -4 所示。

表 4 -4 -4 变频器主要参数设定

参数号	名称	设定范围	出厂设定	用途
Pr. 1	上限频率	0 ~ 120 Hz	120 Hz	设定最大和最小输出频率
Pr. 2	下限频率	0 ~ 120 Hz	0 Hz	
Pr. 4	高速	0 ~ 400 Hz	50 Hz	三段速设定
Pr. 5	中速	0 ~ 400 Hz	30 Hz	
Pr. 6	低速	0 ~ 400 Hz	10 Hz	

续上表

参数号	名称	设定范围	出厂设定	用途
Pr. 7	加速时间	0～3600 s	5 s	设定加减速时间
Pr. 8	减速时间	0～3600 s	5 s	
Pr. 77	参数写入或禁止	1、2、3	0	选择参数写入禁止或允许，用于防止参数值被意外改写
Pr. 79	操作模式选择	0～4、6～8	0	用于选择变频器的操作模式

4. *应用 FR－E500 变频器控制电动机的方法*

设置变频器参数，使电动机按下列要求运行：

①按下启动按钮开关 SB1、SB2、SB3 使电机分别以 15 Hz、25 Hz、35 Hz 三种频率正转、反转 30 s 后，自动停止运行。

②为使电动机平稳启动，设定启动时间为 3 s；为使电动机迅速停止，设定停止时间为 0.5 s。

方法：

(1)分配 I/O 地址(如表 4－4－5 所示)、设计原理图(如图 4－4－17 所示)、设置变频器参数(如表 4－4－6 所示)

表 4－4－5　PLC 和变频器控制电动机的 I/O 地址表

输入端口			输出端口		
符号	地址	功能说明	符号	地址	功能说明
SB1	X20	低速启动按钮	STF	Y20	正向运行
SB2	X21	中速启动按钮	STR	Y21	反向运行
SB3	X22	高速启动按钮	RH	Y22	高速运行
			RM	Y23	中速运行
			RL	Y24	低速运行

PLC 通过正反转控制端子 STF、STR 对变频器进行控制，从而电动机实现正反转控制功能，同样通过三段速控制端子 RH、RM、RL 对变频器进行控制，从而实现电动机的速度控制。变频器的端子功能和控制要求在表 4－4－1 和 4－4－2 中已经说明，可按照表中要求，编写变频器的 PLC 控制程序，并按照原理图连接变频器 PLC 控制系统。

除了正确连线和编写控制程序外，还必须正确设置变频器的参数，变频器才能按照设定参数运行，实现正确的控制。要实现该控制任务的控制要求，必须按表 4－4－6 所列要求设定变频器参数。变频器参数具体设定方法请参考图 4－4－16 所介绍的参数设定步骤操作。

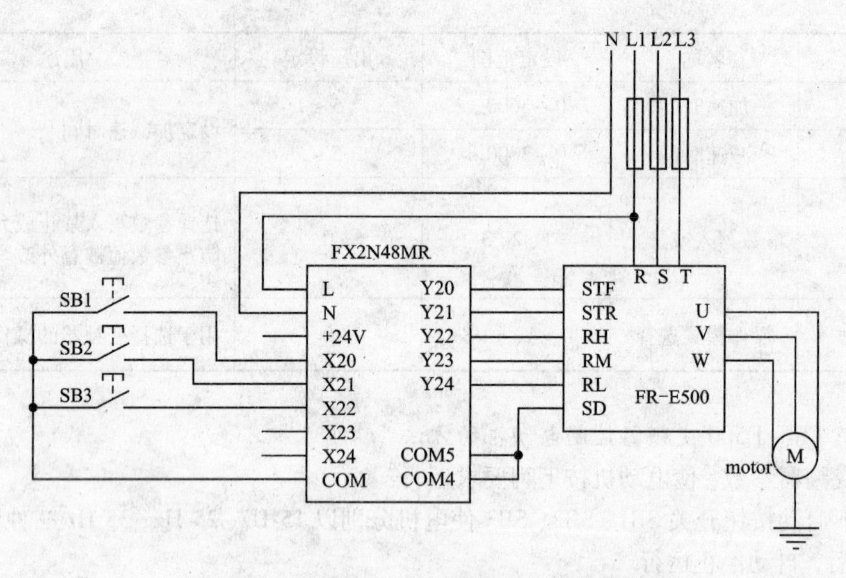

图 4-4-17 PLC 和变频器控制电动机原理图

表 4-4-6 需要设置的变频器参数

序号	地址	功能说明	参数值
1	Pr. 4	高速 RH	35 Hz
2	Pr. 5	中速 RM	25 Hz
3	Pr. 6	低速 RL	15 Hz
4	Pr. 7	加速时间	3 s
5	Pr. 8	减速时间	0.5s
6	Pr. 79	电机控制模式	2

(2)编写 PLC 控制程序

在该控制任务中，要求使用三个按钮开关 SB1、SB2、SB3 分别以低速 15 Hz、25 Hz、35 Hz 启动电机运行 60 s，前 30 s 为正向运行，后 30 s 为反向运行，然后自动停止。该控制功能可以用多种编程方法来实现，如选择分支型结构的顺序控制程序，或一般的梯形图程序，本例程采用了一般梯形图程序编程方法，具体程序如图 4-4-18 所示。项目 5 将介绍选择分支型顺序控制程序的编写方法，到时将介绍如何使用这种方法来编写控制程序，请读者提前思考。本例程可以分成三大模块：

①第一模块为 0-29 步：低速、中速、高速启动运行及标志设定，并启动 60 s 定时。标志寄存器 M0、M1、M2 分别表示低速、中速、高速启动运行，这三种运行状态之间存在互锁关系，在编程时应注意。同时通过 M0、M1、M2 的自锁，分别输出高电平时，对变频器的 RL、RM、RH 端口进行控制，使电动机分别以低速 15 Hz、中速 25 Hz 和高速 35 Hz 运行。

②第二模块为 30-59 步：通过触头比较指令将低速、中速、高速运行的 60 s 划分为两段

时间，并分别用标志位 M3～M8 表示，M3～M5 为各种速度时的正转标志，M6～M8 为各种速度时的反转标志。

③第三模块为 60－67 步：通过标志位 M3～M5、M6～M8 对输出端口 Y20、Y21 的控制，控制变频器的 STF 和 STR 端口，进而控制着电动机的正反转。

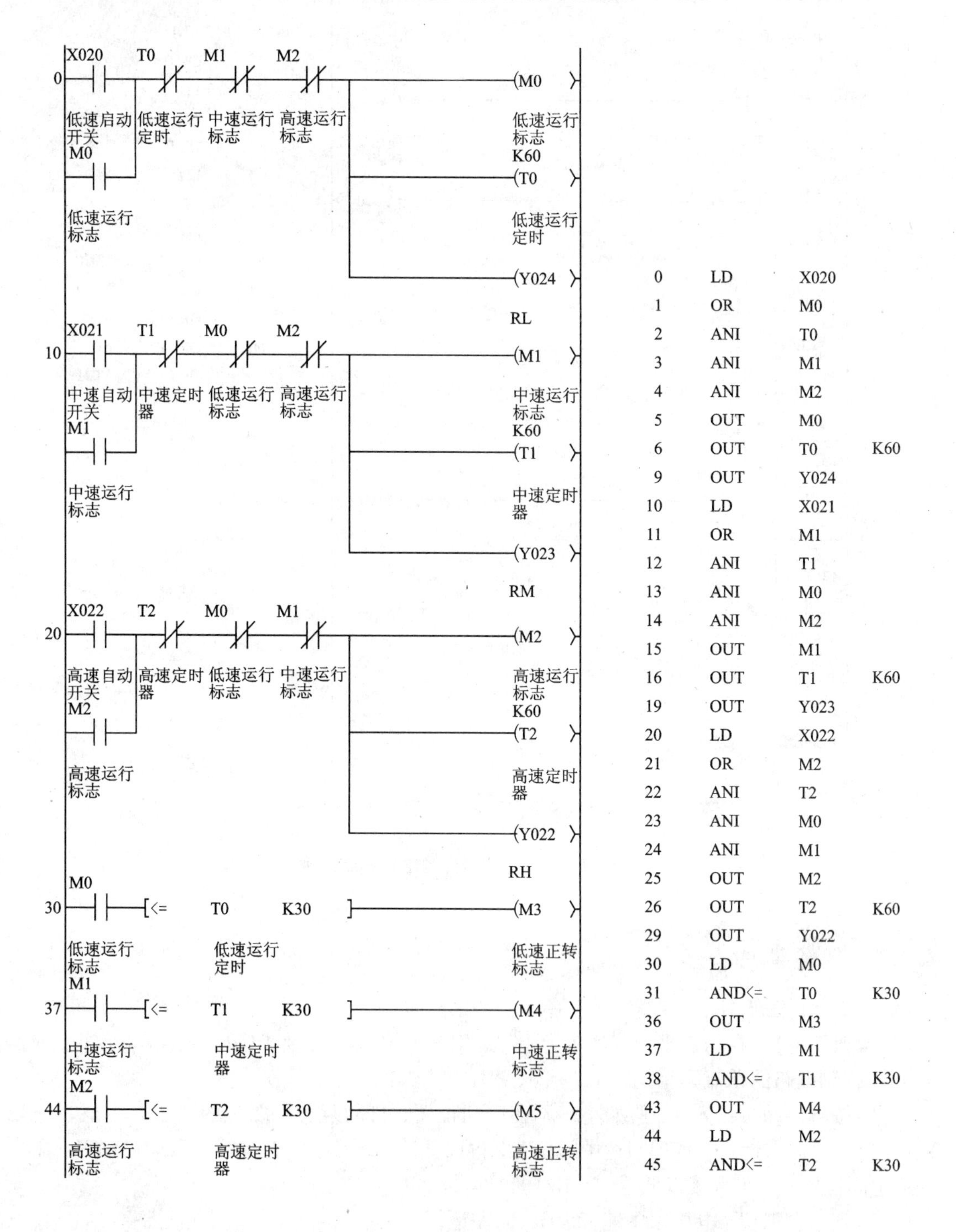

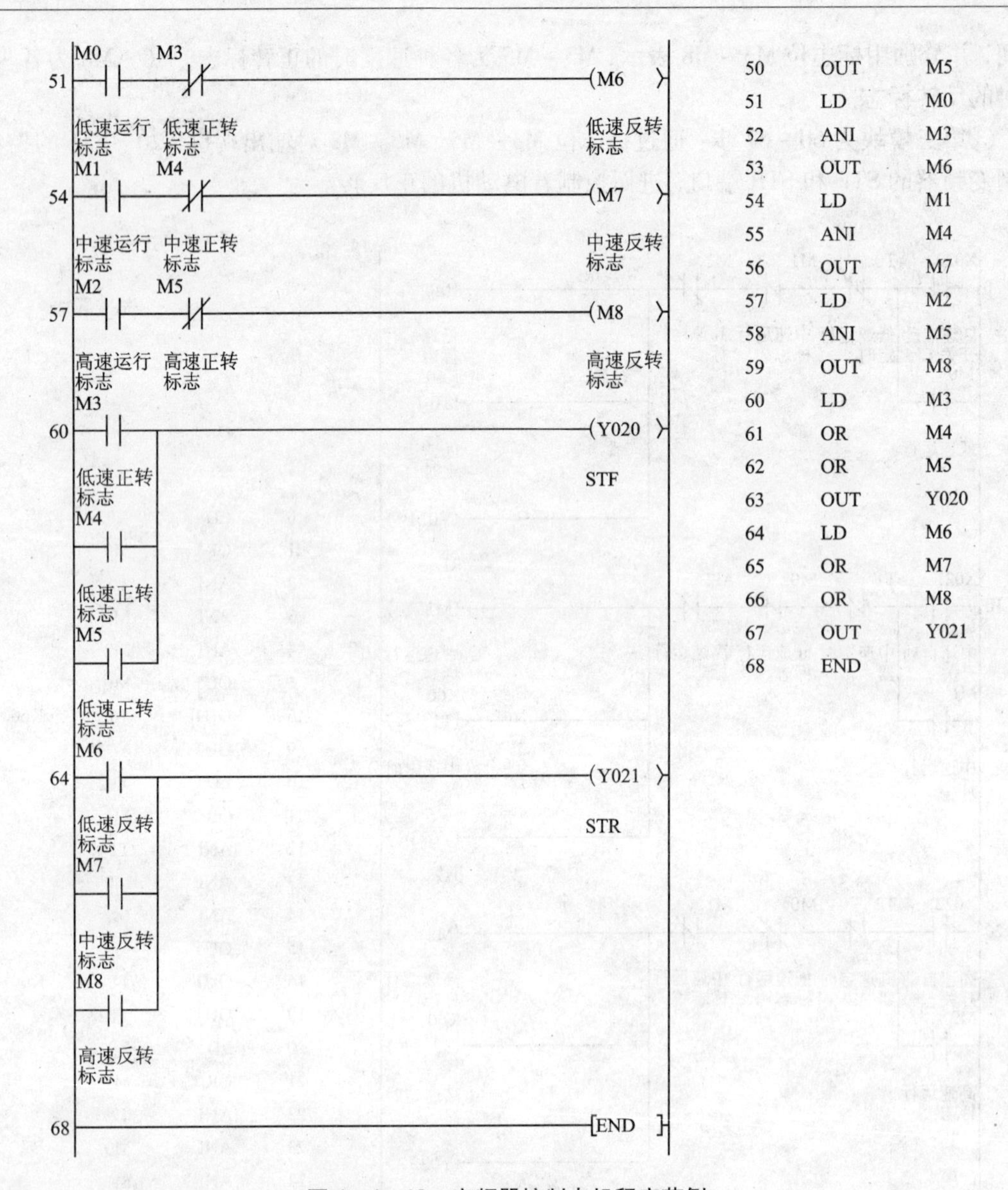

图 4-4-18 变频器控制电机程序范例

4.4.2 任务实现

4.4.2.1 任务书

【实训任务】 在仿真平台或实训台上，运用 PLC 和变频器及步进指令，编写小车双向运行 PLC 控制电路的单流程结构 SFC 梯形图程序，要求：

(1)按下启动按钮 SB1，假如小车不在中间位置，自动复位。复位的要求是电机首先以低速(15 Hz)向右运行，直到到达中间位置，再以低速(15 Hz)向右运行。假如启动时，小车就在中间位置，小车直接以低速(15 Hz)向右运行。

(2)到达右限位，电机以中速(25 Hz)向左运行。

(3)达到中间位置，电机又以高速(35 Hz)继续向左运行。

(4)到达左限位，电机以高速(35 Hz)向右运行。

(5)达到中间位置，电机又以低速(15 Hz)向右运行，后面的动作与上述步骤相同。

(6)按下停止开关时，小车由左边运行达到中间位置时才能停止。

(7)为使电动机平稳启动，设定启动时间为3 s；为使电动机迅速停止，设定停止时间为0.5 s。

【实训目的】 通过小车双向运行PLC控制电路的装配调试与检修，感性认识：

(1)FR－E500变频器的功能、参数设置、接线方法和单流程SFC PLC编程控制的方法；

(2)小车双向控制电路的控制特点、电路结构和控制原理、电路装配和检修、编程及下载调试方法。

【实训场地】 PLC编程仿真软件平台或电气控制实训室。

【实训器材和工具】 1个三刀空气开关或三刀转换开关、2个常开按钮开关、1组熔断器、3个行程开关、1台三相异步电动机、导线若干、1块电工装配板或电气控制实训台(含FX2N系列PLC和FR－E500变频器)、1套通用电工工具、1块万用表。

4.4.2.2　**I/O分配和接线图设计**

小车双向运行PLC控制的I/O地址表如表4－4－7所示，控制原理图如图4－4－19所示。

表4－4－7　小车双向运行PLC控制的I/O地址表

输入端口			输出端口		
符号	地址	功能说明	符号	地址	功能说明
SB1	X20	启动按钮	STF	Y20	右向运行
SB2	X21	停止按钮	STR	Y21	左向运行
SQ1	X22	左限位开关	RH	Y22	高速运行
SQ2	X23	中间限位开关	RM	Y23	中速运行
SQ3	X24	右限位开关	RL	Y24	低速运行

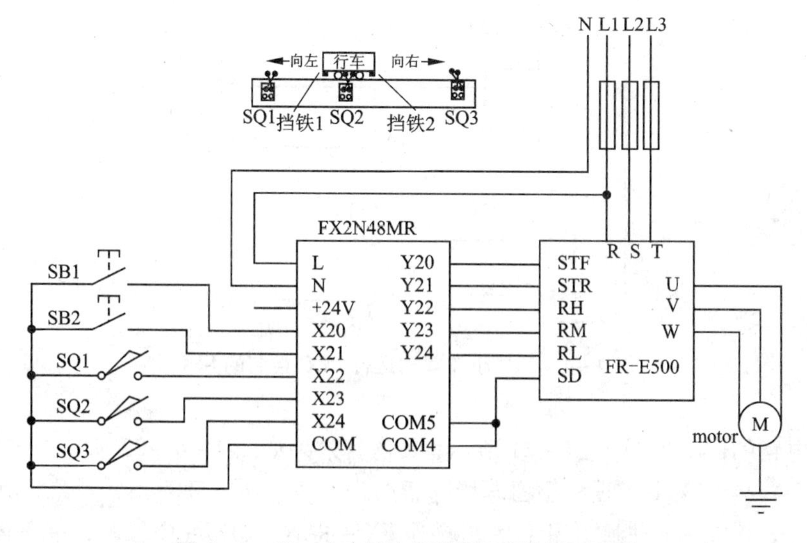

图4－4－19　小车双向运行PLC控制原理图

变频器的参数设置如表 4 -4 -8 所示。

表 4 -4 -8　需要设置的变频器参数

序号	地址	功能说明	参数值
1	Pr. 4	高速 RH	35 Hz
2	Pr. 5	中速 RM	25 Hz
3	Pr. 6	低速 RL	15 Hz
4	Pr. 7	加速时间	3s
5	Pr. 8	减速时间	0. 5s
6	Pr. 79	电机控制模式	2

4.4.2.3　编程与电路调试实习

利用单流程结构 SFC 编写小车双向运行 PLC 控制程序，SFC 如图 4 -4 -20 所示。

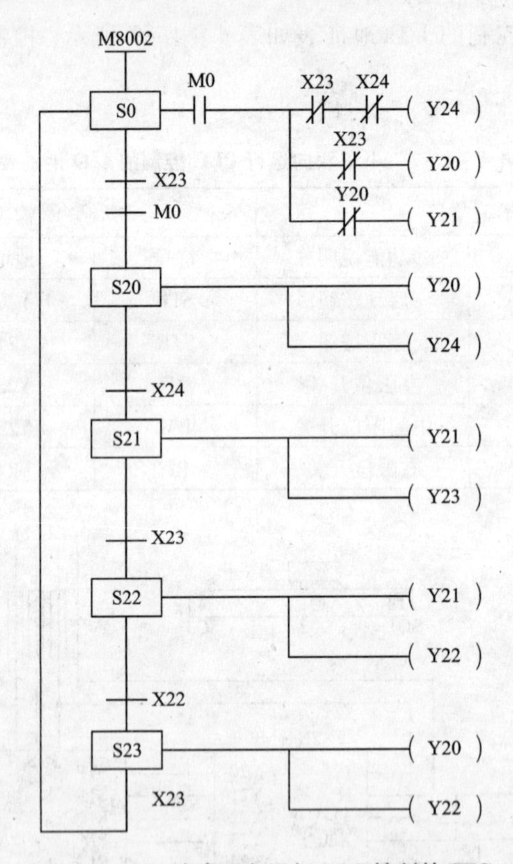

图 4 -4 -20　小车双向运行 PLC 控制的 SFC

该控制电路的例程如图 4 -4 -21 所示，其仿真效果如图 4 -4 -22 所示。

注意：图 4 -4 -21 中步进梯形图与指令语句表的步序不一致为正常现象，功能实现完全一致，读者不必深究。步进梯形图用仿真软件 FX - TAN - BEG - C 编写，指令语句表用 GX Developer 编写。

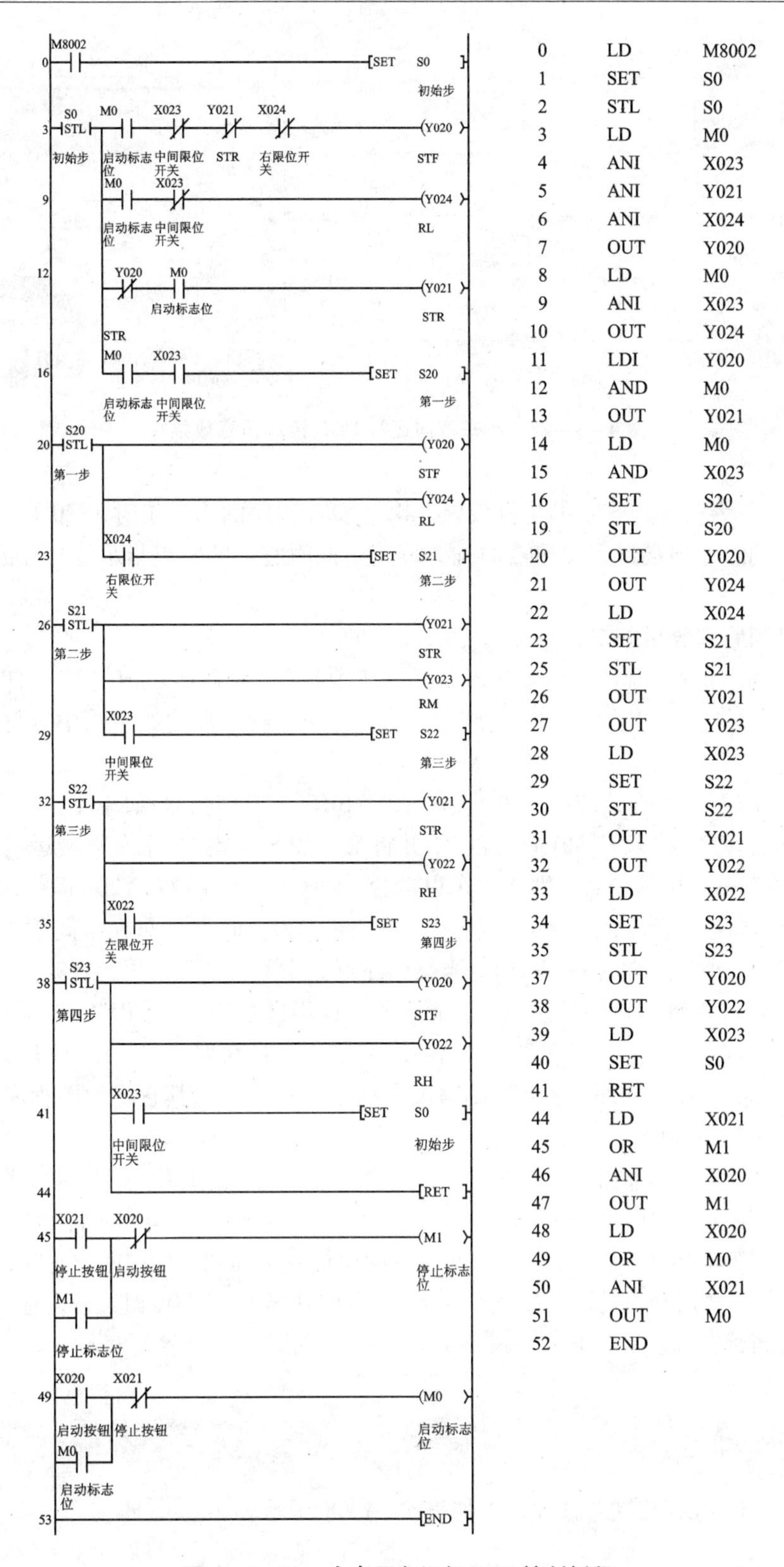

图 4－4－21　小车双向运行 PLC 控制例程

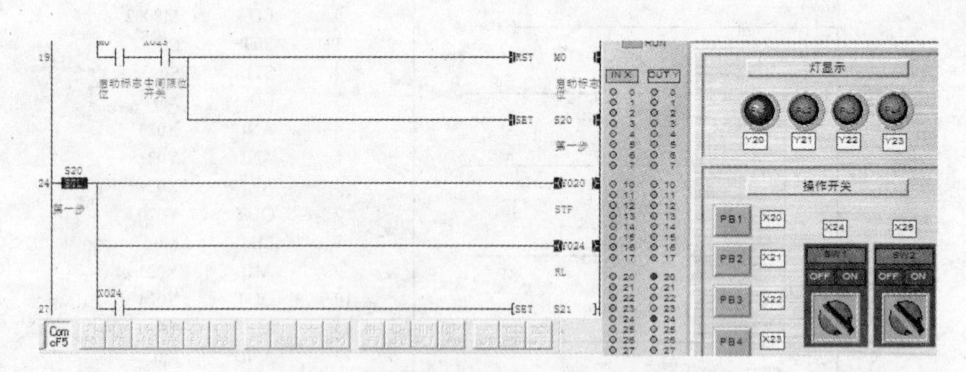

图 4 -4 -22　小车双向运行 PLC 控制仿真效果图

图 4 -4 -22 为第一步 S20 的仿真效果。执行 SFC 程序的第一步时，S20 置位，显示蓝色（图中黑色），同时输出端口 Y20 和 Y24 显示蓝色，同时它们的输出指示灯亮，显示小车以低速 15 Hz 向右运行。

其程序控制原理分析如下：

0 -2 步：利用特殊标志位 M8002（PLC 上电初始脉冲）对初始步 S0 置 1。使用步进指令编写顺序控制程序，常利用 M8002 对初始状态 S0 置位，然后在初始步骤中等待控制程序的启动运行。

3 -18 步为初始步，在该步中，按下启动按钮 SB1（X20）时，假如小车正好在中间位置，则中间限位开关 SQ2（X23）和 M0 同时置 1，并将第一步 S20 置 1，小车直接运行第一步（S20 置 1）。假如小车不在中间位置，则让小车以低速 15 Hz（Y24）向右（Y20）运行，当小车在中间偏左时，则小车运行到中间位置时，再运行第一步 S20。假如小车在中间偏右时，则小车运行到右限位后，小车反向运行（Y21），当反向左行到中间位置后，再运行第一步 S20。

19 -43 步都是单流程顺序控制程序，请读者注意步进指令 STL、RET 及其与状态寄存器 S 配合使用，实现顺序控制编程的方法。当顺序控制程序结束时，必须用 RET 指令返回，结束步进程序，在步进程序外面，还可以编写没有顺序控制关系的其它梯形图程序，如 44 -51 步停止和启动控制的程序。

顺序控制程序里面和外面的变量在整个程序中，都可以互相使用，如 48 -51 步停止控制的程序所产生的启动标志 M1，就被顺序控制程序中的 3 -15 步使用。当按下启动按钮 SB1（X20）时，M0 置位，小车不会马上停止，只有当小车双向运行一个周期回到中间位置时，才会返回到初始步 S0，等待下次启动，假如没有停止指令，将返回到第一步 S20，继续双向运行。

电路装配调试实训：具备 PLC 和变频器实训条件的学校，安排编程、电路装配、程序下载调试一体化实训。

4.4.3　考核评价

小车双向运行 PLC 控制考核评价表如表 4 -4 -8 所示。

表4－4－8　考核评价表

考核项目	考核标准	分值	评分
硬件接线	能根据控制要求，正确调节FR－E500变频器参数、选择其端口，正确分配I/O地址，设计行车反复运行控制电路的接线图，并正确接线	20	
编程功能	能灵活应用步进指令进行单流程结构编程，正确编写能对变频器进行控制的变速、方向控制的程序，程序控制流程清晰，能实现带点动的长动控制功能	30	
程序调试	能根据变频器的速度和方向控制状况，调试程序	20	
工艺美观	电路、元件布局合理，控制流程清晰，满足扎线、接线工艺要求，电路美观	20	
安全现场	不违规操作、遵守操作规范、现场整洁	10	
总　评		100	

4.4.4　基础练习与拓展提高

课题一　基础练习

(1)说明左移右移指令的功能，并举例说明左移右移指令的使用方法。

(2)顺序控制程序和步进指令各有什么特点？举例说明如何用步进指令编写单流程顺序控制程序。

(3)顺序功能图SFC有哪些组成因素？分为哪三类？各有什么特点？

(4)画出FR－E500变频器主回路和控制回路接线端子的排列图，并画出主回路的接线图。

(5)说明FR－E500变频器中下列控制端子的功能和控制要求：STF、STR、RH、RM、RL、SD。

(6)说明FR－E500变频器中下列参数的意义和设置方法：Pr.4、Pr.5、Pr.6、Pr.7、Pr.8、Pr.79。

(7)用步进指令完成仿真学习软件上E：中级挑战的练习。

课题二　拓展提高

(1)在仿真平台上编写复杂的小车双向运行PLC控制程序。控制要求：基本要求与例程相同，在例程基础上编写控制程序，实现以下功能：

①按下启动按钮，电机首先以低速向右运行，四个显示灯以低频率15 Hz向右跑动。

②到达右限位，电机以中速向左运行，四个显示灯以中速25 Hz频率向左跑动。

③到达左限位，电机以高速35 Hz向右运行，四个显示灯以高速向右跑动。

④达到中间位置，电机又以中速向右运行，显示灯又以低频率向右跑动。

⑤按下停止开关，等小车达到中点位置才停止；按下紧急停止开关，小车马上停止在当前位置，四个显示灯同时快速闪烁，问题解决后，从停止位置继续运行。

(2)在仿真平台上编写学校电铃模拟控制的程序。

具体控制功能和设计要求如下：

①闭合启动开关后，启动一天24小时计时，要求实现时间显示功能。

②根据表4-4-9所示作息时间表，分别打铃。

③同时24小时计时要求具有校时、校分功能，以调整系统时间，与北京时间同步，设计打铃脉冲程序，实现打铃功能。

表4-4-9 长沙电子工业学校作息时间表

上午		下午	
起床	6:30	班级活动	2:10—2:25
早读	7:50—8:05	第五节	2:35—3:20
第一节	8:15—9:00	第六节	3:35—4:20
第二节	9:10—9:55	第七节	4:30—5:15
课间操	10:05—10:15	晚自习预铃	6:50
第三节	10:15—11:00	晚自习	7:00—8:30
第四节	11:15—12:00	寄宿生熄灯	9:30

*任务5 时间继电器控制的Y-△启动电路的装配与检修

4.5.1 知识准备

4.5.1.1 三相异步电动机的降压启动

在交流异步电动机的启动控制中，常用的启动方式有全压直接启动和降压启动两种。电机启动时，会产生高达5~7倍的额定电流，易造成电动机绕组因过热引起高温，从而加速绝缘老化；启动时供电网络电压降过大，影响其他设备的正常运行；频繁启动时能量损失过大，浪费电能；启动时对被带动的设备造成极大的冲击力，缩短设备使用寿命；启动后绕组电流会小很多，但相关保护电器、控制电器和导线还是得高配，造成很大浪费。因此，对电动机直接启动存在着一定的限制条件：机械设备是否允许电动机直接启动；直接启动时，不允许电动机的容量大于10%~15%主变压器的容量；启动过程中电压降$U_{\triangle}$不大于15%的额定电压。实际应用时，对小功率电动机可采用全压直接启动。由于电机的启动电流与定子电压近似地成正比，所以大功率的电机都使用降压启动的方式，降低启动电流，待运转后再切换到正常的电压。

常见降压启动方法：定子串电阻降压启动、Y-△降压启动、延边三角形降压启动、自耦变压器降压启动。

1. 定子串电阻降压启动电路

为减少启动电流，可以在电动机启动时在定子回路中串入电阻器，利用串联电阻分压，来减少启动电流。启动结束后，再将电阻短接。这种启动电路的优点是设备简单、造价低，缺点是能量损耗较大、启动转矩较小。由于启动时转矩较小，一般只适用于空载启动的电动机。

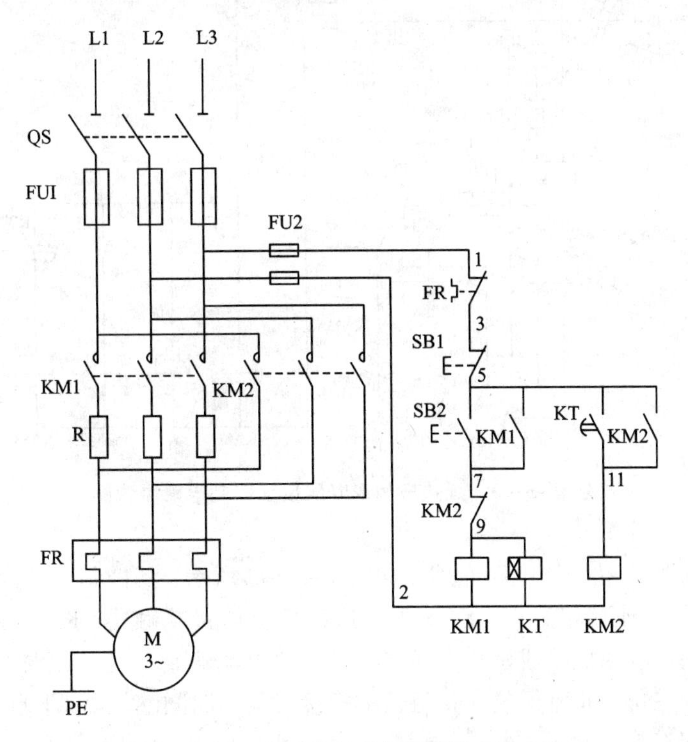

图 4-5-1　定子绕组串电阻降压启动电路

定子绕组串电阻降压启动电路如图 4-5-1 所示，其控制原理为：KM1 为降压启动接触器，KM2 为直接连接接触器，KT 为启动时间继电器。KM1 通电时，电动机定子绕组分别串接一个降压电阻，电动机降压启动。待启动电流达到一定数值时，KM1 释放，KM2 通电，电动机全电压正常运转。接触器的换接时间由时间继电器 KT 自动实现。

2. 延边三角形降压启动控制电路

延边三角形降压启动电机有 9 个接线端，由正常的 6 个接线端组成的三角形连接外，再串联各相的相应延伸线圈构成延边三角形启动，其启动力矩比其他降压启动大。延边三角形降压启动控制电路的定子绕组在不同状态的接线方法如图 4-5-2 所示。

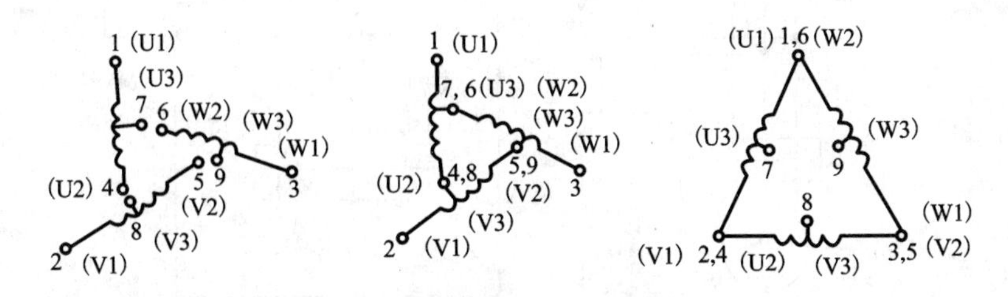

图 4-5-2　延边三角形定子绕组接线示意图

(a)停止状态；(b)启动状态；(c)运行状态

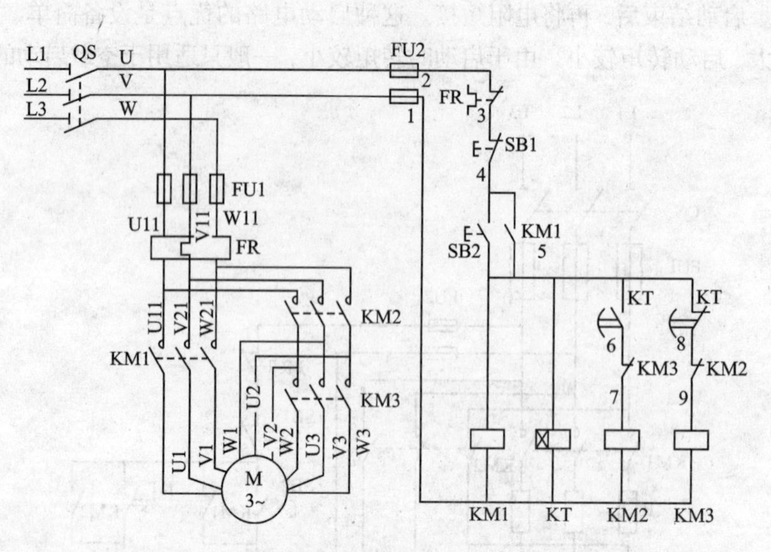

图 4－5－3　延边三角形降压启动控制电路原理图

延边三角形降压启动控制电路原理图如图 4－5－3 所示，其控制原理为：KM1 为线路接触器，KM2 为三角形连接接触器，KM3 为延边三角形连接接触器，KT 为启动时间继电器。KM1、KM3 通电时，电动机接成延边三角形，待启动电流达到一定数值时，KM3 释放，KM2 通电，电动机接成三角形正常运转。接触器的换接时间由时间继电器 KT 自动实现。

3. 自耦变压器降压启动

自耦降压启动是利用自耦变压器降低电动机端电压的启动方法。自耦变压器的两组抽头可以得到不同的输出电压(一般为电源电压的 80% 和 65%)，启动时使自耦变压器中的一组抽头(一般用 65% 抽头)接在电动机的回路中，当电动机的转速接近额定转速时，将自耦变压器切除，使电动机全压运行。图 4－5－4 为自耦变压器降压启动控制电路的原理图。

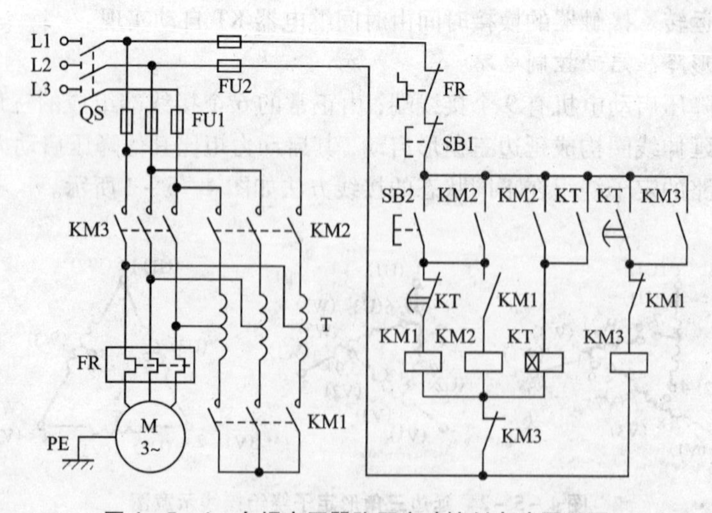

图 4－5－4　自耦变压器降压启动控制电路原理图

4.5.1.2 Y－△启动控制电路

电机 Y 形连接时的定子绕组电压为220 V，△形连接时定子绕组电压为380 V，$U_{Y}=\frac{U_{\triangle}}{\sqrt{3}}$，Y 形连接时，电源提供的启动电流仅为定子绕组三角形连接时的1/3，较大地减小了启动电流，Y－△启动控制电路是最常用的降压启动控制电路，如图4－5－5所示。

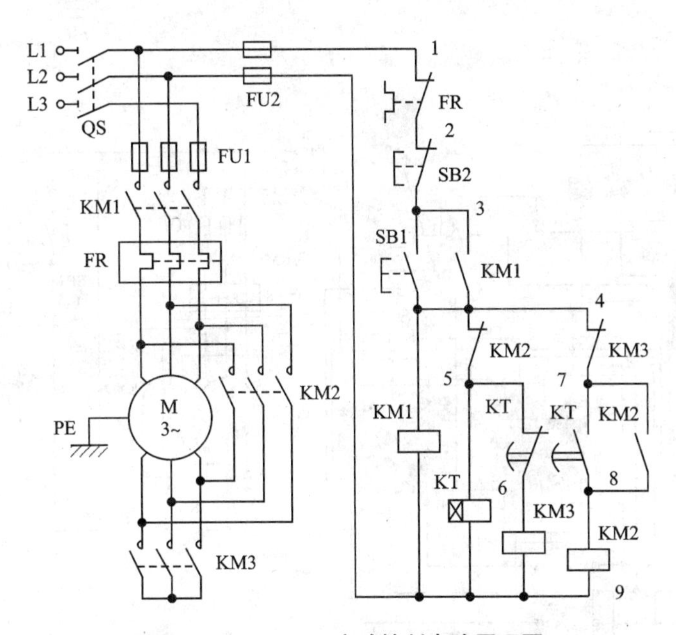

图4－5－5 Y－△启动控制电路原理图

其控制原理为：KM1 为线路接触器，KM2 为三角形连接接触器，KM3 为星形连接接触器，KT 为启动时间继电器。KM1、KM3 通电时，电动机接成星形连接，电动机绕组电压为220 V，降压启动。待启动电流达到一定数值时，KM3 释放，KM2 通电，电动机接成三角形正常运转。接触器的换接时间由时间继电器 KT 自动实现。

4.5.2 任务实现

4.5.2.1 任务书

【工作任务】 Y－△启动控制电路的装配调试与检修。其要求：

(1)按下启动按钮开关，电动机 Y 形连续运行。

(2)运行设定时间后，电动机自动转换为△形方式运行。

(3)按下停止开关后，停止运行。

【实训目的】 通过 Y－△启动控制电路的装配调试与检修，达到以下实习目的：

(1)感性认识三相异步电动机降压启动控制的作用和常用控制方法；

(2)比较分析掌握定子串电阻降压启动、Y－△启动控制线路、延边三角形启动、自耦变压器降压启动的控制特点、电路结构和控制原理；

(3)重点掌握 Y－△启动电路的装配调试和检修方法。

【实训场地】 电力拖动实训室或电气控制实训室。

【实训器材和工具】 1 个三刀空气开关或三刀转换开关、3 个复合按钮开关、1 组熔断器、3 个交流接触器、1 个热继电器、1 个时间继电器、1 台三相异步电动机、导线若干、1 块电工装配板或电气控制实训台、1 套通用电工工具、1 块万用表。

4.5.2.2 电路图设计

Y－△启动控制电路的实物接线图和电路原理图如图 4－5－6 所示。

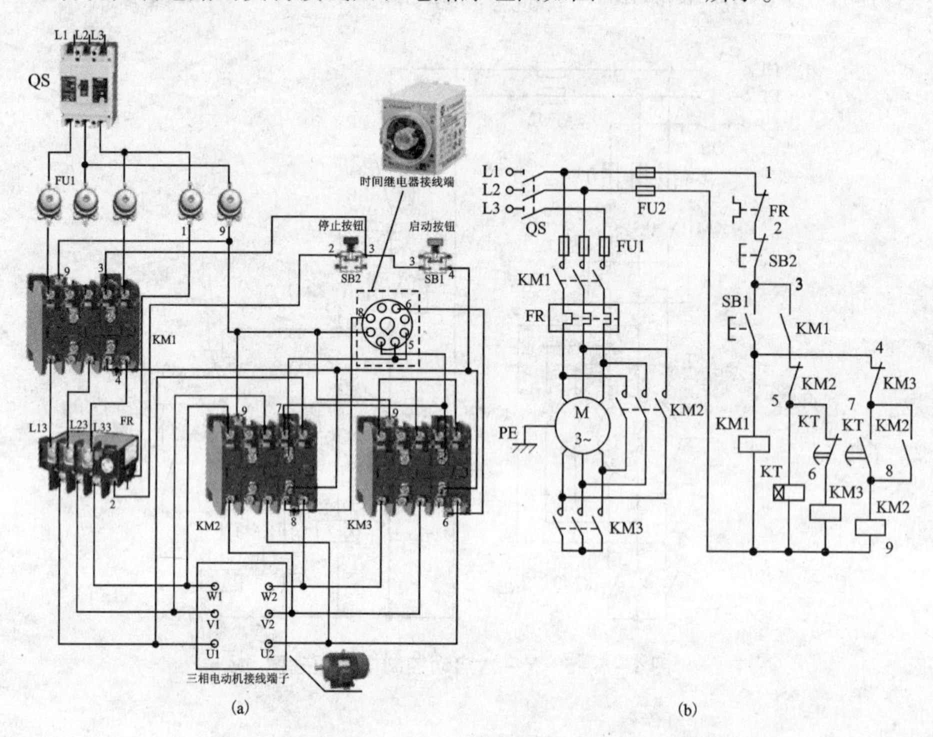

图 4－5－6 Y－△启动控制电路的实物接线图和电路原理图

4.5.2.3 装配实习

实习步骤：请参照本项目的任务 3 的实习步骤，进行该电路的装配实习。

4.5.3 考核评价

时间继电器控制的 Y－△电路的装配与检修考核评价如表 4－5－1 所示。

表 4－5－1 考核评价表

考核项目	考核标准	分值	评分
元件知识	能正确选用电子式时间继电器，掌握其瞬时和延时触头的接线方法和调节延时时间参数的方法	20	
电路功能	能实现 Y－△启动控制功能，控制流程清楚	30	
故障检修	能根据电路运行状况，使用仪表进行故障检测和维修	20	
工艺美观	电路、元件布局合理，控制流程清晰，满足扎线、接线工艺要求，电路美观	20	
安全现场	不违规操作、遵守操作规范、现场整洁	10	
总 评		100	

4.5.4　基础练习与拓展提高

课题一　基础练习

(1)说明交流电动机降压启动的意义及主要方式。

(2)分析定子串电阻降压启动、Y－△启动、延边三角形降压启动和自耦变压器降压启动等控制电路的控制原理，并说明其控制特点。

(3)设计Y－△启动PLC控制电路的接线图、I/O地址分配表，并编写控制程序。

(4)用不同的编程方法完成仿真学习软件上E：中级挑战的训练题。

课题二　拓展提高

(1)设计变频空调PLC模拟控制系统的接线图、I/O地址分配表，并在仿真平台上编写控制程序。

控制要求：

①用PB1加减数值模拟房间温度，加减数的范围为0～15，数值范围划分为三段：0～5、6～10、11～15，分别表示室温为低温、中温、高温，并显示室温。

②用SW1模拟制冷或制热模式，SW1闭合则为制热模式，断开为制冷模式，并用Y20指示灯亮灭表示制热和制冷两种模式。选择好工作模式后，按下启动按钮PB2，空调压缩机延时5 s后开始工作。

③制冷模式时，室温为高温范围，压缩机以50 Hz高速正向转动。每运行10 s室温减1，当室温在中温范围时，压缩机以35 Hz中速正向转动，每运行15 s温度减1，当室温在低温区时，压缩机停止运行。

④制热模式时，室温为低温范围，压缩机以50 Hz高速反向转动(注意：真正的空调系统，压缩机是不能反转的，为帮助读者区别这两种模式，做如此要求)。每运行10 s室温加1，当室温在中温范围时，压缩机以35 Hz中速正向转动，每运行15 s温度加1，当室温在高温区时，压缩机停止运行。

⑤具有定时功能，当达到设定时间时或按下停止按钮PB3时，空调压缩机延时3 s，才停止工作。

(2)设计带定时功能和各种风的电风扇(设风扇电机为三相异步电动机)PLC模拟控制系统的接线图、I/O地址分配表，并在仿真平台上编写控制程序。

控制要求：

①提供四种可选择的吹风模式，通过长按PB1按钮开关超过3 s，选择吹风模式，风扇默认模式为模式1(弱风)、长按PB1第1次为模式2(中风)、第2次为模式3(强风)、第3次为模式4(自然风)、第4次又恢复为模式1，并用Y20、Y21两个指示灯的二进制数显示所选择的吹风模式。弱风、中风、强风时，风扇电机分别以低速25 Hz、中速35 Hz、高速50 Hz正向持续转动。自然风时，风扇电机分别以低速25 Hz、中速35 Hz、高速50 Hz各正向持续转动2 min后，又以高速50 Hz、中速35 Hz、低速25 Hz各反向持续转动2 min，然后马上停止，2 min后再重复前面的动作。长按PB1按钮4次后，再按将重复模式1、模式2、模式3、模式4的选择。

②PB2 为定时模式按钮，每按一次，定时器延长 1 h，最大定时为 8 h。没有按下 PB2，表示没有选择定时模式，按下第 1 次选择定时时间为 1 h、按下第 2 次定时时间为 2 h…按下第 8 次选择定时时间为 8 h，按下第 9 次，取消定时模式，再按又重复上述定时模式设置。用 Y22 指示灯亮灭表示定时功能的开启和关闭。定时时间一到，自动关闭风扇电机，并将原定时设置取消。

③PB3 为启动按钮、PB4 为停止按钮。选择好吹风模式和定时模式及定时时间后，按下 PB3，风扇电机启动，按下 PB4，风扇停止运行，并将各种模式设置为出厂模式。

项目5　仿真平台F－7分拣和分配线的编程与仿真

项目描述

三菱电机公司自主研发的FX－TRN－BEG－C动画仿真平台，提供了很多接近真实场景的控制系统，本项目选择“F－7分拣和分配线的编程和仿真”作为工作任务，希望通过利用选择性分支结构SFC来编写生产线控制程序，并进行仿真，达到以下项目实施目标：

1. 认识选择性分支步进程序的结构及编写方法。

2. 学会根据仿真自动生产线的控制要求和所给定的I/O地址，编写复杂控制程序，并进行仿真的工作方法。

项目任务

5.1.1　知识准备

5.1.1.1　选择性分支结构SFC

前面已经介绍了为顺序控制所提供的专用控制指令——步进指令的特点和结构分类。应用步进指令编程可使顺序控制的实现更加方便，缩短了程序设计时间，所以步进指令应用非常重要。步进顺序控制分为单流程结构SFC、选择分支结构SFC、并行分支结构SFC，前面已经介绍了单流程结构SFC的编程方法，本项目重点介绍选择性分支结构SFC。

根据状态转移条件从多个分支流程中选择某一分支执行，这种状态转移图的分支结构称为选择性分支结构SFC，其控制特点是：几个分支转移条件不能同时满足。下面从两个结构和编程方法方面来介绍选择性分支状态转移图。

1. 选择性分支结构SFC的结构

图5－1所示就是一个选择性分支状态转移图的例子。

图5－1所示的状态转移图有三个分支流程，S20为分支状态，S23为汇合状态。步进程序执行至分支状态S20后，有3个分支流程可选择。但每次选择执行时，同一时刻执行条件X000、X003和X006只能有一个的触头为闭合状态，这是选择性分支执行的必要前提。各分支执行情况如下：

（1）当X000常开触头闭合时选择执行第一条分支流程S21、S22。

（2）当X003常开触头闭合时选择执行第二条分支流程S31、S32。

（3）当X006常开触头闭合时选择执行第三条分支流程S41、S42。

S23为汇合状态，当执行至每一分支流程的最后一个状态时，由相应的转移条件驱动。比如当选择第二条分支执行至状态S32时，X005常开触头闭合则转移至汇合状态S23，其他分支类似。

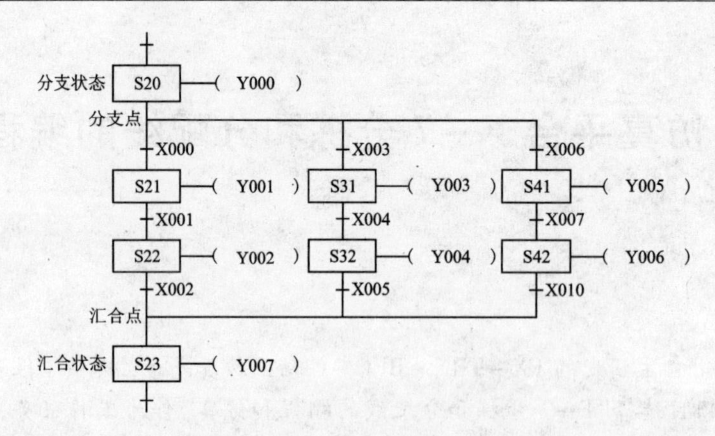

图5－1 选择性分支结构SFC举例

2. 选择性分支结构SFC的编程方法

(1)选择性分支状态的编写

选择性分支状态的编程原则是先对各分支进行集中转移处理，然后再分别按顺序对各分支进行编程，如图5－2所示。(以Gx Developer软件编程为例)

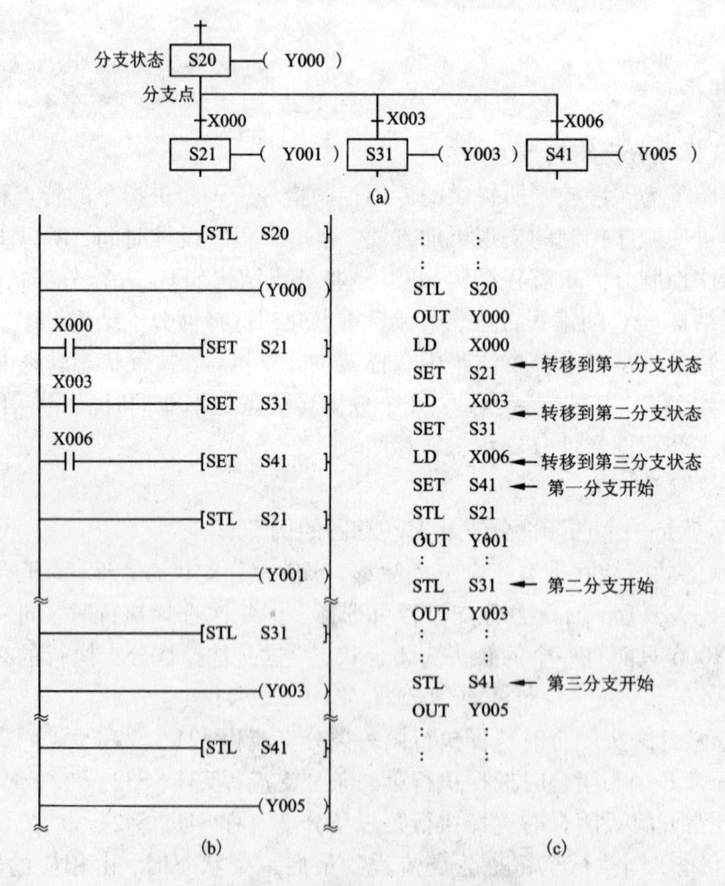

图5－2 选择性分支状态编程

(a)分支状态；(b)梯形图程序；(c)指令语句程序

如图 5－2 所示，在分支状态 S20 中先进行驱动处理(OUT Y000)，并集中进行三个分支的状态转移处理(SET S21，SET S31 和 SET S41)，然后按顺序分别对三个分支进行编程。

(2)选择性汇合状态的编写

选择性汇合状态的编程原则是，先分别在各分支的最后一个状态进行向汇合状态的转移处理，然后再对汇合状态编程，如图 5－3 所示。

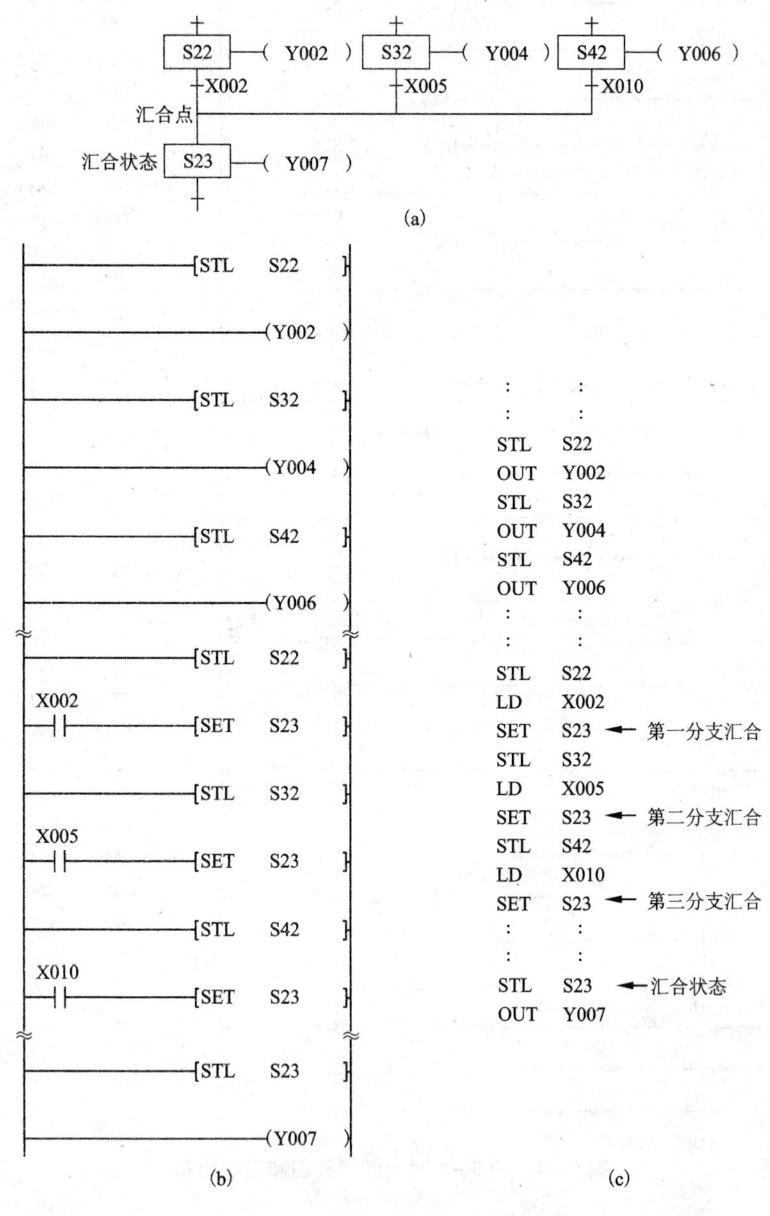

图 5－3　选择性汇合状态编程

(a)汇合状态；(b)梯形图程序；(c)指令语句程序

如图 5－3 所示，先在各个分支的最末状态 S22，S32 和 S42 中分别进行转移到汇合状态的处理(SET S23)，然后再对汇合状态 S23 中，进行输出(OUT Y007)等其他处理。

(3)图5-1选择性分支结构SFC的LAD和STL程序

图5-1SFC的程序如图5-4所示。

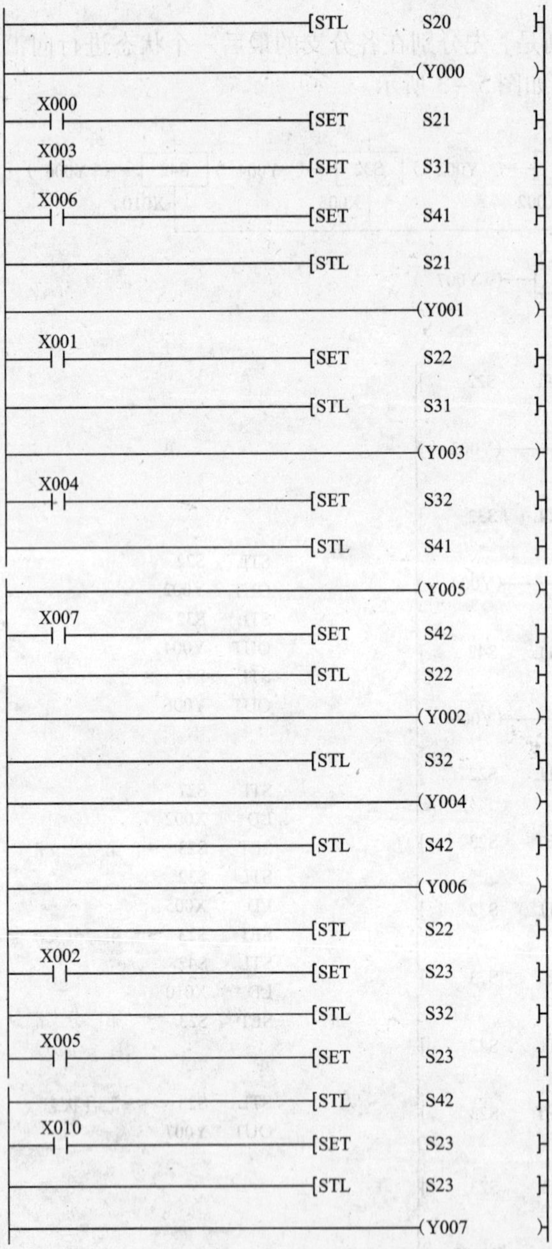

```
         ─[STL  S20 ]
         ─(Y000     )
X000     ─[SET  S21 ]
X003     ─[SET  S31 ]
X006     ─[SET  S41 ]
         ─[STL  S21 ]
         ─(Y001     )
X001     ─[SET  S22 ]
         ─[STL  S31 ]
         ─(Y003     )
X004     ─[SET  S32 ]
         ─[STL  S41 ]
         ─(Y005     )
X007     ─[SET  S42 ]
         ─[STL  S22 ]
         ─(Y002     )
         ─[STL  S32 ]
         ─(Y004     )
         ─[STL  S42 ]
         ─(Y006     )
         ─[STL  S22 ]
X002     ─[SET  S23 ]
         ─[STL  S32 ]
X005     ─[SET  S23 ]
         ─[STL  S42 ]
X010     ─[SET  S23 ]
         ─[STL  S23 ]
         ─(Y007     )
```

```
:     :
STL   S20
OUT   Y000
LD    X000
SET   S21
LD    X003
SET   S31
LD    X006
SET   S41
STL   S21
OUT   Y001
LD    X001
SET   S22
STL   S31
OUT   Y003
LD    X004
SET   S32
STL   S41
OUT   Y005
LD    X007
SET   S42
STL   S22
OUT   Y002
STL   S32
OUT   Y004
STL   S42
OUT   Y006
STL   S22
LD    X002
SET   S23
STL   S32
LD    X005
SET   S23
STL   S42
LD    X010
SET   S23
STL   S23
OUT   Y007
:     :
```

图5-4 图5-1对应的梯形图和指令语句

5.1.1.2 物料大小检测和分拣的相关知识

仿真平台中的F-7主要是要实现大、中、小三种物料的判断，然后再对所检测出来的不同尺寸的物料进行分拣的功能。F-7要实现的功能比较多、程序编写难度较大，现将如何利用光电传感器判定物料大小及根据所判定结果对物料进行分拣的基本分析方法和编程思路进行介绍。仿真平台中的 D－4 和 E－2 分别提供了判定物料大小和判定物料大小并分拣的现场仿真，这是 F－7 复杂分拣和分配线及控制程序的基本单元。

1. D－4 的机器人控制和物料大小判定

D－4 的仿真现场如图 5－5 所示，其重点是如何控制机器人供料和利用上、中、下三个光电传感器 X0、X1、X2 判定机械手所提供的物料的大小。其具体的控制要求如下：

(1) 当按下操作面板上的 PB1(X10) 时，供料指令 Y5 打开，机械手供料。当松开 PB1 时，Y5 关闭。要求一旦检测到物料时，不能马上供料。

(2) 当操作面板上的 X14 打开时，传送带 Y3 正向驱动，假如 X14 关闭，传送带停止驱动。

(3) 在传送带上，大、中、小物料被光电传感器 X0、X1、X2 检测判定，并分别使指示灯 Y10、Y11、Y12 点亮。

(4) 当物料通过传感器 X4 时，相应指示灯 Y10、Y11 或 Y12 熄灭。

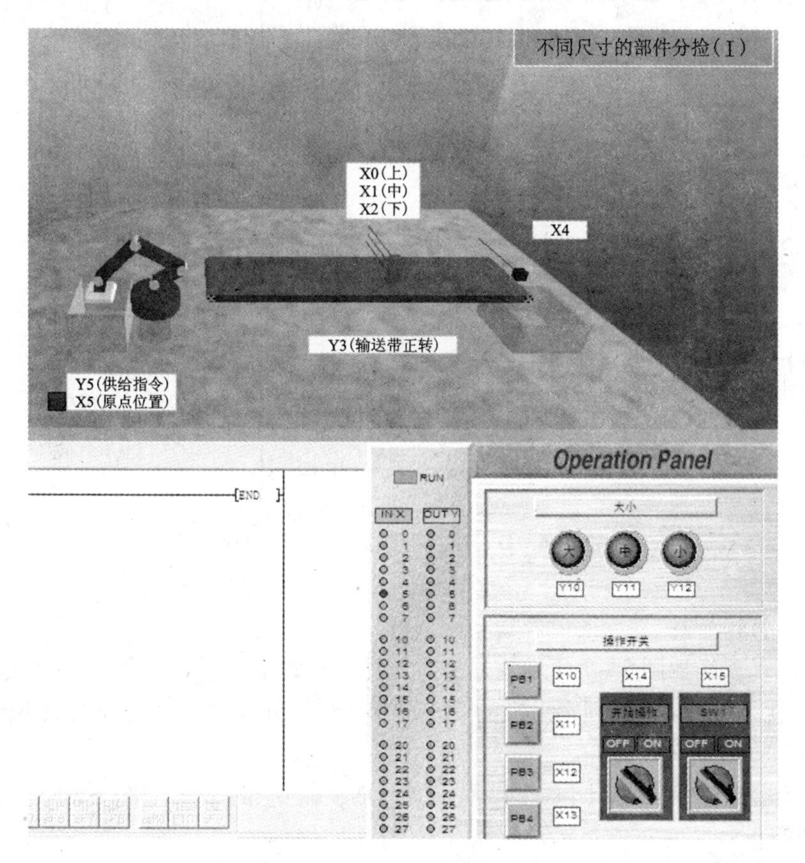

图 5－5　D－4 仿真现场示意图

该控制任务的难点是如何利用 X0、X1、X2 分拣出大、中、小物料。仔细分析可以发现传感器检测物料有这样的特点：大物料时，X0X1X2 都会被感应；中物料时，X0 不会感应，X1、X2 会被感应；小物料时，X0、X1 都不会感应，X2 会被感应。根据这个特点可以写出物料大小判定的控制程序如图 5－6 所示的 8－22 步所示。

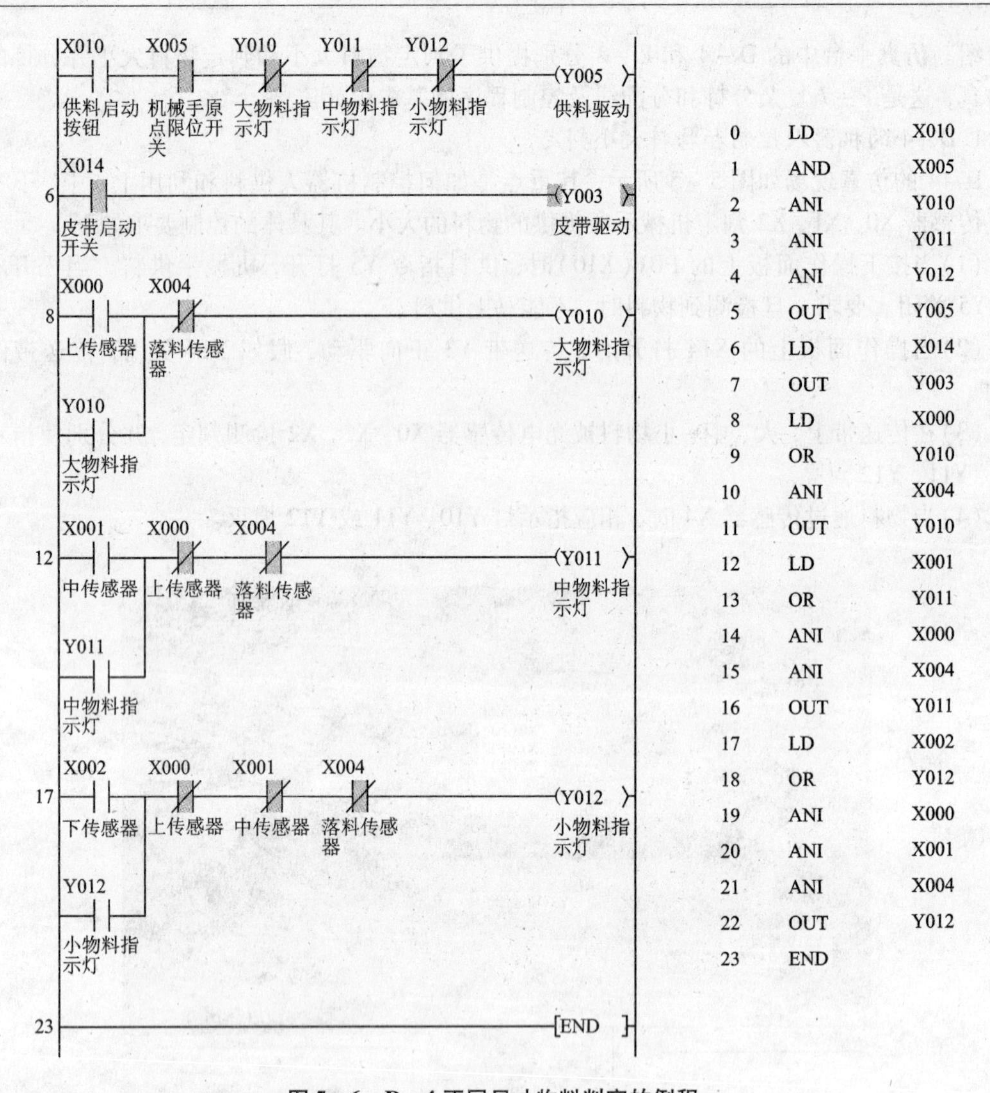

图5-6 D-4不同尺寸物料判定的例程

2. E-2的物料分拣

E-2的仿真现场如图5-7所示。通过看图比较可以看出E-2是在D-4的基础上增加了分拣功能，就是将D-4所判定出来的大小物料，利用分拣器把物料分配到不同收料碟中，其具体的控制要求如下：

(1)当操作面板上的[SW1](X24)被置为ON，输送带前送。当[SW1](X24)被置为OFF，输送带停止。

(2)当按下操作面板上的[PB1](X20)时，供给指令(Y0)变为ON。当机器人从出发点移动后，供给指令(Y0)变为OFF。(机器人将完成部件装载过程。)

(3)机器人补给大，中或小部件。

(4)大中部件被放到后部的传送带上而小部件被放到前部的输送带上。

在输送带上的部件大小采用D-4中的检测方法，由光电传感器上部(X1)，中部(X2)和下部(X3)检测出来。

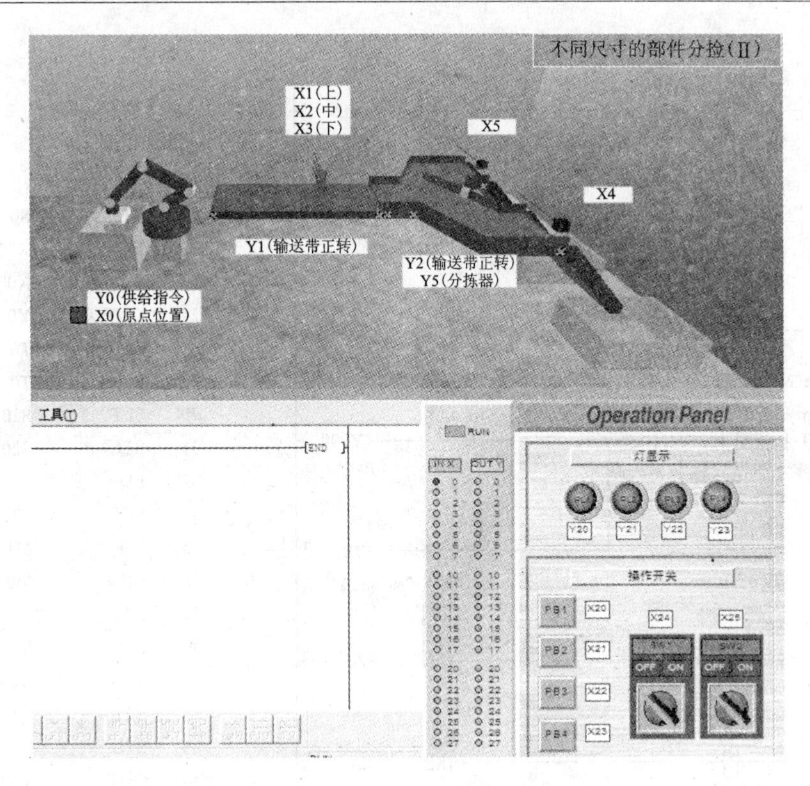

图 5－7　E－2 物料分拣的例程

该控制任务的重点是如何利用选择性分支结构 SFC 编程方法，来对判定出来的不同尺寸的物料进行分拣的编程控制。图 5－8 所示为 E－2 的例程。

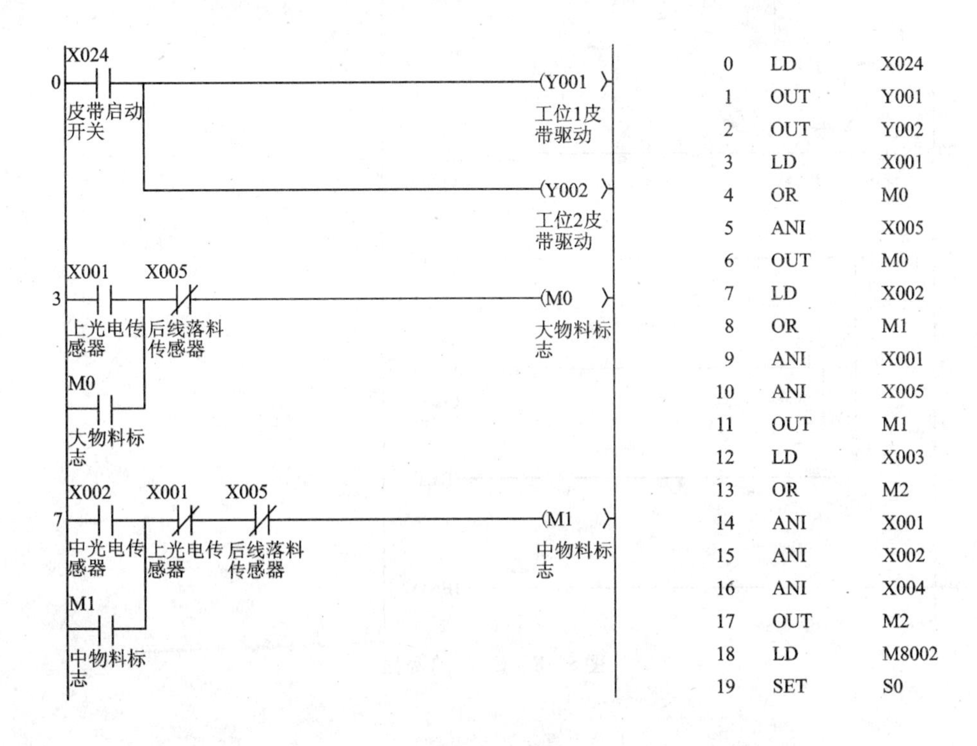

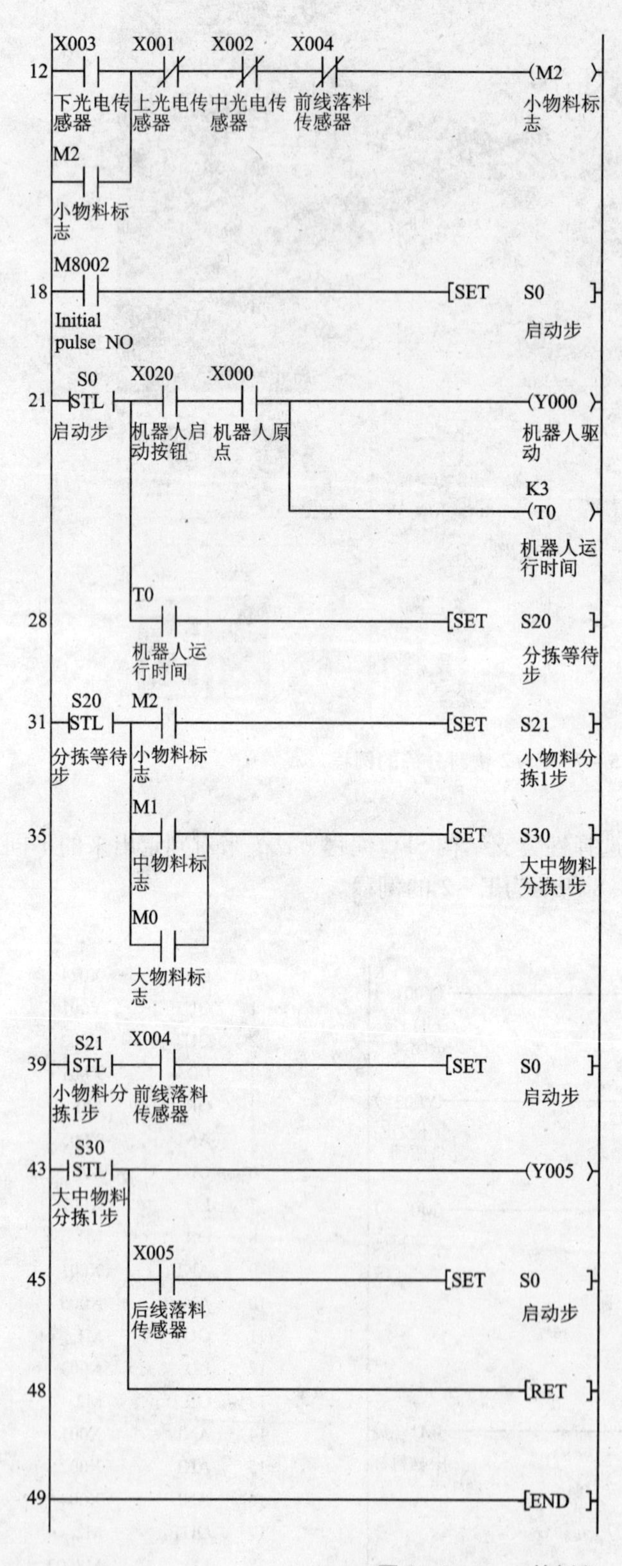


```
21  STL   S0
22  LD    X020
23  AND   X000
24  OUT   Y000
25  OUT   T0    K3
28  LD    T0
29  SET   S20
31  STL   S20
32  LD    M2
33  SET   S21
35  LD    M1
36  OR    M0
37  SET   S30
39  STL   S21
40  LD    X004
41  SET   S0
43  STL   S30
44  OUT   Y005
45  LD    X005
46  SET   S0
48  RET
49  END
```

图 5-8　E-2 的例程

例程中的前半部分 0－17 步为 LAD 程序，主要是启动皮带、机器人及进行物料的尺寸判定，其编程思路跟 D－4 相同。例程后半部分的 18－48 步为选择性分支结构 SFC 程序，实现对不同尺寸物料的分拣，其编程思路如图 5－8 的 SFC 图所示。

5.1.2　任务实现

5.1.2.1　任务书

图 5－9 为 F－7 的现场仿真图，其控制要求如下：

(1) 当 SW1(X24)ON 时，传送带 Y1、Y2 驱动，闪烁灯绿灯(Y11)点亮；当 SW1(X024) OFF 时，传送带 Y1、Y2 停止，闪烁灯黄灯(Y12)点亮。

(2) 当按下操作面板上的 PB1(X20)时，供给指令(Y0) 为 ON，驱动机器人供料。供料时，闪烁灯红灯(Y10)点亮，供料完毕 Y10 熄灭，机器人回位。

(3) 机器人供给大、中、小部件：

①当供给大部件和小部件时，分拣器(Y3)ON，部件被放到后部的传送带上，此时后传送带(Y5)驱动。大部件从生产线的右端落下，小部件被 X6 感应后，Y5 停止驱动，由推料杆(Y6)推到中部碟中。

②中部件被放到前部的输送带上，此时传送带(Y4)启动，将中部件送到取料机器人工作台上，Y4 停止驱动，由机器人抓取部件，送到前部碟中。

(4) 每次生产线上只能有一个部件，当该部件处理完毕后，且 SW2(X25)ON，自动提供下一个部件。

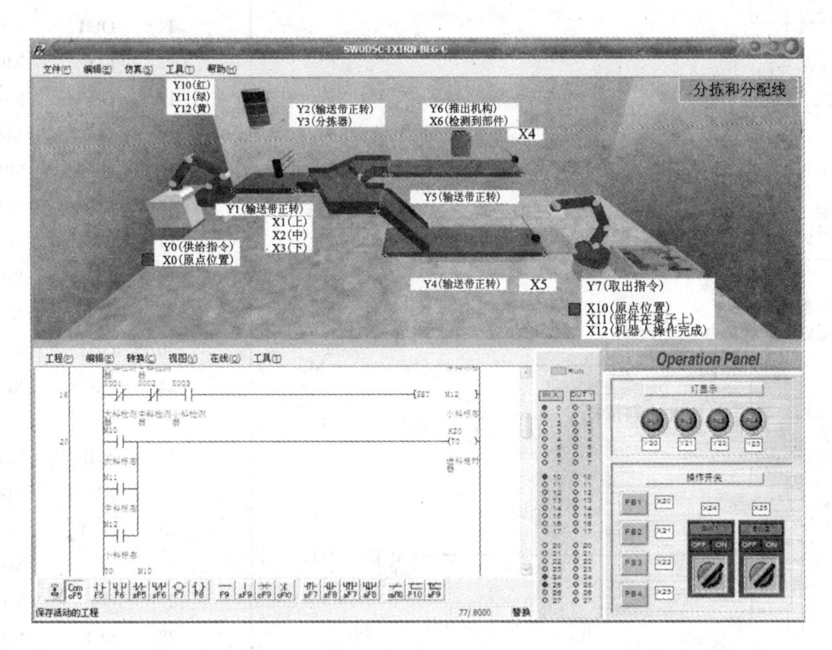

图 5－9　F－7 现场仿真示意图

5.1.2.2　编程和仿真实习

图 5－10 为 F－7 的例程。

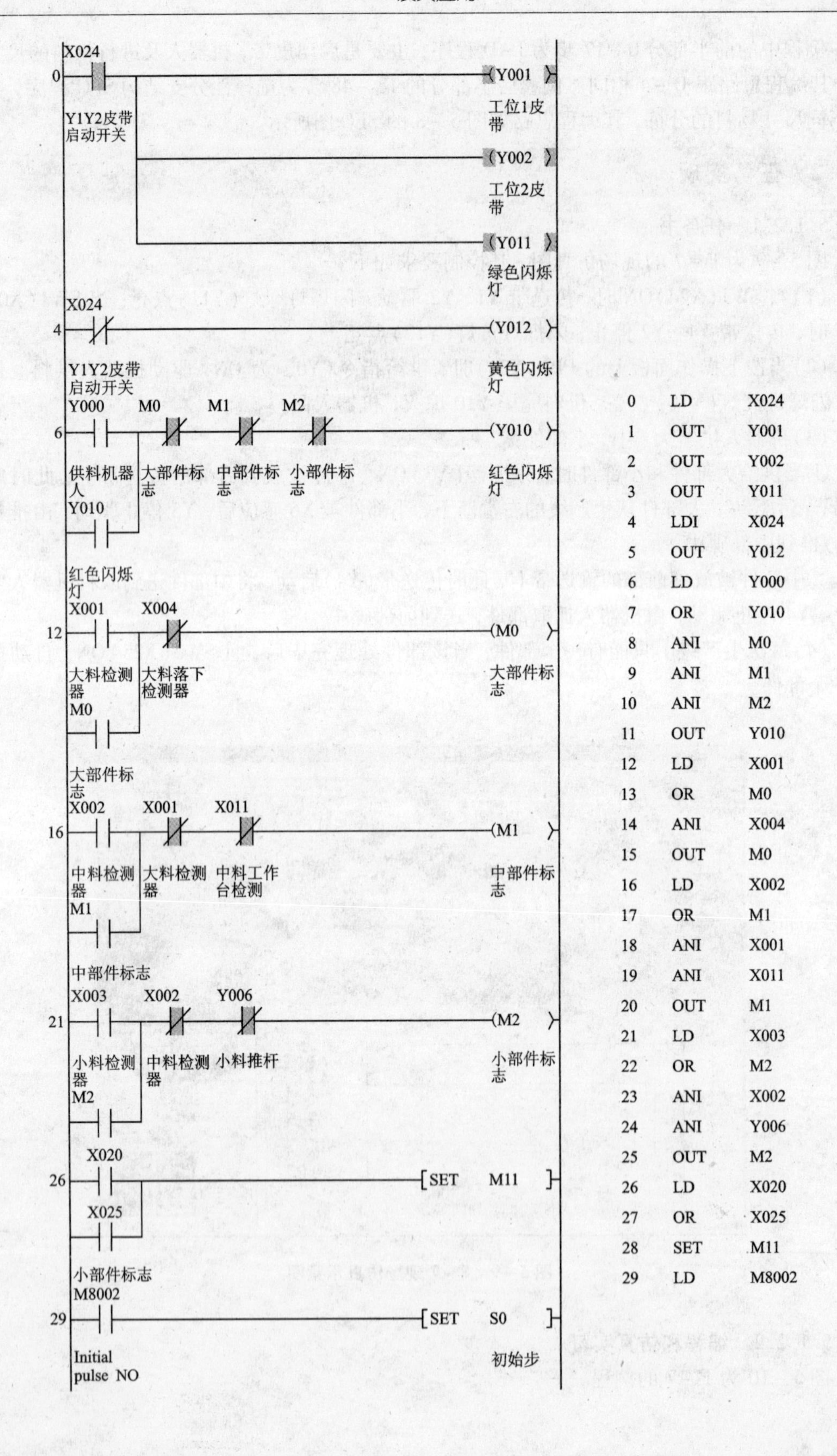

0	LD	X024
1	OUT	Y001
2	OUT	Y002
3	OUT	Y011
4	LDI	X024
5	OUT	Y012
6	LD	Y000
7	OR	Y010
8	ANI	M0
9	ANI	M1
10	ANI	M2
11	OUT	Y010
12	LD	X001
13	OR	M0
14	ANI	X004
15	OUT	M0
16	LD	X002
17	OR	M1
18	ANI	X001
19	ANI	X011
20	OUT	M1
21	LD	X003
22	OR	M2
23	ANI	X002
24	ANI	Y006
25	OUT	M2
26	LD	X020
27	OR	X025
28	SET	M11
29	LD	M8002

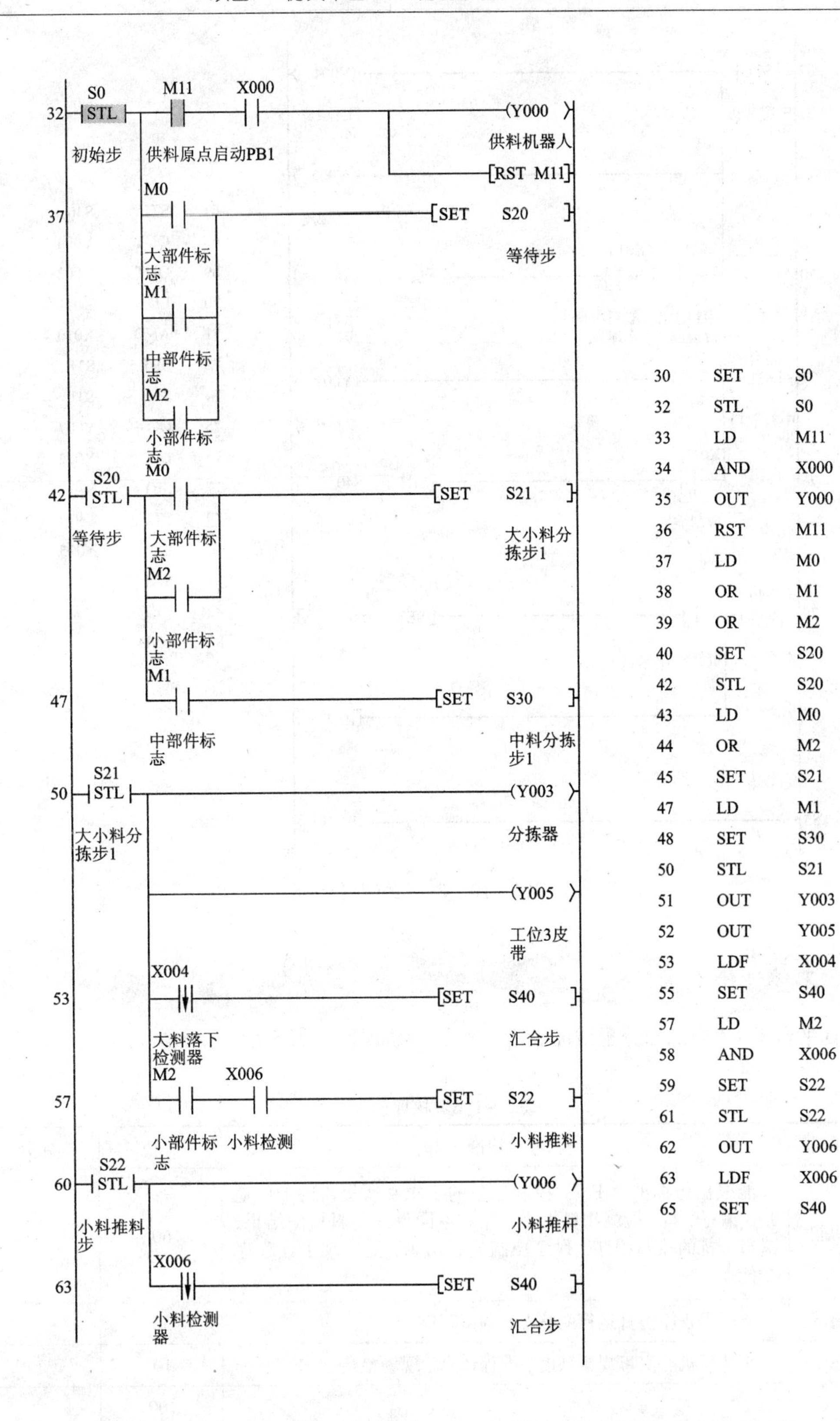

30	SET	S0
32	STL	S0
33	LD	M11
34	AND	X000
35	OUT	Y000
36	RST	M11
37	LD	M0
38	OR	M1
39	OR	M2
40	SET	S20
42	STL	S20
43	LD	M0
44	OR	M2
45	SET	S21
47	LD	M1
48	SET	S30
50	STL	S21
51	OUT	Y003
52	OUT	Y005
53	LDF	X004
55	SET	S40
57	LD	M2
58	AND	X006
59	SET	S22
61	STL	S22
62	OUT	Y006
63	LDF	X006
65	SET	S40

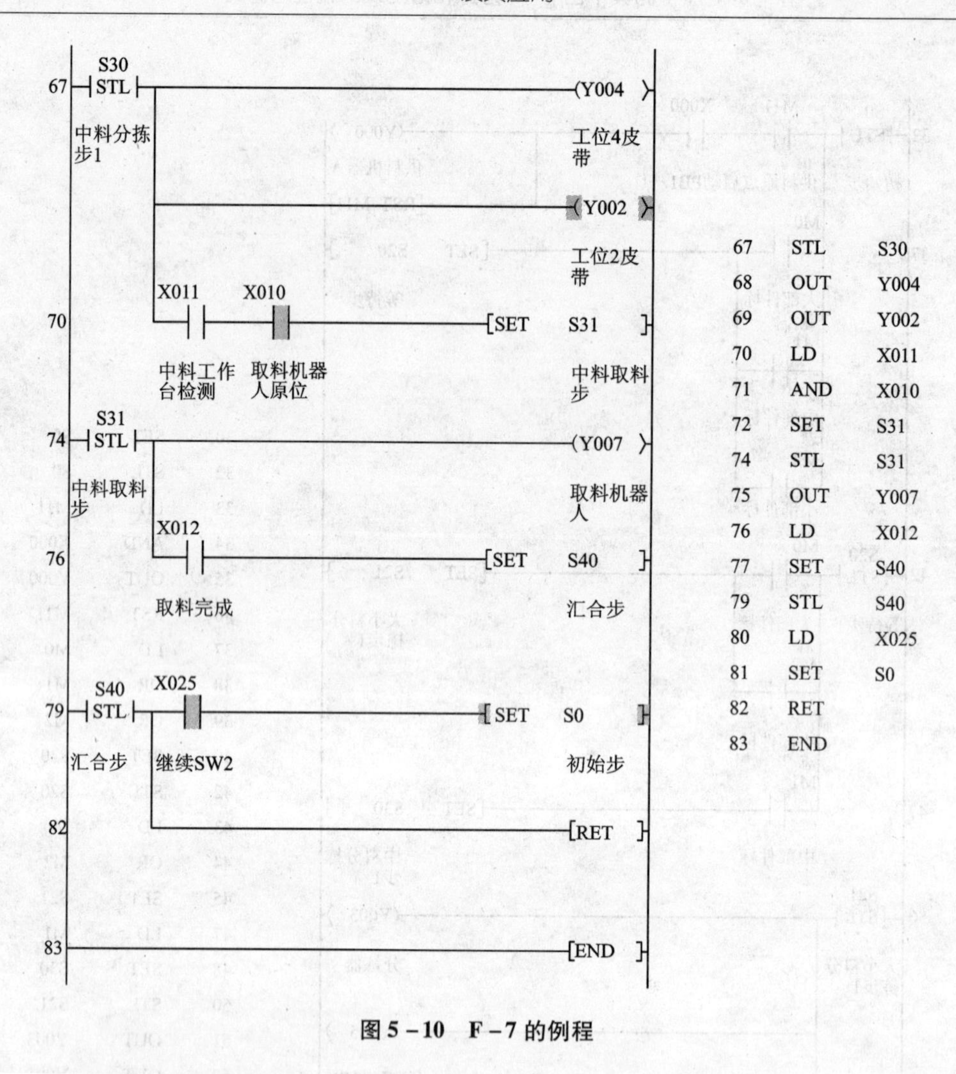

图 5-10 F-7 的例程

5.1.3 考核评价

仿真平台 F-7 分拣和分配线的编程与仿真考核评价如表 5-1 所示。

表 5-1 考核评价表

考核项目	考核标准	分值	评分
编程功能	能根据仿真平台 F-7 控制任务的要求和所提供的 I/O 地址，编写供料、检测物料大小，并对不同尺寸物料检测结果，进行分拣的控制程序，程序控制流程清晰，能实现上述程序功能	60	
程序调试	能根据程序仿真运行的状况，调试程序	30	
实习态度	不违反机房实习规章制度、编程认真、现场整洁	10	
总　评		100	

5.1.4 基础练习与拓展提高

课题一 基础练习

(1)说明选择性分支结构SFC的特点。

(2)分析图5-2和图5-3，说明选择性分支结构SFC的分支状态和汇合状态的编程方法。

(3)分析图5-1和图5-4，说明如何根据选择性分支结构SFC写出LAD和STL程序。

(4)分析图5-6的例程，说明如何利用上、中、下三个光电传感器判定物料大小的编程方法。

(5)分析图5-8的例程，说明如何利用选择性分支结构SFC编写分拣不同尺寸物料的编程方法。

(6)分析图5-10的例程，说明如何综合应用D-4、E-2和选择性分支结构SFC知识，编写F-7控制程序的方法。

课题二 拓展提高

(1)仿真软件中的高级挑战练习F-5，使用输送带，将部件按大、中、小送往各自的目的地，图5-11为其现场仿真模拟图。本任务具体要求如下：

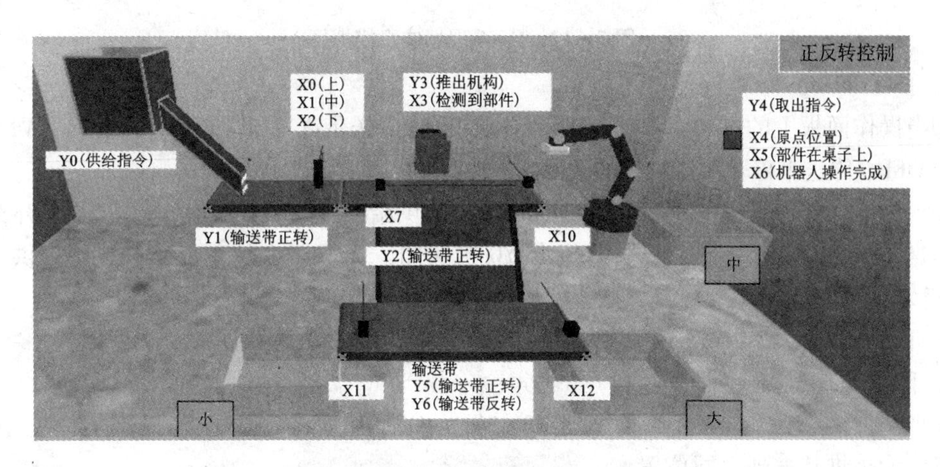

图5-11 F-5现场仿真模拟图

①当操作面板上的SW1(X24)被置为ON驱动传送带Y1，物件被前送。当SW1(X24)被置为OFF，传送带停止。

②当按下操作面板上的PB1(X20)时，漏斗的供给指令(Y0)变为ON，机器人补给一个部件。当松开PB1(X20)以后，供给指令Y0被关闭。当机器人从出发点移动后，供给指令(Y0)变为OFF。机器人将完成部件装载过程。

③机器人补给大、中或小部件，在输送带上的大、中、小部件被输入传感器上(X0)、中(X1)、下(X2)拣选，并被送到特定的碟子上。其中大部件被推到下层的传送带并被送往右边的碟子上；中部件被机器人移到碟子上；小部件被推到下层的传送带并被送往左边的碟

子上。

④当传感器 X3 检测到部件时被置为 ON，同时传送带停止并且一个大部件或者是小部件被推到底层的传送带上。注意：当推动器执行指令被置 ON，推动器会推到尽头，当执行指令被置为 OFF，推动器缩回到尽头。

⑤当中部件输送到机器人操作桌面时，桌子上（X5）被置为 ON，取出指令（Y4）被置为 ON。当机器人操作完成（X6）被置为 ON，取出指令（Y4）被置为 OFF。

⑥当操作面板上的[SW2]（X25）被置为 ON，一个新部件将随后被自动补给。

（2）仿真软件中的高级挑战练习 F－6，使用升降机，将部件按大、中、小送往各自的目的地，图 5－12 为其现场仿真模拟图。本任务具体要求如下：

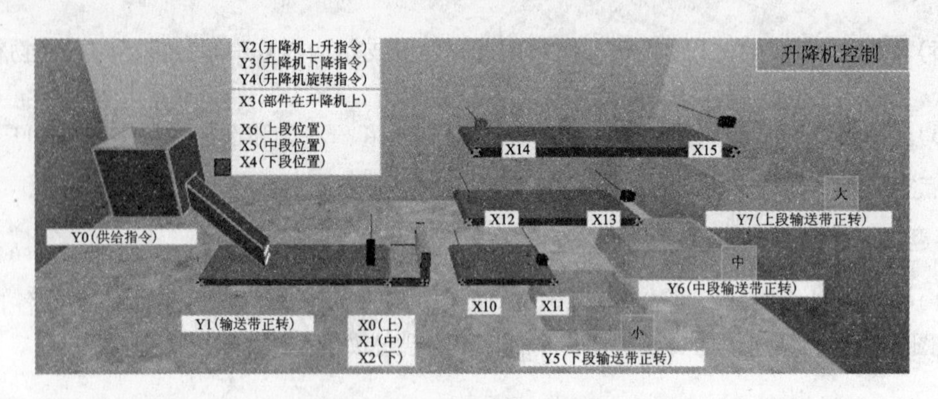

图 5－12　F－6 现场仿真模拟图

①当操作面板上的 SW1（X24）被置为 ON，驱动传送带 Y1，物件被前送。当 SW1（X24）被置为 OFF，传送带停止。

②当按下操作面板上的 PB1（X20）时，漏斗的供给指令（Y0）变为 ON，机器人补给一个部件。当松开 PB1（X20）以后，供给指令 Y0 被关闭。当机器人从出发点移动后，供给指令（Y0）变为 OFF。机器人将完成部件装载过程。

③机器人补给大、中或小部件，在输送带上的大、中、小部件被输入传感器上（X0）、中（X1）、下（X2）拣选。

④当部件被送到升降机上，传感器 X3 被置为 ON，然后将升降机上升 Y2 置 ON。升降机根据部件大小将其送到不同位置：

a. 大部件时，升降机上升到最高层，当上段传感器 X6 被置 ON，Y2 被置 OFF，升降机旋转 Y4 置 ON。当传感器 X14 检测到部件时，被置 ON，启动传送带 Y7，将部件送到右边。当传感器 X15 被置 ON 时，传送带停留 3 秒，然后再启动，将部件送到碟中。

b. 中部件时，升降机上升到中间层，当中段传感器 X5 被置 ON，Y2 被置 OFF，升降机旋转 Y4 置 ON。当传感器 X12 检测到部件时，被置 ON，启动传送带 Y6，将部件送到右边。当传感器 X13 被置 ON 时，传送带停留 3 秒，然后再启动，将部件送到碟中。

c. 小部件时，升降机上升到最低层，当下段传感器 X4 被置 ON，Y2 被置 OFF，升降机旋转 Y4 置 ON。当传感器 X10 检测到部件时，被置 ON，启动传送带 Y5，将部件送到右边。当传感器 X11 被置 ON 时，传送带停留 3 秒，然后再启动，将部件送到碟中。

⑤在下一个部件被补给之前，升降机必须回到初始位置。

(3)在仿真平台上编写洗衣机模拟控制的程序。

控制要求：①提供三种可选择的洗衣模式，通过长按 PB1 按钮开关超过 3 s，和短按 PB2 选择洗衣模式：长按 PB1 一次，并按 PB2 确认后，为模式 1；连续长按 PB1 二次，并按 PB2 确认后，为模式 2；连续长按 PB1 三次，并按 PB2 确认后，为模式 3，并用 Y20、Y21 两个指示灯的二进制数显示所选择的洗衣模式：01、10、11 分别指示模式 1、模式 2、模式 3。连续长按 PB1 后，必须在 5 s 内按 PB2 确认，否则方式选择无效，并且要重新长按 PB1 进行洗衣模式选择。

②三种模式的洗衣时间不同，用 Y22 指示灯亮表示整个洗衣工作过程：方式 1 时，灯亮 30 s；模式 2 时，灯亮 60 s；模式 3 时，灯亮 90 s。

③选择洗衣模式后，利用转换开关 SW1 模拟启动开关，打开 SW1 后，按各模式所设定的洗衣流程洗衣，并显示洗衣倒计时时间。

④洗衣结束后，自动关机，并发出报警提示音，直到打开洗衣桶盖，取消报警声。

项目6 十字路口交通信号灯程序设计与调试

项目描述

通过在仿真平台上，利用并行分支结构SFC编写十字路口交通信号灯控制程序和仿真，达到以下项目实施目标：

1. 认识并行分支结构SFC的结构特点、编程方法。
2. 学会应用并行分支结构SFC编写控制交通信号灯程序和调试的方法。
3. 培养根据不同控制要求和控制条件，使用不同编程方法独立编写控制程序的能力。

项目任务

6.1.1 知识准备

6.1.1.1 并行性分支结构SFC

上一个项目已经介绍了选择性分支结构SFC，本项目将介绍并行性分支结构SFC。当满足某个条件后使多个分支流程同时执行的分支结构称为并行性分支。

1. 并行性分支结构SFC的结构

图6-1是一个并行性分支结构SFC的例子。S20为分支状态，S23为汇合状态。当步进程序执行到状态S20时，若X000为ON则状态从S20同时转移至S21、S31和S41，三个分支流程同时并行开始执行，实现并行分支的分支；而只有当三个分支全部执行结束后，接通X004，才能使状态S22、S32和S42同时复位，转移到下一个状态S23，实现并行分支的汇合。

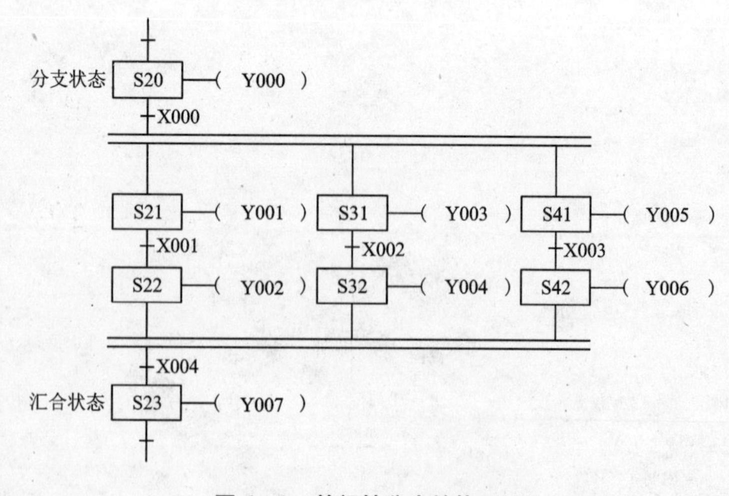

图6-1 并行性分支结构SFC

注意，它和选择性分支结构SFC的区别是，前者是在同一时刻只能选择其中的一条分支执行，而后者是，在同一时刻，若干个分支同时并行执行，且必须是所有分支全部执行完毕后，才能继续执行下一个流程。

2. 并行性分支结构 SFC 的编程方法

(1)并行性分支状态的编写

并行性分支状态的编程原则是：先对各分支集中进行状态转移处理，然后再分别按顺序对各分支进行编程，如图 6－2 所示。(以 FX－TRN－BEG－C 仿真软件编程为例)

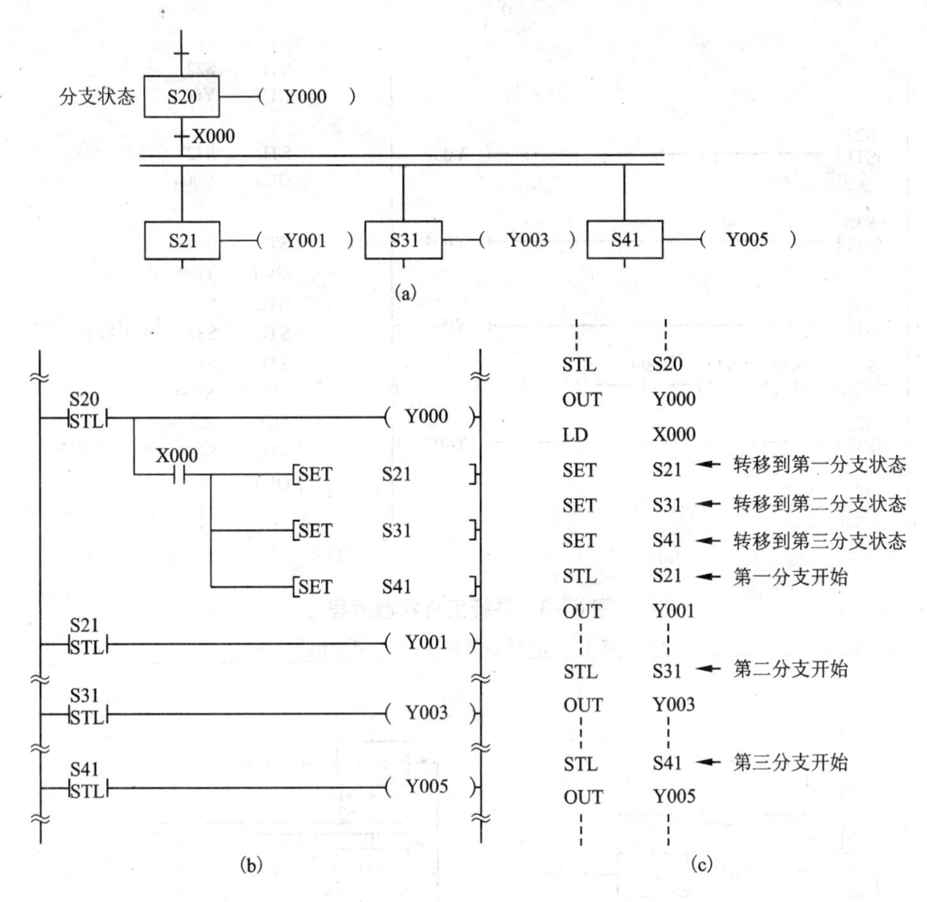

图 6－2　并行性分支状态编程

(a)分支状态；(b)梯形图程序；(c)指令语句程序

(2)并行性汇合状态的编写

并行性汇合状态的编程原则是：将各分支的最后一个状态的 STL 触头串联，集中进行向汇合状态的转移处理，以保证每个分支执行完毕后才能向汇合状态转移，然后再对汇合状态进行编程，如图 6－3 所示。

(3)并行性分支结构编程的注意事项

①并行性分支结构的汇合最多能实现 8 个分支的汇合。

②在并行性分支、汇合处不允许有如图 6－4(a)所示的转移条件，而必须将其转化为如图 6－4(b)所示后，再进行编程。

(4)图 6－1 并行性分支结构 SFC 对应 LAD 和 STL 程序

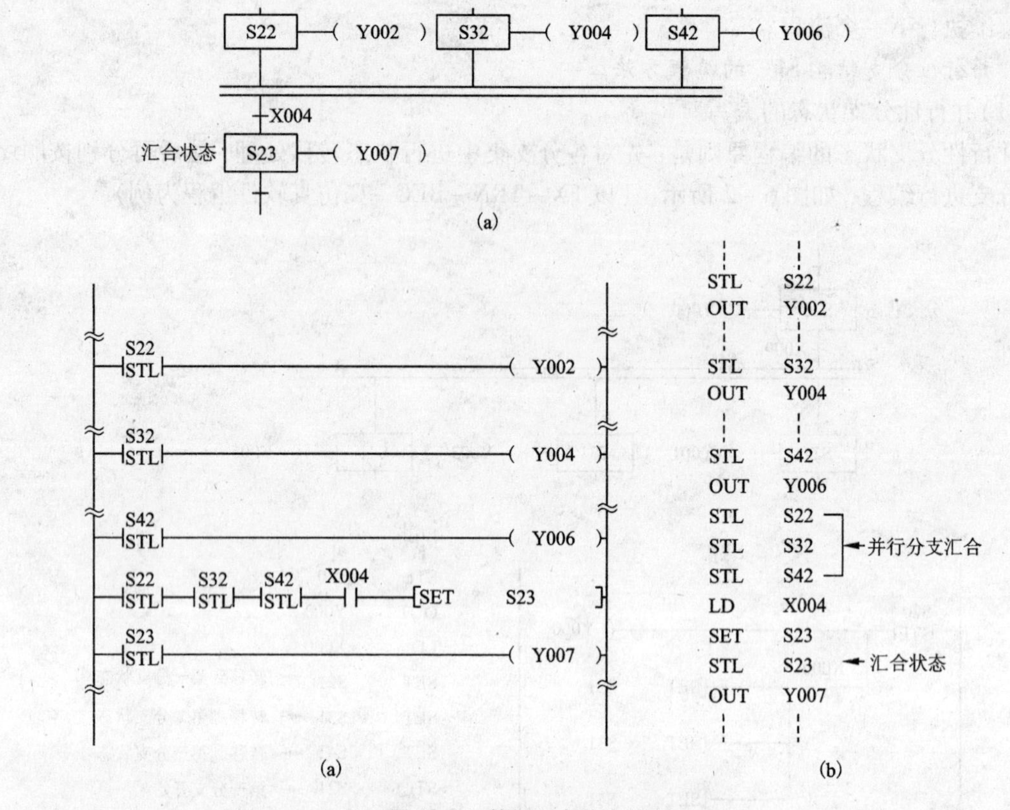

图 6－3　并行汇合状态编程

(a)汇合状态；(b)梯形图程序；(c)指令语句程序

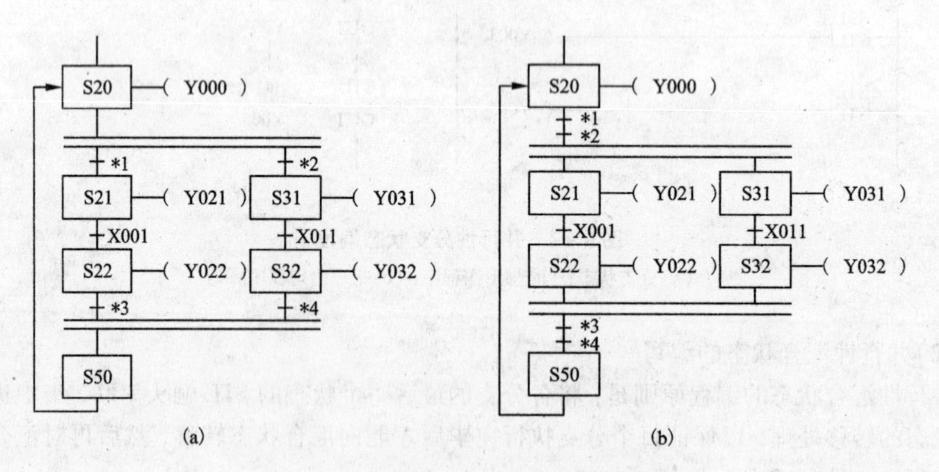

图 6－4　并行性分支与汇合转移条件

(a)转化前；(b)转化后

根据并行分支步进程序的编程原则，可画出图 6－1 对应的梯形图程序和指令语句，如图 6－5 所示。

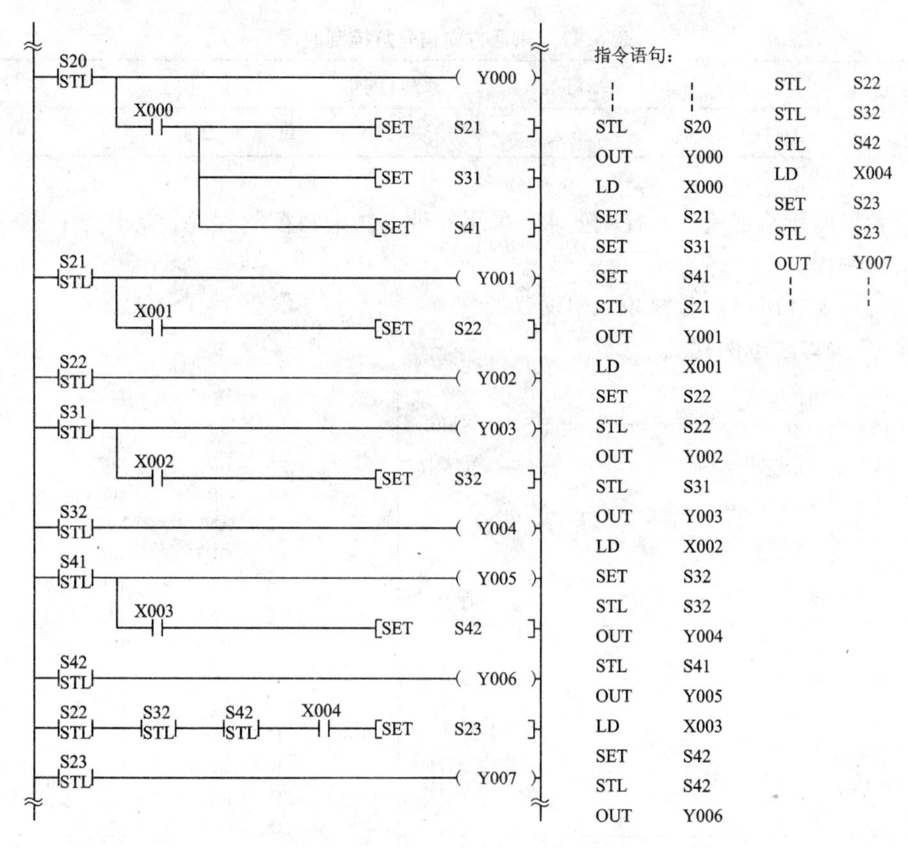

图6-5　图6-1对应的LAD和STL程序

6.1.1.2　单方向交通灯的控制过程

交通灯的控制是个典型的顺序控制案例，可以采用多种编程方法实现，把它作为编写并行性分支结构SFC程序的案例，具有较好的示范性。为帮助读者熟悉单方向交通灯的控制过程，先介绍下仿真平台初级挑战D-3的编程和仿真练习。图6-6为其仿真现场示意图。

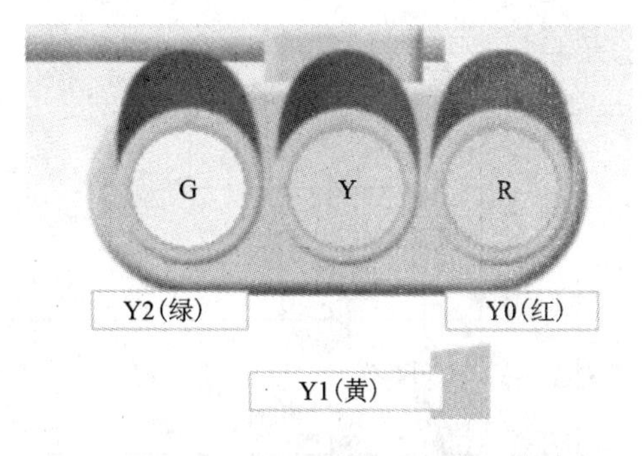

图6-6　D-3现场仿真示意图

假设这是一个十字路口东西方向的交通控制灯，其I/O地址和控制时间如表6-1和表6-2所示。

表6-1　十字路口交通灯I/O分配表

输入端口			输出端口		
符号	地址	功能说明	符号	地址	功能说明
SB1	X20	启动	HL1/HL2	Y0	东西红灯
SB2	X21	停止	HL3/HL4	Y1	东西黄灯
			HL5/HL6	Y2	东西绿灯

表 6－2　东西方向信号灯控制时间

东西方向	信号	绿灯亮	绿灯闪烁	黄灯亮	红灯亮
	时间	25 s	3 s(3 次)	2 s	30 s

请读者按照所给定地址和控制要求，采用各种方法编写控制程序，以下为采用三种编程方法编写的例程：

1. 使用 4 个时间继电器顺序控制编程

图 6－7 为方法 1 例程。

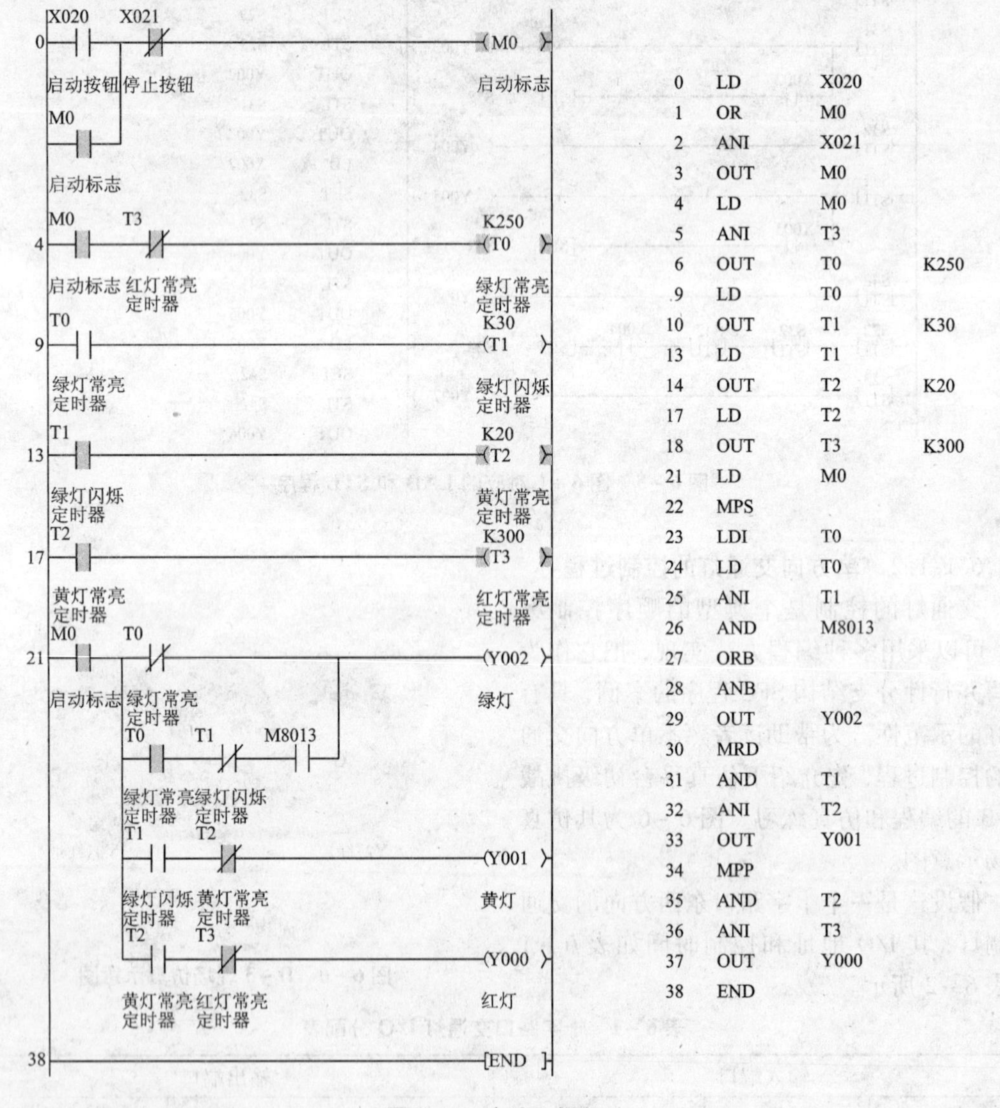

图 6－7　方法 1 例程

2. 使用 1 个时间继电器和比较指令分割时间编程

图 6－8 为方法 2 的例程。

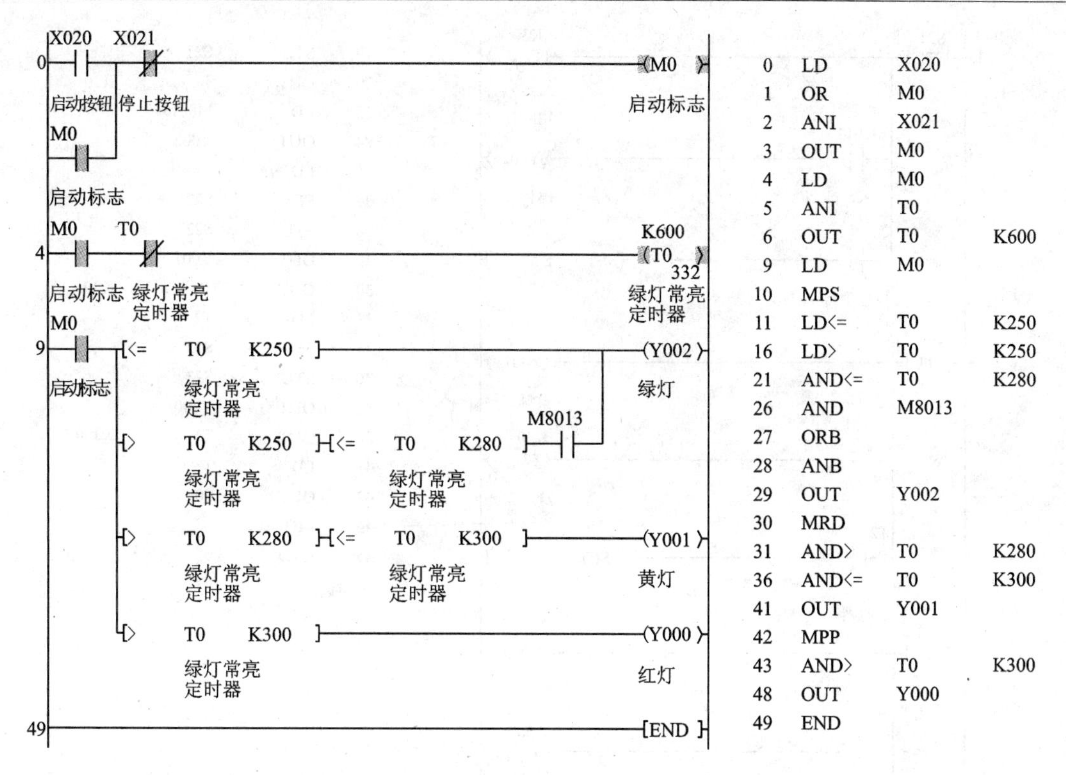

图 6－8　方法 2 的例程

3. 使用单流程结构 SFC 编程

图 6－9 所示为方法 3 的例程。

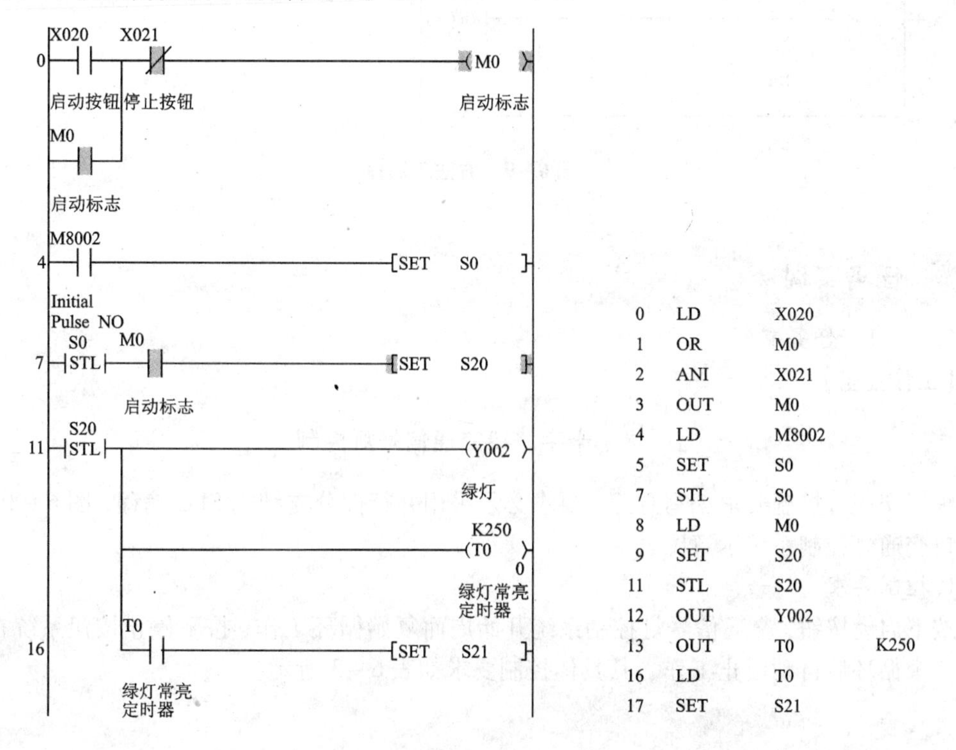

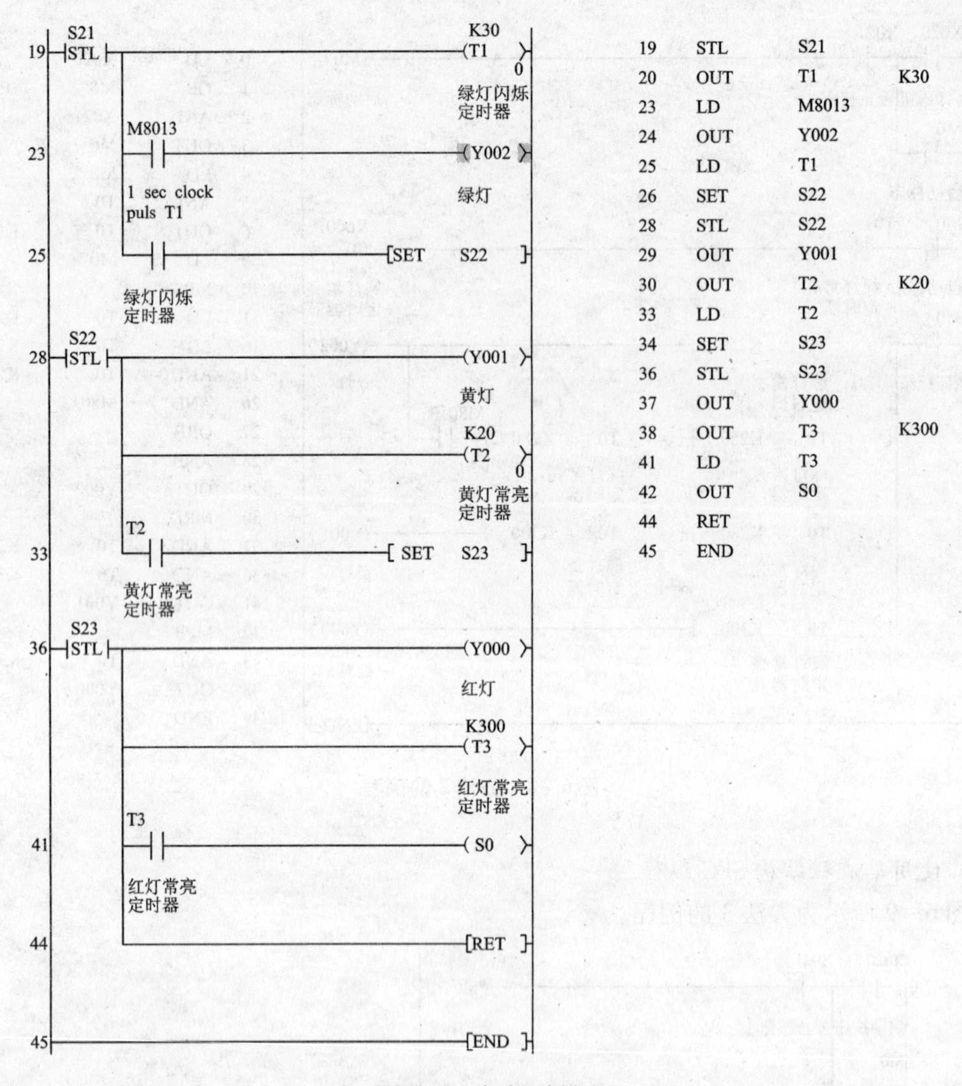

图 6-9　方法 3 例程

6.1.2　任务实现

6.1.2.1　任务书

【工作任务】

十字路口交通信号灯控制

根据交通灯控制要求编写程序，要求必须采用并行性分支结构 SFC 编程，图 6-10 为十字路口交通灯控制系统示意图。

1. 控制要求

按下启动按钮，交通信号灯控制系统开始周而复始循环工作；按下停止按钮系统在完成当前一个循环后自动停止工作。其具体控制要求如表 6-3 所示。

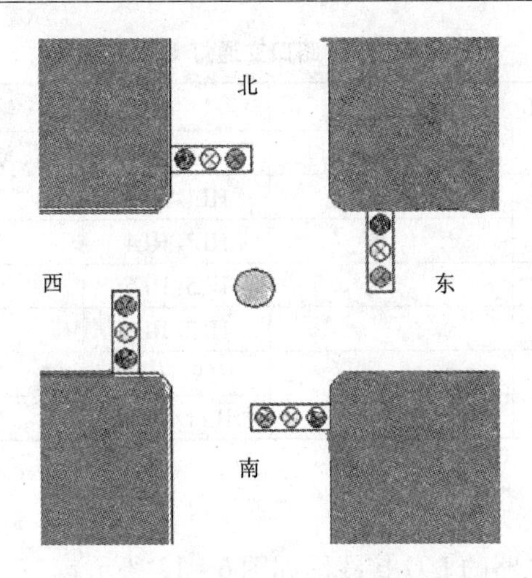

图 6－10　十字路口车辆交通信号灯

表 6－3　十字路口交通信号灯控制要求表

东西方向	信号	绿灯亮	绿灯闪烁	黄灯亮	红灯亮		
	时间	25 s	3 s(3 次)	2 s	30 s		
南北方向	信号	红灯亮			绿灯亮	绿灯闪烁	黄灯亮
	时间	30 s			25 s	3 s(3 次)	2 s

2. 控制任务分析

根据控制要求，可以画出十字路口交通灯控制的时序图如图 6－11 所示。

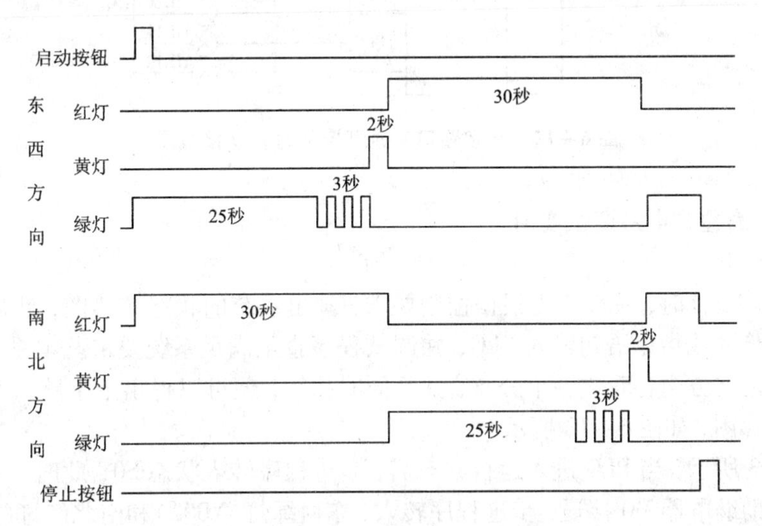

图 6－11　十字路口交通灯控制的时序图

6.1.2.2　I/O 分配和接线图设计

1. I/O 分配表

十字路口交通灯控制电路的 I/O 分配表如表 6－4 所示。

表 6-4 十字路口交通灯 I/O 分配表

输入端口			输出端口		
符号	地址	功能说明	符号	地址	功能说明
SB1(PB1)	X20	启动	HL1/HL2	Y0	东西红灯
SB2(PB2)	X21	停止	HL3/HL4	Y1	东西黄灯
			HL5/HL6	Y2	东西绿灯
			HL7/HL8	Y4	南北绿灯
			HL9/HL10	Y5	南北黄灯
			HL11/HL12	Y6	南北红灯

2. I/O 接线图

十字路口交通灯控制电路的 I/O 接线图如图 6-12 所示。

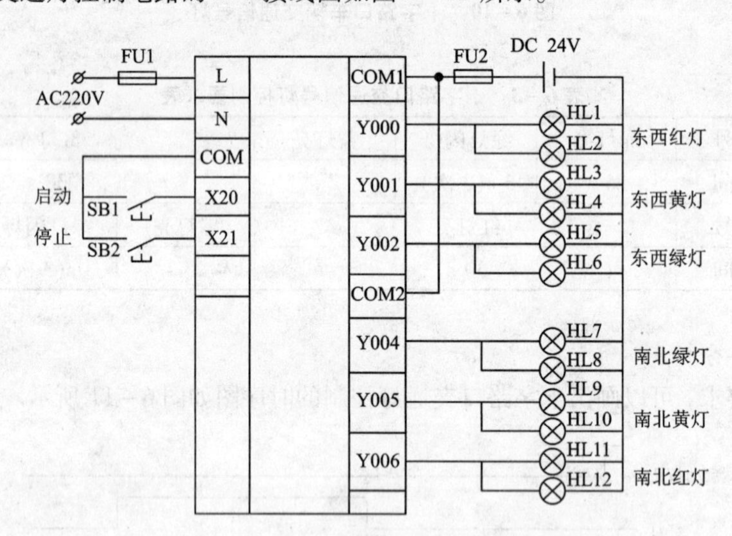

图 6-12 十字路口交通灯控制的 I/O 接线图

6.1.2.3 编程与电路调试实习

1. 程序设计思路

在步进程序设计时，一般应先根据控制要求，画出系统的状态转移图，然后再将状态转移图改写为梯形图或指令语句输入 PLC，并调试程序直至满足系统要求。本系统，我们可以将东西方向和南北方向各看成一个分支，并且同时执行，便可以得出十字路口交通灯的并行性分支状态转移图，如图 6-13 所示。

如图 6-13 所示，当 PLC 进入运行状态后，步进程序转入状态 S0，此时，当按下启动按钮 X20 后，辅助继电器 M0 接通，步进程序转入，东西绿灯(Y002)和南北红灯(Y006)同时接通，步进程序转入并行分支，两条分支同时并行执行。注意图中使用了计数器 C0 和 C1 对闪烁次数进行计数，一定要记住编写计数器清零复位的程序。当程序执行到定时器 T7 动作时，步进程序跳转到 S0，此时若未按下停止按钮，则 M0 保持接通，交通灯自动重复循环；若已按停止按钮，则 M0 断开，交通灯停止运行，等待下一次启动。十字路口交通灯控制状态图如图 6-13 所示。

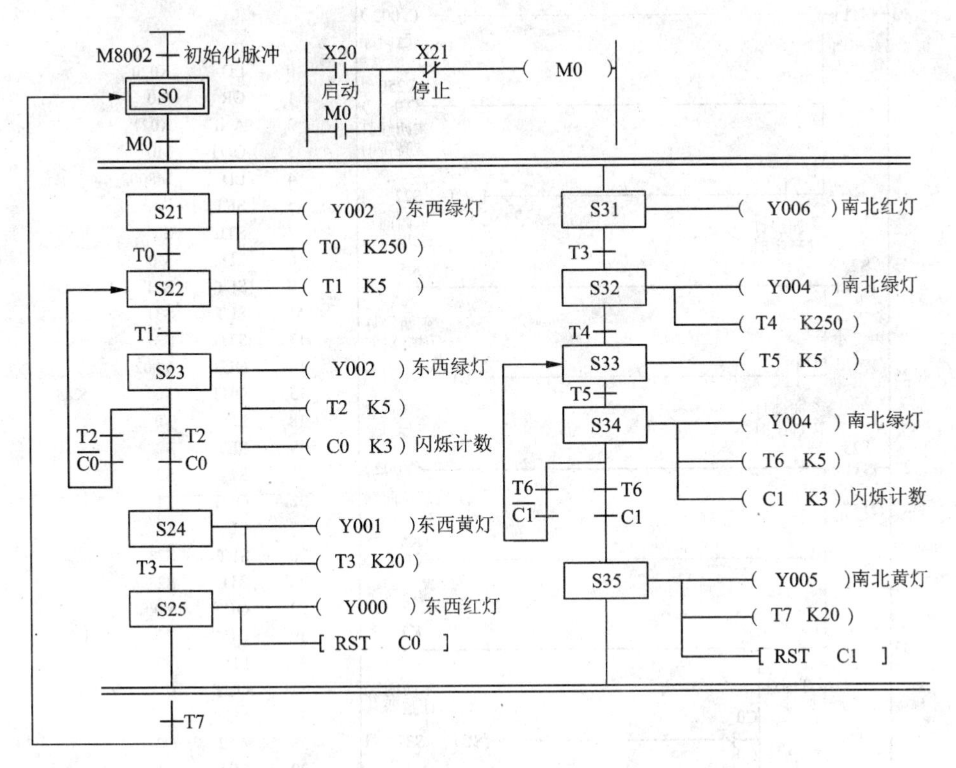

图 6－13 十字路口交通灯控制状态图

2. 例程

图 6－14 为十字路口交通灯控制例程。

```
   X020     X021
0 ─┤ ├──┬──┤/├──────────────────────(M0  )
  启动按钮│停止按钮                    启动标志
   M0    │
  ─┤ ├───┘
  启动标志
   M8002
4 ─┤ ├─────────────────────────[SET   S0   ]
  Initial                          等待步
  pulse NO
   S0     M0
7 ─┤STL├──┤ ├──┬───────────────[SET   S21  ]
  等待步 启动标志│                  东西向第
                │                  一步
                └───────────────[SET   S31  ]
                                   南北向第
                                   一步
```

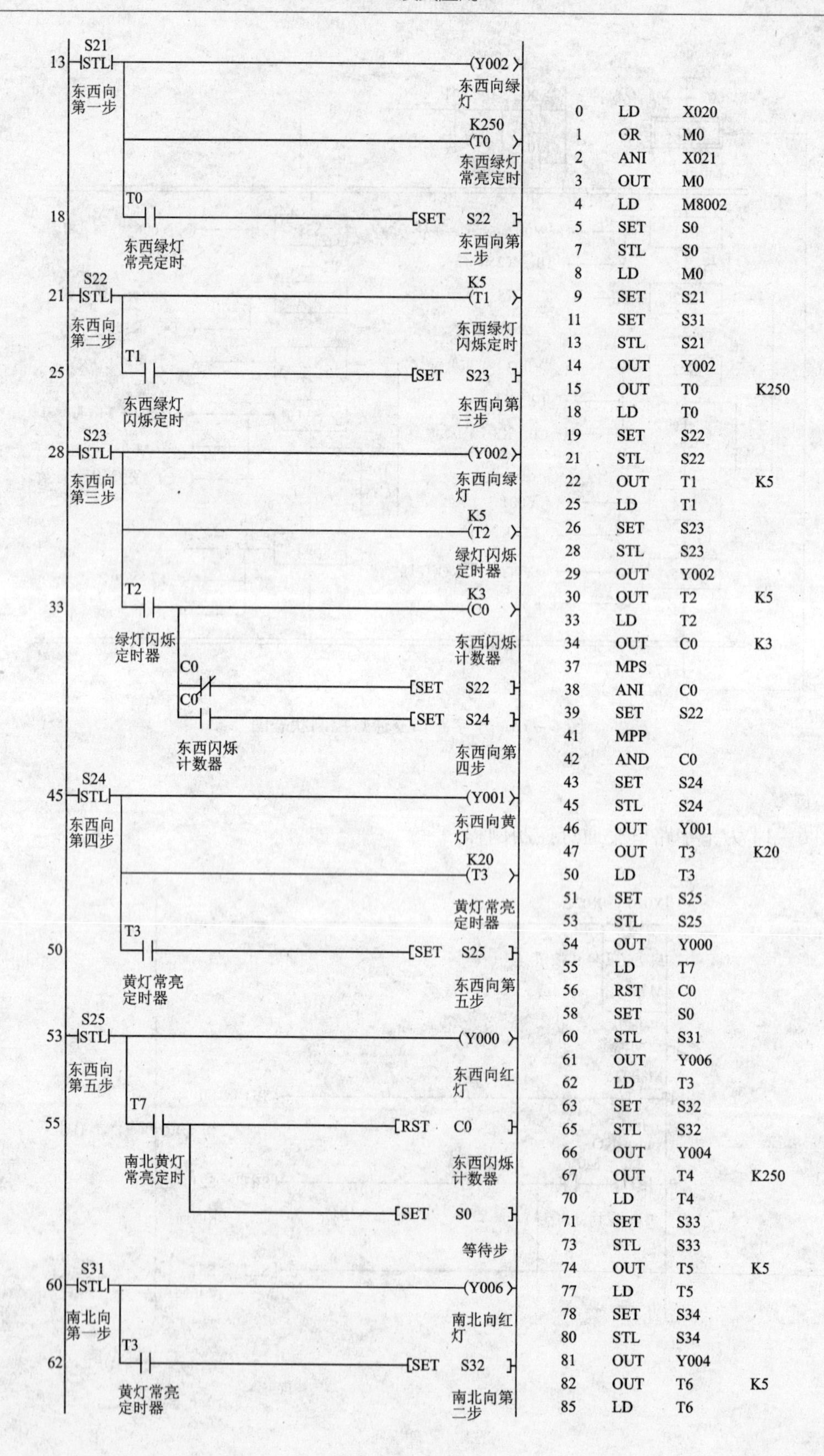


```
0   LD    X020
1   OR    M0
2   ANI   X021
3   OUT   M0
4   LD    M8002
5   SET   S0
7   STL   S0
8   LD    M0
9   SET   S21
11  SET   S31
13  STL   S21
14  OUT   Y002
15  OUT   T0     K250
18  LD    T0
19  SET   S22
21  STL   S22
22  OUT   T1     K5
25  LD    T1
26  SET   S23
28  STL   S23
29  OUT   Y002
30  OUT   T2     K5
33  LD    T2
34  OUT   C0     K3
37  MPS
38  ANI   C0
39  SET   S22
41  MPP
42  AND   C0
43  SET   S24
45  STL   S24
46  OUT   Y001
47  OUT   T3     K20
50  LD    T3
51  SET   S25
53  STL   S25
54  OUT   Y000
55  LD    T7
56  RST   C0
58  SET   S0
60  STL   S31
61  OUT   Y006
62  LD    T3
63  SET   S32
65  STL   S32
66  OUT   Y004
67  OUT   T4     K250
70  LD    T4
71  SET   S33
73  STL   S33
74  OUT   T5     K5
77  LD    T5
78  SET   S34
80  STL   S34
81  OUT   Y004
82  OUT   T6     K5
85  LD    T6
```

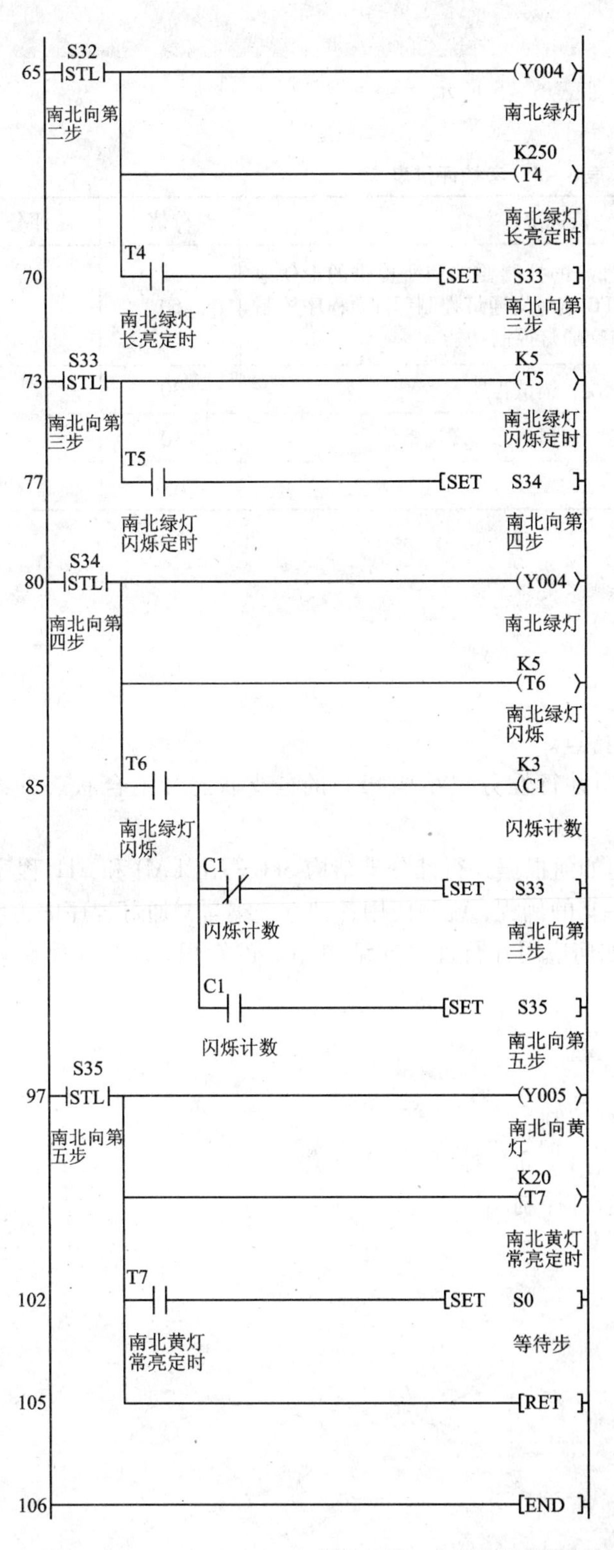

88	OUT	C1	K3
89	MPS		
90	ANI	C1	
91	SET	S33	
93	MPP		
94	AND	C1	
95	SET	S35	
97	STL	S35	
98	OUT	Y005	
99	OUT	T7	K20
102	LD	T7	
103	SET	S0	
105	RET		
106	END		

图6－14　十字路口交通灯控制例程

6.1.3 考核评价

十字路口交通灯控制考核评价表如表6－5所示。

表6－5 考核评价表

考核项目	考核标准	分值	评分
编程功能	能根据十字路口交通信号灯的控制要求和所提供的I/O地址，应用并行性分支结构SFC编写交通灯控制程序，程序控制流程清晰，能实现十字路口交通灯控制功能	60	
程序调试	能根据程序仿真运行的状况，调试程序	30	
实习态度	不违反机房实习规章制度、编程认真、现场整洁	10	
总　评		100	

6.1.4 基础练习与拓展提高

课题一　基础练习

(1)说明并行性分支结构SFC的特点。

(2)分析图6－2和图6－3，说明并行性分支结构SFC的分支状态和汇合状态的编程方法。

(3)分析图6－1和图6－4，说明如何根据并行性分支结构SFC写出LAD和STL程序。

(4)分析图6－7、图6－8、图6－9的例程，说明使用各种方法编写交通灯程序的方法。

(5)分析图6－14的例程，说明如何应用并行性分支结构SFC的知识，编写十字路口交通灯控制程序的方法。

课题二　拓展提高

(1)用单流程实现十字路口交通灯控制。

(2)用选择性分支流程实现十字路口交通灯控制。

(3)用基本指令实现十字路口交通灯控制。

项目7　大小球分拣系统的设计与调试

项目描述

前6个项目的编程，都是在仿真平台上实现的。这样做的目的有三：一是仿真软件FX-TRN-BEG-C的编程窗口和操作方法与编程软件GX-DEVELOPER和SWOPLC-FXGP/WIN-C大同小异，能够使用FX-TRN-BEG-C编程，也就能使用编程软件GX-DEVELOPER和SWOPLC-FXGP/WIN-C进行编程。二是仿真平台提供了接近真实场景的仿真平台，编写好的程序可以直接下载仿真，省去了系统装配的时间和劳动，能迅速地验证程序，并能调试修改，提高了学生学习兴趣和教学效果。三是帮助没有实习条件的学校老师和学生，也能无障碍地学习PLC技术。但仿真毕竟不能代替真实的工作环境和场景，本项目将通过利用GX-DEVERLOPER编程软件编写大小球分拣系统的控制程序，并进行仿真验证的综合学习，达到以下项目实施目标：

1. 认识GX-DEVELOPER的编程界面；

2. 掌握应用GX-DEVELOPER编写LAD、STL和SFC程序的操作方法，并学会如何实现这些程序间的相互转换；

3. 掌握应用GX-DEVELOPER编写SFC程序的方法，编写大小球分拣系统的控制程序，并在仿真平台FX-TRN-BEG-C上打开控制程序，进行仿真的操作方法。

项目任务

7.1.1　知识准备

7.1.1.1　GX-DEVELOPER的启动

编程软件GX-DEVELOPER与仿真软件GX-Simulator都可以在Windows XP与Win 7系统中安装。先安装GX-DEVELOPER，再安装GX-Simulator，它们的安装方法此处不讲。要注意的是仿真软件GX-Simulator安装成功后，其启动图标不会出现在桌面或是开始菜单中，因为仿真软件被集成到了编程软件中，仿真启动按钮如图7－5所示。若需仿真要先启动编程软件。

(1)双击桌面图标或是从开始菜单启动，如图7－1所示。

(2)第一步完成之后便会出现如图7－2所示的窗口。

此时的窗口还不能编写LAD程序、STL程序或SFC程序。

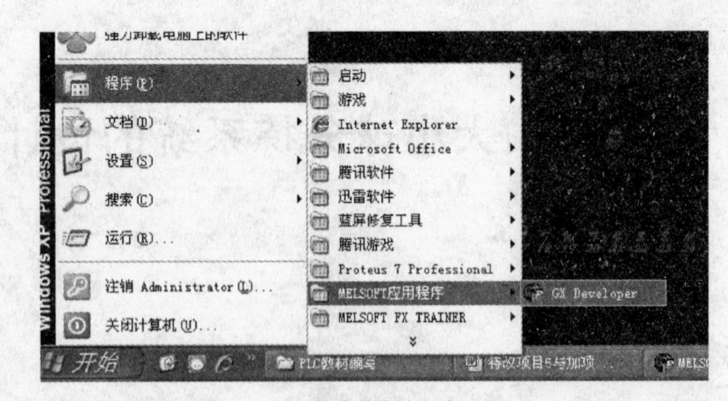

桌面图标启动方式　　　　开始菜单启动方式

图 7－1　GX-DEVELOPER 编程软件的启动方法

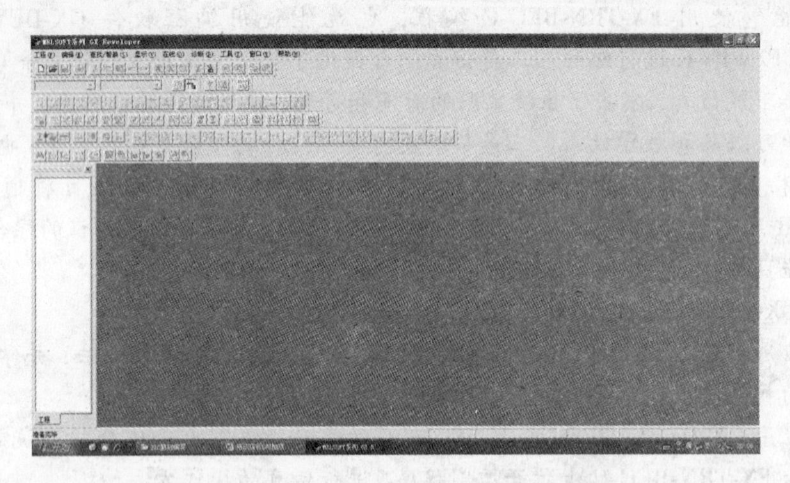

图 7－2　GX-DEVELOPER 编程软件启动窗口

7.1.1.2　使用 GX－DEVELOPER 编写 LAD、STL 和 SFC 程序的操作方法

1. 新建项目

点击 图标，或是点击“工程”菜单再点击“创建新工程”，便会出现如图 7－3 所示对话框。在“PLC 系列”下拉菜单中选择 PLC 的系列名。在“PLC 类型”下拉菜单中选择具体类型。在“程序类型”下选择梯形图。选择“设置工程名”，然后点击“浏览”设置文件存储路径和工程名称。选择与设置完成后点击“确定”出现如图 7－4 所示对话框，然后点击“是(Y)”即可完成新建项目。

2. 打开工程

点击 图标，或是点击“工程”菜单再点击“打开工程”，然后选择路径打开工程。

3. 一般程序编写

窗口介绍如图 7－5 所示。工具栏按钮介绍如图 7－6 所示。

创建新工程
PLC系列
FXCPU
确定
取消
PLC类型
FX2N(C)
程序类型
梯形图
SFC MELSAP-L
ST
标签设定
不使用标签
使用标签
(使用ST程序、FB、结构体时选择)
生成和程序名同名的软元件内存数据
工程名设定
设置工程名
驱动器/路径 C:\MELSEC\GPPW
工程名 浏览
索引

图7-3 创建新工程对话框

图7-4 新建确认对话框

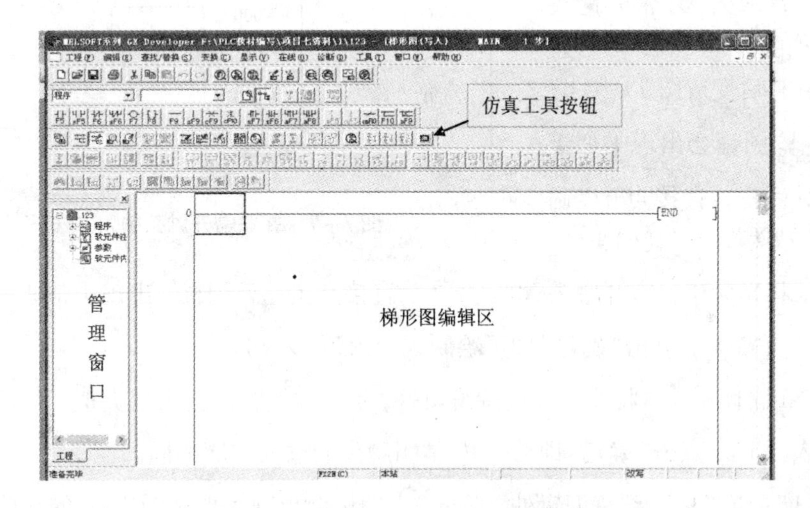

图7-5 GX-DEVELOPER梯形图编辑窗口

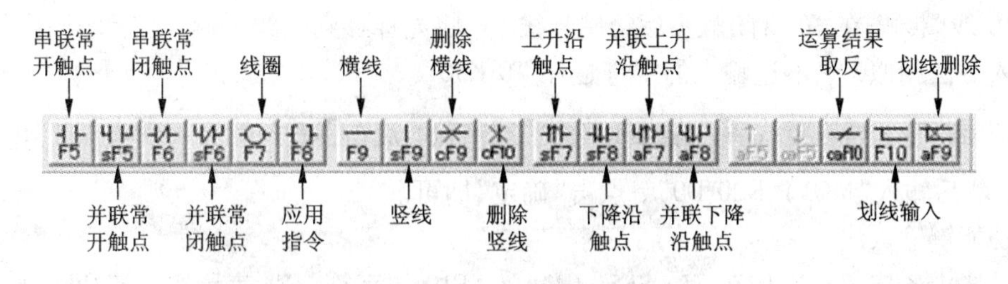

图7-6 工具栏按钮介绍

以图7-7为例介绍使用GX-DEVELOPER编程软件的多种编程方法。编程时注意以下两点：一是使用GX-DEVELOPER编程软件编程时，其操作方法与仿真软件基本相同。二是在步进程序中，左右母线之间可以直接放线圈，这与其他软件不同。

(1)梯形图 LAD 程序编写。

①鼠标法

a. X0 常开触头：将光标移到编辑区顶部左母线右侧，点击，便出现如图 7－8 所示对话框，输入“X0”并点击“确定”即可。

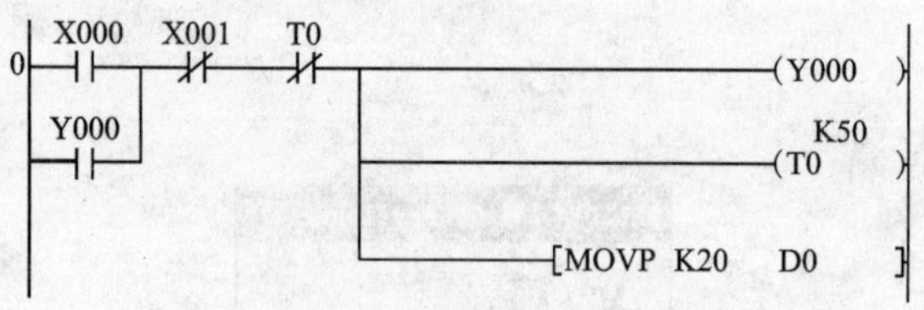

图 7－7 编程方法例图

图 7－8 元件输入对话框

b. 并联 Y0 常开触头：

方法一，用输入 X0 常开触头的方法绘出如图 7－9(a)，然后画竖线，将光标移后变成图 7－9(b)所示，点击图标会出现类似于图 7－8 的对话框，直接点击“确定”即可绘制成为图 7－9(c)。

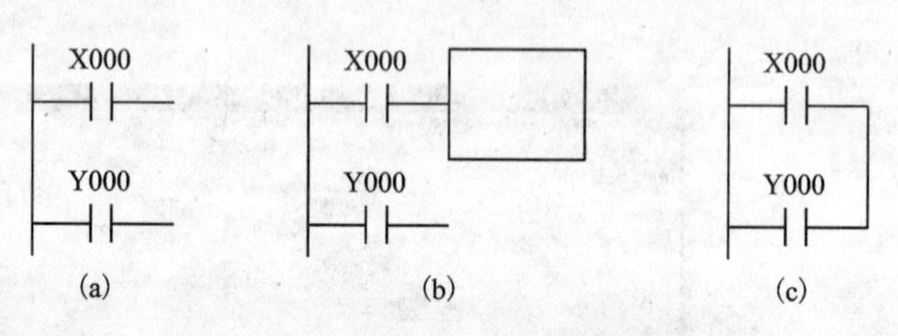

图 7－9 并联常开触头输入方法一

方法二，将光标移到常开触头 X0 正下方，直接点击图标，出现类似于图 7－8 的对话框，然后输入“Y0”，点击“确定”即可绘制成为图 7－9(c)。

c. 串联 X1 常闭触头：将光标移到待编辑处，点击图标会出现类似于图 7－8 的对话框，然后输入“X1”，点击“确定”即可。T0 常闭触头的输入方法相同。

d. Y0 线圈：将光标移到待编辑处，点击图标会出现类似于图 7－8 的对话框，然后输入“Y0”，点击“确定”即可。

e. T0 线圈：先在 T0 常闭触头后绘制竖线，再将光标移到竖线右侧，之后的操作与 Y0 线圈的输入方法相似，只不过输入的字符是：“T0 K50”。

5. 功能指令：画好竖线后，将光标移到竖线右侧，点击图标会出现类似于图 7－8 的对话框，然后输入“MOVP K20 D0”，点击“确定”即可。

②功能键输入法

工具栏中各按钮下方均有 F5、SF5、CF9、CAF10 的字符。Fn 表示按下某功能键；SFn 表示按下组合键 Shift + Fn；CFn 表示按下组合键 Ctrl + Fn；CAFn 表示按下组合键 Ctrl + Alt + Fn。输入组合键之后均会出现类似图 7－7 的对话框，之后的操作不再重复。

③指令输入法

因光标的移动是从左至右，从上往下，在尽可能少调整光标位置的情况下输入指令。输入顺序为：LD X0，ANI X1，ANI T0，画竖线，OUT Y0，OR Y0，横线移动光标两个位置，画竖线，OUT T0 K50，移动光标到竖线末端右侧，MOVP K20 D0。另外，竖线可以一次画多行，在出现图 7－7 之后输入数字。

(2)指令语句 STL 程序编写

新建工程之后点击 图标，出现如图 7－10 所示的窗口。此时梯形图编辑区变成了指令编辑区了。图标 可以改变字体大小。

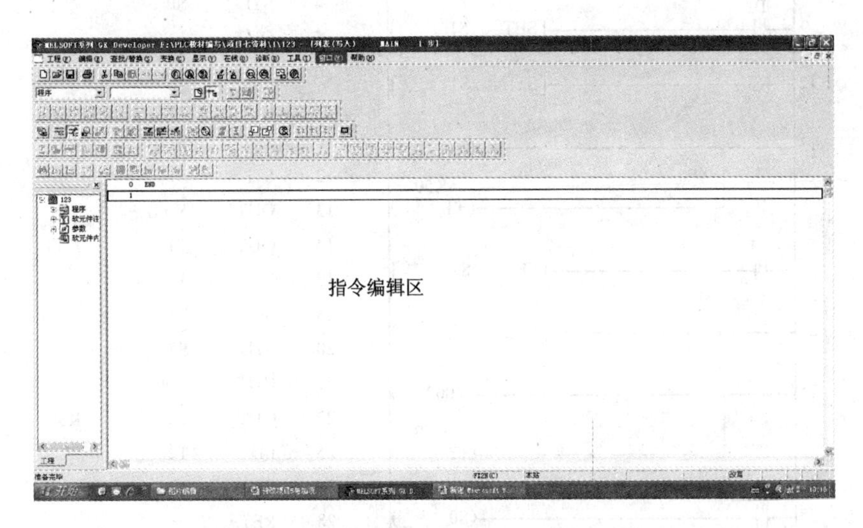

图 7－10　GX－DEVELOPER 指令编辑窗口

在编辑区输入如图 7－11 所示指令。输入方法与在梯形图编辑区使用指令法相同。

```
0     LD      X000
1     OR      Y000
2     ANI     X001
3     ANI     T0
4     OUT     Y000
5     OUT     T0      K50
8     MOVP    K20     D0
13    END
```

图 7－11　指令表输入

注意：指令表与梯形图可以通过 相互切换。将梯形图转换成指令表之前，必须将梯形图变换。

4. 步进的梯形图与指令编写

步进的梯形图与指令如图 7－12 所示。

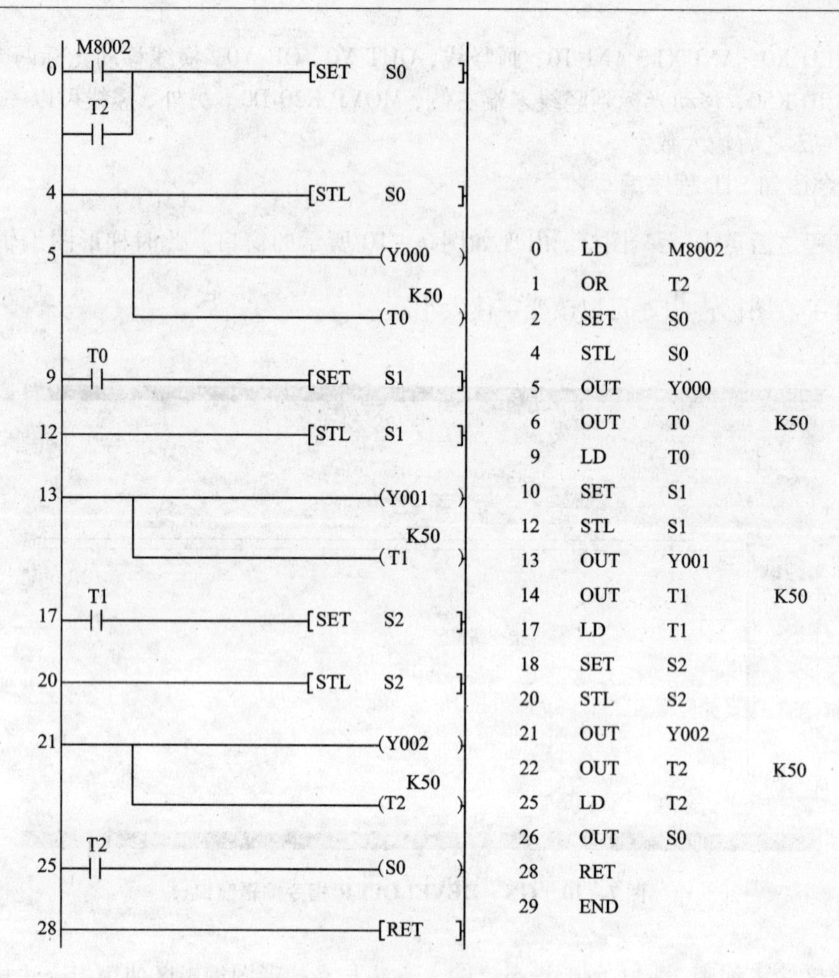

图 7－12　步进的梯形图与指令

5. 梯形图修改

(1) 删除元件

Delete 删除光标处或所选区域的元件，Backspace 删除光标之前的元件或是横线；单个竖线删除要先将光标移到竖线的右上，再点击图标才可删除。

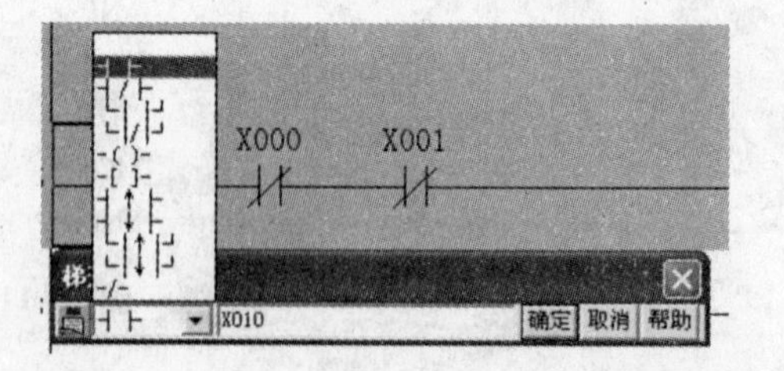

图 7－13　梯形图修改

(2) 修改元件

①更改元件：选中元件，直接输入指令；双击待改元件出现如图 7－13 所示对话框，并打开下拉菜单，选择需要的触头，更改文字符号。

②插入元件：将光标移到待插入元件的位置，点击 insert 键（此时光标会改变颜色）后直接输入指令，或是双击光标区出现如图 7－13 所示对话框，并打开下拉菜单，选择需要的触头，输入文字符号。若不再插入元件，需再点击下 Insert 键（光标颜色恢复）。

(3) 行插入与删除

组合键 Shift + Insert 为行插入，Shift + Delete 为行删除。或者右击选择行插入、删除。执行插入行命令后，是在光标上方增加一行。执行删除命令后，删除光标所在行。

6. 指令表修改

指令表的修改与梯形图的修改方法类似，组合键一样，此处不再讲述。

7. 编写 SFC 程序的操作方法

(1)打开 GX-DEVELOPER 编程软件，单击“开始”→“所有程序”→“MELSOFT 应用程序”→“GX-DEVELOPER”，如图 7-14 所示。也可以直接双击桌面快捷图标。

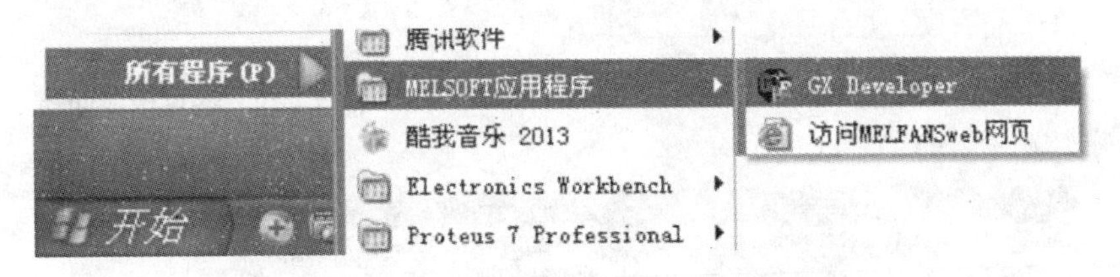

图 7-14 打开 GX-DEVELOPER 编程软件

(2)单击“工程”→“创建新工程”，如图 7-15 所示。

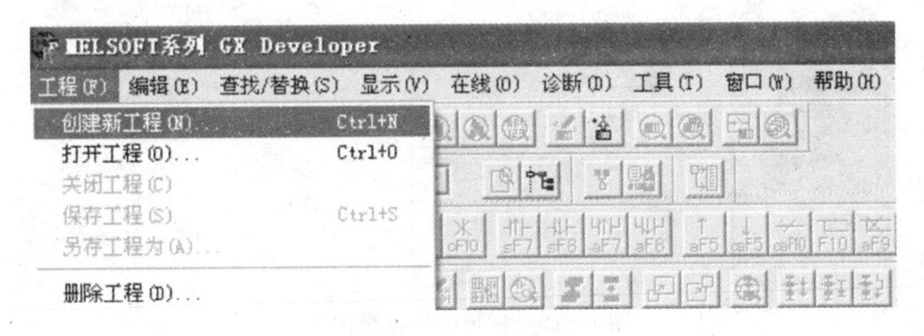

图 7-15 新建工程

(3)选择“FXCPU”→“FX2N(C)”→“SFC”，设置工程名后，单击确定，如图 7-16 所示。

(4)双击第 0 块，如图 7-17 所示。

(5)输入块标题，选择“梯形图块”→“执行”，如图 7-18 所示。

(6)在右边的梯形图编辑区输入梯形图，如图 7-19、7-20 所示。

(7)重新回到图 7-17，双击第一块之后，再次弹出如图 7-18 所示的对话框，这一次选择“SFC 块”→“执行”。弹出如图 7-20 所示窗口，左边为状态图编辑窗口，右边为对应梯形图编辑窗口。选中 S0 块后，在右边窗口输入对应梯形图后变换。

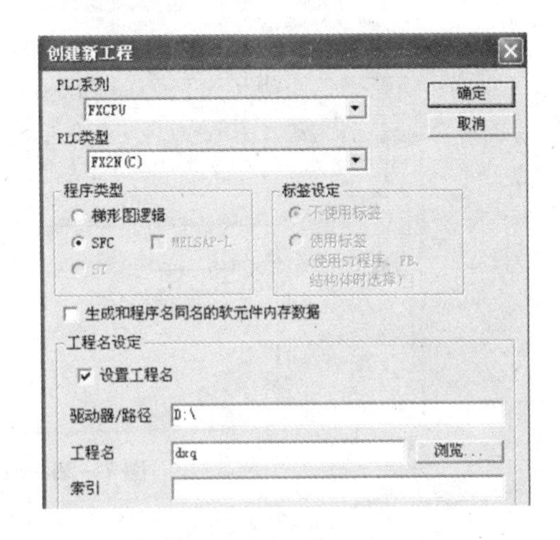

图 7-16 新建 SFC 工程

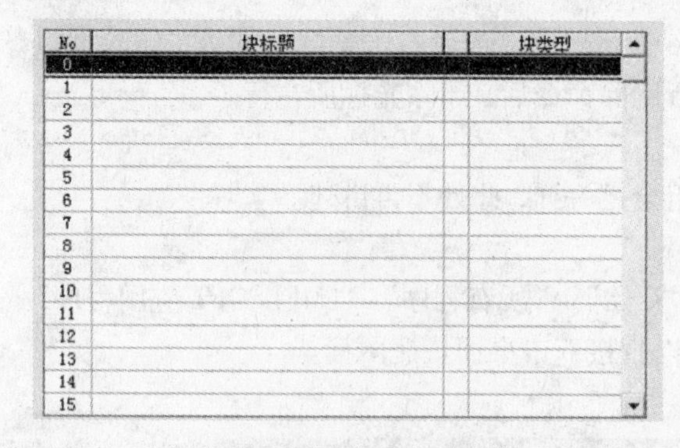

图 7－17　双击第 0 块

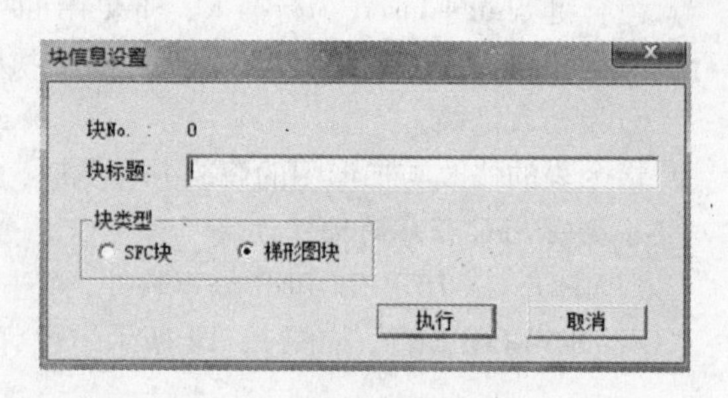

图 7－18　选择梯形图块

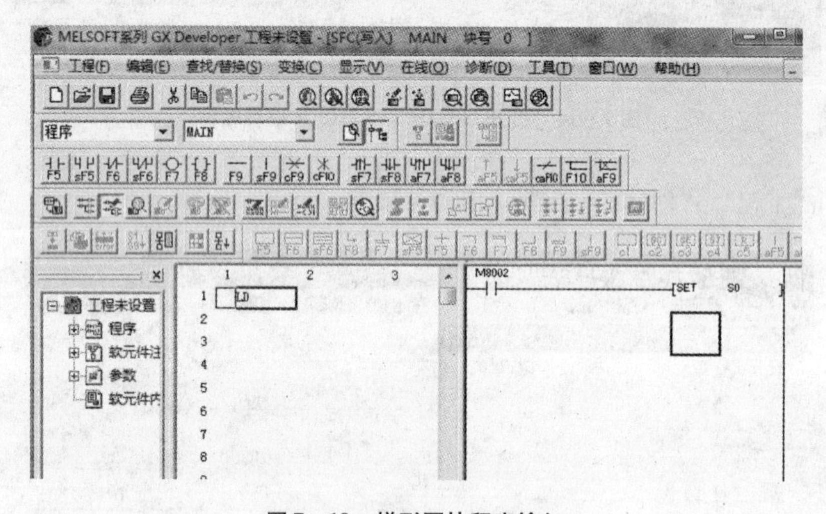

图 7－19　梯形图块程序输入

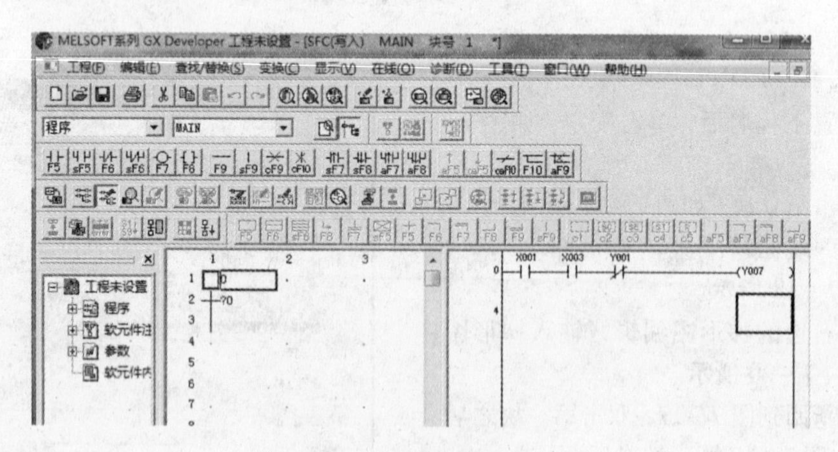

图 7－20　SFC 块程序输入

（8）单击转移条件“0”之后，在右边梯形图编辑区输入其转移条件，注意用“TRAN”指令表示进行转移，如图 7－21 所示。

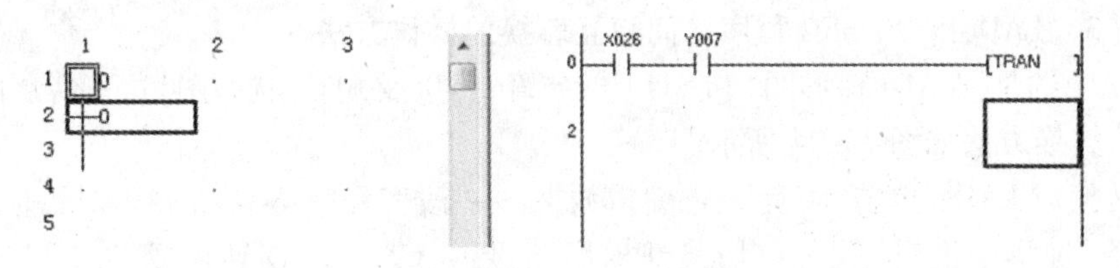

图7-21　输入转移条件

(9)按快捷键“F5”，或者单击 F5，在弹出的对话框中输入“21”→“确定”之后，和前面一样，选中S21后，在右边梯形图编辑区中输入在这个状态下接通的线圈即可，如图7-22所示。

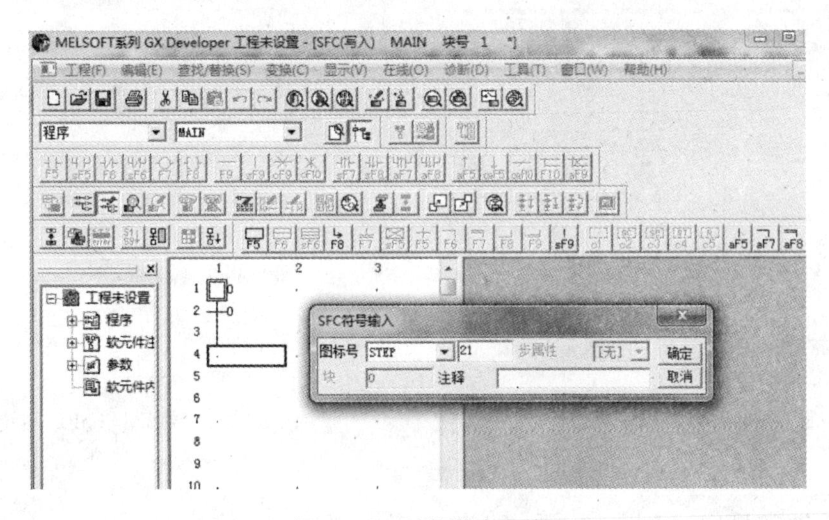

图7-22　编辑状态元件

(10)按快捷键F6，或者单击选择分支按键 F6，可以画出SFC图中的选择分支，如图7-23所示。

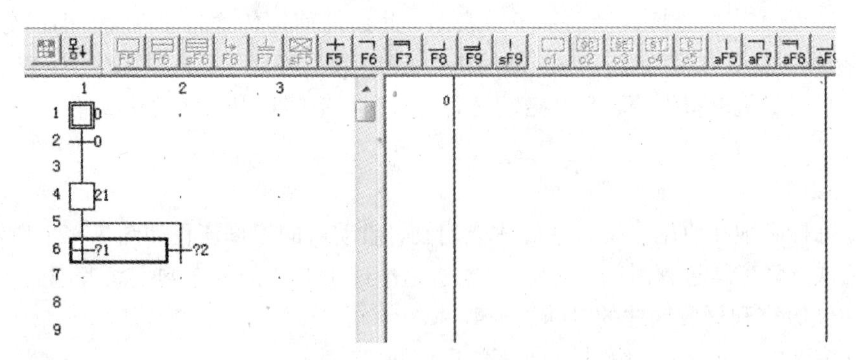

图7-23　选择性分支状态输入

(11)其他步骤和前面一样，在左边画状态图，在右边画出相应的梯形图。当画到选择汇合状态S30时，按快捷键F8或者单击合并按键 F8，实现选择性分支的汇合。

7.1.1.3 LAD、STL、SFC **程序之间相互转换的操作方法**

需要说明的是，LAD(梯形图)和STL(指令语句)以及SFC(状态图)这三者之间是可以互相转换的，转换方法如图7-24所示。

SFC转换成LAD：单击“工程”→“编辑数据”→“改变程序类型”，弹出对话框如图7-25所示，选择“梯形图逻辑”就可以切换到梯形图显示状态。LAD转换成SFC与SFC转换成LAD相似。

LAD与STL的互换，已在前一节中的程序编写中介绍了。

SFC模式下下载程序很慢，不支持FX2N系列PLC在线修改程序，这样就可以将SFC转换成梯形图下载和在线调试及修改。

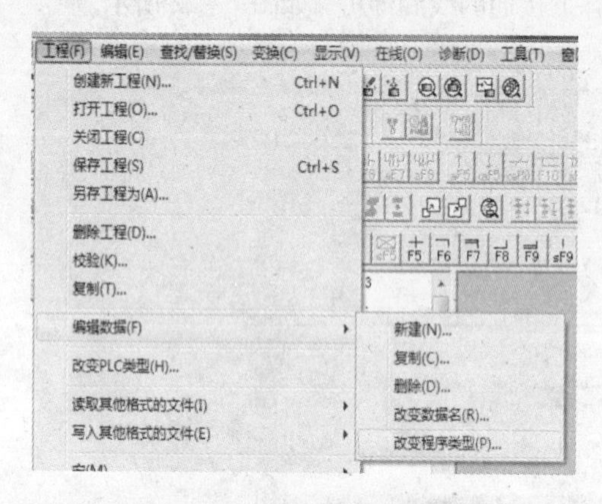

图7-24 改变程序类型

图7-25 梯形图与SFC图转换

7.1.2 任务实现

7.1.2.1 **任务书**

大小球分拣控制

图7-26为大小球分拣控制的系统示意图，此系统使用传送带，将大、小球分类选择送往相应的容器。左上方为原点，电磁铁动作顺序为下降、吸球、上升、右行、下降、释放、上升、左行。此外，机械臂下降，当电磁铁压着大球时，下限位开关LS2不动作；压着小球时，LS2动作。

1. 控制要求

(1)分拣杆必须在原始位置时系统才能启动，启动后的工作流程如图7-27所示。

(2)磁铁下降碰球过程时间为2 s，大球还是小球由LS2的状态判定。考虑到工作的可靠性，规定磁铁吸牢和释放铁球的时间为1 s。

(3)分拣杆的垂直运动和横向运动不能同时进行。

2. 控制任务分析

由图7-27所示的系统工作流程图可以看出，这是一个典型的选择性分支与汇合的问题。系统存在两个可选择的分支，选择条件为电磁铁吸住的是大球还是小球，即限位开关LS2是否压合。当限位开关LS2未压合时，电磁铁吸住的是大球，系统选择将球运往大球容

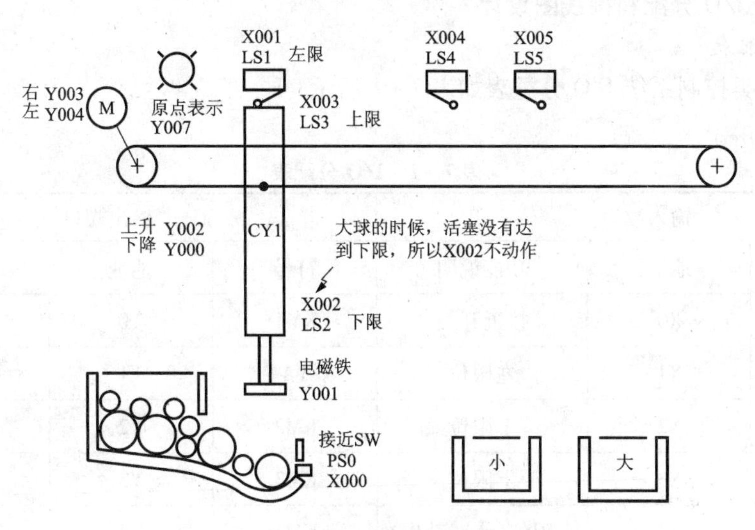

图7－26　大小球分拣的控制示意图

器箱的分支，当LS2压合时，电磁铁吸住的是小球，系统选择将球运往小球容器箱的分支。因此，可用选择性分支步进程序设计该系统程序，并根据控制要求画出系统的控制流程图，如图7－28所示。

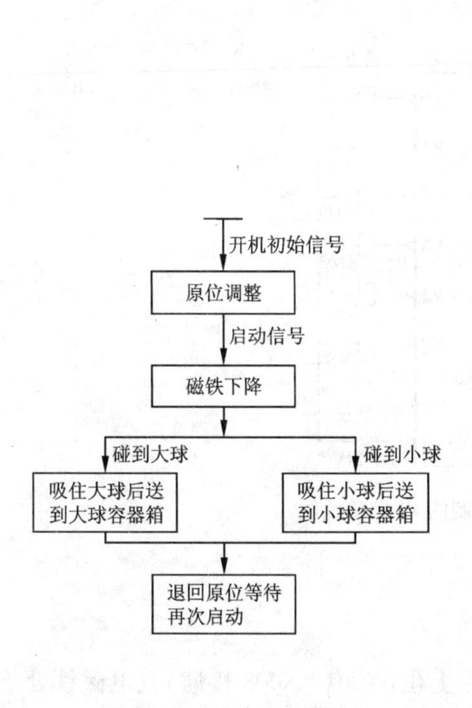

图7－27　系统工作流程图

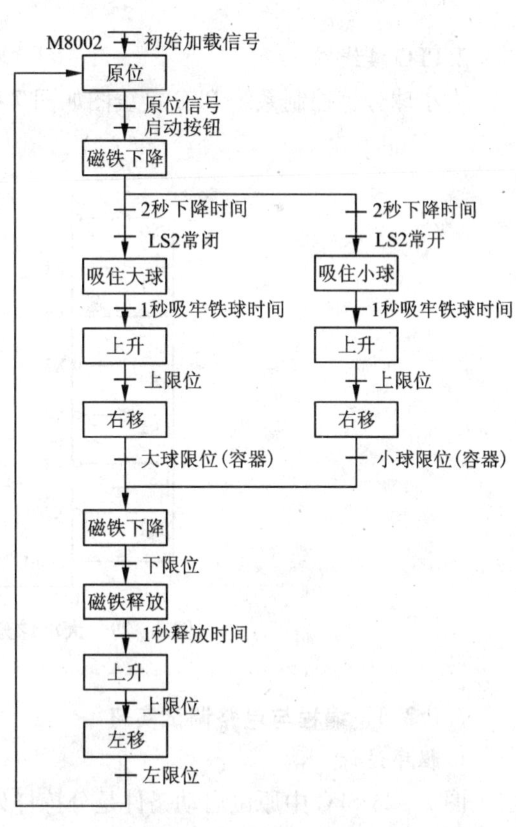

图7－28　大小球分类控制系统控制流程图

7.1.2.2 I/O 分配和接线图设计

1. I/O 分配表

大小球分类控制系统 I/O 分配表如表 7-1 所示。

表 7-1 I/O 分配表

输入端口			输出端口		
符号	地址	功能说明	符号	地址	功能说明
PS0	X0	接近开关	KM1	Y0	下降
LS1	X1	左限位	YA	Y1	电磁铁线圈
LS2	X2	下限位	KM2	Y2	上升
LS3	X3	上限位	KM3	Y3	右行
LS4	X4	右限位(小球动作)	KM4	Y4	左行
LS5	X5	右限位(大球动作)	KS	Y7	原点条件(信号继电器)
SB	X26	启动按钮			

2. PLC 接线图

大小球分拣控制系统 PLC 接线图如图 7-29 所示。

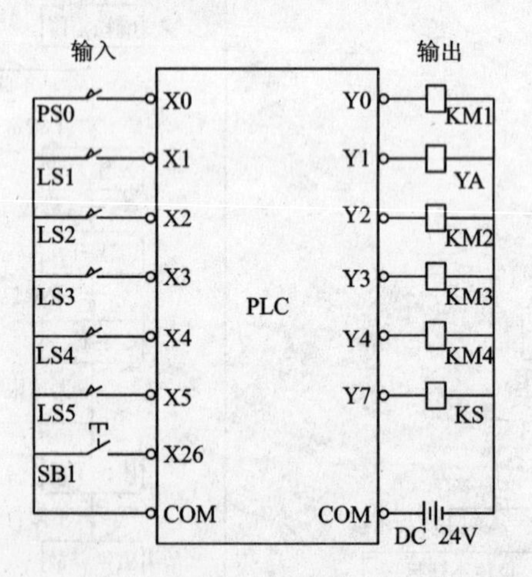

图 7-29 大小球分拣控制的 PLC 接线图

7.1.2.3 编程与电路调试实习

1. 程序设计

图 7-28 SFC 中原位启动条件是分拣杆处于左上位(X001、X003 接通)且电磁铁处于释放状态(Y001 线圈不得电)，此时若按下启动按钮(X026 闭合)，转入状态 S21，分拣杆下降(Y000 接通)2 s，在此期间若分拣杆碰到的是小球(X002 动作)，则选择左边一条支路，将小

球放入小球容器，若分拣杆碰到的是大球(X002 不动作)，则选择右边一条支路，将大球放入大球容器。当一次分拣过程结束后，分拣杆停在原位等待系统下一次启动。将图 7－28 所示的系统控制图转化成 SFC，如图 7－30 所示，并用 GX－DEVELOPER 编写 SFC 程序如图 7－31 所示；SFC 转化成的指令语句如表 7－2 所示。

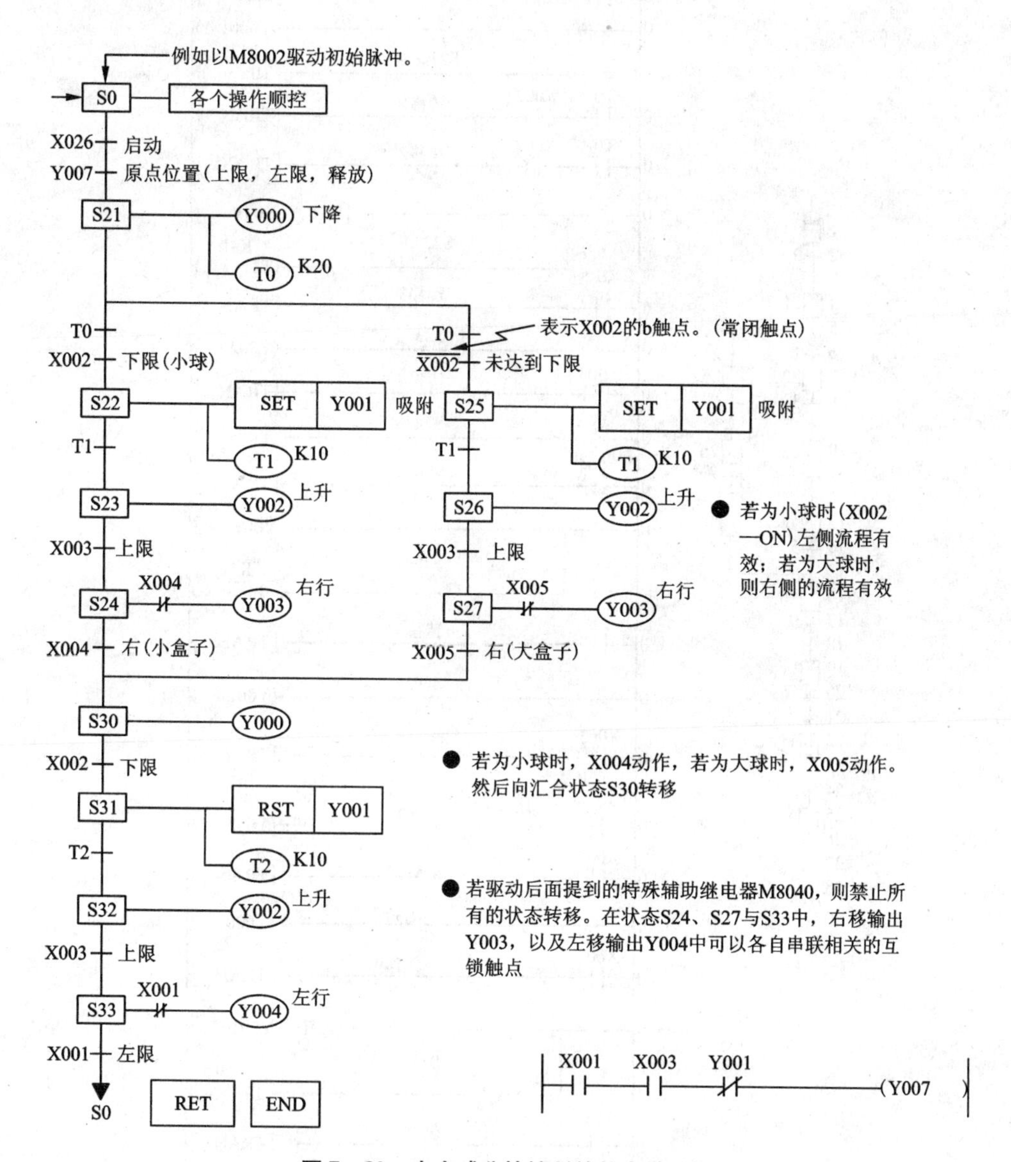

图 7－30　大小球分拣控制的状态转移图

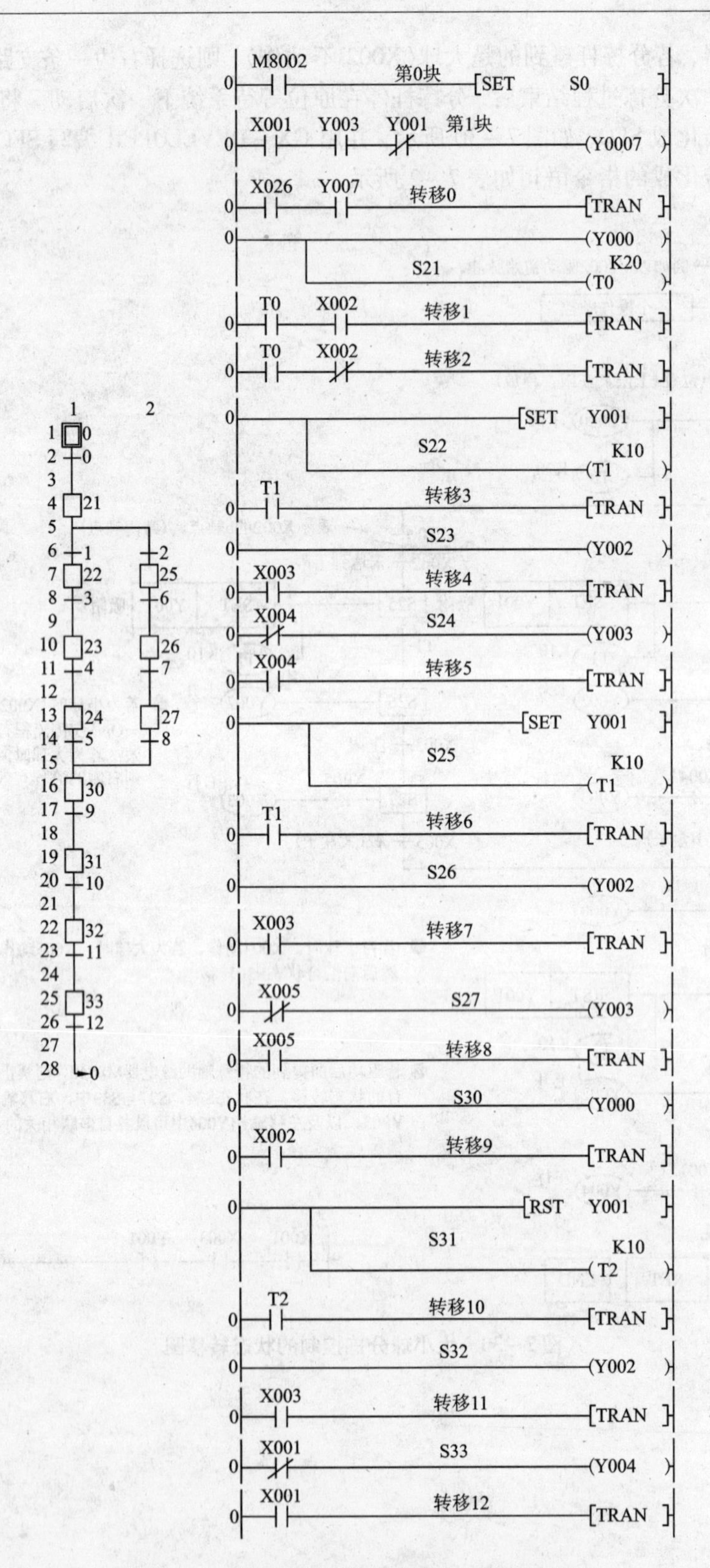

图7-31 大小球分拣控制系统的SFC程序例程

表7－2 大小球分拣控制系统的指令语句

0	LD M8002	47	SET S26
1	SET S0	49	STL S26
3	STL S0	50	OUT Y002
4	LD X001	51	LD X003
5	AND X003	52	SET S27
6	ANI Y001	54	STL S27
7	OUT Y007	55	LDI X005
8	LD X026	56	OUT Y003
9	AND Y007	57	STL S24
10	SET S21	58	LD X004
12	STL S21	59	SET S30
13	OUT Y000	61	STL S27
14	OUT T0 K20	62	LD X005
17	LD T0	63	SET S30
18	AND X002	65	STL S30
19	SET S22	66	OUT Y000
21	LD T0	67	LD X002
22	ANI X002	68	SET S31
23	SET S22	70	STL S31
25	STL S22	71	RST Y001
26	SET Y001	72	OUT T2 K10
27	OUT T1 K10	75	LD T2
30	LD T1	76	SET S32
31	SET S23	78	STL S32
33	STL S23	79	OUT Y002
34	OUT Y002	80	LD X003
35	LD X003	81	SET S33
36	SET S24	83	STL S33
38	STL S24	84	LDI X001
39	LDI X004	85	OUT Y004
40	OUT Y003	86	LD X001
41	STL S25	87	OUT S0
42	SET Y001	89	RET
43	OUT T1 K10	90	END
46	LD T1		

2. 程序输入及调试(以 GX – DEVELOPER 软件为例)

请读者根据控制要求，在 GX – DEVELOPER 编程软件中编写该程序，然后进行模拟调试。模拟调试可以在实训室利用实训设备进行，也可以采用 GX 的模拟调试软件进行，如果程序没有达到控制要求，应进行修改，直到达到要求为止。模拟调试成功以后，我们可以把程序拿到工业控制现场进行现场调试，此时要根据现场情况再次进行调试，直到符合用户的控制要求为止。

7.1.3 考核评价

大小球分拣系统的设计与调试考核评价表如表 7 – 3 所示。

表 7 – 3 考核评价表

考核项目	考核标准	分值	评分
编程功能	能根据大小球分拣要求，在 GX-DEVELOPER 编程软件上利用 SFC 编程方法编写分拣程序，并能把所编 SFC 程序转换为 LAD 和 STL 程序	60	
程序调试	能根据程序仿真运行的状况，调试程序	30	
实习态度	不违反机房实习规章制度、编程认真、现场整洁	10	
总评		100	

7.1.4 基础练习与拓展提高

课题一 基础练习

(1)说明使用 GX-DEVELOPER 软件创建 LAD、SFC 程序的过程，及 LAD、STL 和 SFC 三种程序之间相互转换的操作方法。

(2)在编写 SFC 程序时，指令 TRAN 的含义是什么，如何输入？快捷键 F5、F6、F8 各有什么意义？

(3)使用 GX-DEVELOPER 在编写 LAD 程序时，各快捷键操作方法是否与 FX-TRN-BEG-C 软件中的操作方法相同？

(4)分析图 7 – 29 大小球分拣系统的状态转移图和图 7 – 30 大小球分拣控制系统的 SFC 程序例程，说明例程中各功能块(LAD 功能块和 SFC 功能块)的操作方法。

课题二 拓展提高

(1)在 GX – DEVELOPER 编程软件上，按以下要求编写程序，并将程序在 LAD、STL、SFC 三种形式之间互相转换：

①单流程实现十字路口交通灯控制。

②选择性分支流程实现十字路口交通灯控制。

③基本指令实现十字路口交通灯控制。

(2)使用 GX-DEVELOPER 编写图 5 – 9、图 5 – 11、图 5 – 12 的 F – 7、F – 5、F – 6 程序，并在仿真平台中运行程序，看是否能够兼容仿真。

附录 A
FX 系列 PLC 的软继电器和存储器及地址空间

编程元件种类 \ PLC 型号		FX0S	FX1S	FX0N	FX1N	FX2N（FX2NC）
输入继电器 X（按 8 进制编号）		X0 ~ X17（不可扩展）	X0 ~ X17（不可扩展）	X0 ~ X43（可扩展）	X0 ~ X43（可扩展）	X0 ~ X77（可扩展）
输出继电器 Y（按 8 进制编号）		Y0 ~ Y15（不可扩展）	Y0 ~ Y15（不可扩展）	Y0 ~ Y27（可扩展）	Y0 ~ Y27（可扩展）	Y0 ~ Y27（可扩展）
辅助继电器 M	普通用	M0 ~ M495	M0 ~ M383	M0 ~ M383	M0 ~ M383	M0 ~ M499
	保持用	M496 ~ M511	M384 ~ M511	M384 ~ M511	M384 ~ M1535	M500 ~ M3071
	特殊用	M8000 ~ M8255（具体见使用手册）				
状态寄存器 S	初始状态用	S0 ~ S9	S0 ~ S9	S0 ~ S9	S0 ~ S9	S0 ~ S9
	返回原点用	—	—	—	—	S10 ~ S19
	普通用	S10 ~ S63	S10 ~ S127	S10 ~ S127	S10 ~ S999	S20 ~ S499
	保持用	—	S0 ~ S127	S0 ~ S127	S0 ~ S999	S500 ~ S899
	信号报警用	—	—	—	—	S900 ~ S999
定时器 T	100 ms	T0 ~ T49	T0 ~ T62	T0 ~ T62	T0 ~ T199	T0 ~ T199
	10 ms	T24 ~ T49	T32 ~ T62	T32 ~ T62	T200 ~ T245	T200 ~ T245
	1 ms	—	—	T63	—	—
	1 ms 累积	—	T63	—	T246 ~ T249	T246 ~ T249
	100 ms 累积	—	—	—	T250 ~ T255	T250 ~ T255
计数器 C	16 位增计数（普通）	C0 ~ C13	C0 ~ C15	C0 ~ C15	C0 ~ C15	C0 ~ C99
	16 位增计数（保持）	C14、C15	C16 ~ C31	C16 ~ C31	C16 ~ C199	C100 ~ C199
	32 位可逆计数（普通）	—	—	—	C200 ~ C219	C200 ~ C219
	32 位可逆计数（保持）	—	—	—	C220 ~ C234	C229 ~ C234
	高速计数器	C235 ~ C255（具体见使用手册）				

续上表

编程元件种类 \ PLC 型号		FX0S	FX1S	FX0N	FX1N	FX2N（FX2NC）
数据寄存器 D	16 位普通用	D0 ~ D29	D0 ~ D127	D0 ~ D127	D0 ~ D127	D0 ~ D199
	16 位保持用	D30、D31	D128 ~ D255	D128 ~ D255	D128 ~ D7999	D200 ~ D7999
	16 位特殊用	D8000 ~ D8069	D8000 ~ D8255	D8000 ~ D8255	D8000 ~ D8255	D8000 ~ D8195
	16 位变址用	V Z	V0 ~ V7 Z0 ~ Z7	V Z	V0 ~ V7 Z0 ~ Z7	V0 ~ V7 Z0 ~ Z7
指针 N、P、I	嵌套用	N0 ~ N7	N0 ~ N7	N0 ~ N7	N0 ~ N7	N0 ~ N7
	跳转用	P0 ~ P63	P0 ~ P63	P0 ~ P63	P0 ~ P127	P0 ~ P127
	输入中断用	I00□ ~ I30□	I00□ ~ I50□	I00□ ~ I30□	I00□ ~ I50□	I00□ ~ I50□
	定时器中断	—	—	—	—	I6□□ ~ I8□□
	计数器中断	—	—	—	—	I010 ~ I060
常数 K、H	16 位	K：-32，768 ~ 32，767			H：0000 ~ FFFFH	
	32 位	K：-2，147，483，648 ~ 2，147，483，647			H：00000000 ~ FFFFFFFFH	

注：①输入中断：□ =0 表示下降沿触发；□ =1 表示上降沿触发；

②定时器中断：□□表示 10 ~ 99 ms。

附录 B　FX 系列 PLC 功能指令系统

1. 程序流向控制类指令(FNC00～FNC09)。
2. 传送与比较类指令(FNC10～FNC19)。
3. 四则运算和逻辑运算类指令(FNC20～FNC29)。
4. 循环与移位类指令(FNC30～FNC39)。
5. 数据处理指令(FNC40～FNC49)。
6. 高速处理指令(FNC50～FNC59)。

类别	功能号	指令助记符	功能	D 指令	P 指令
程序流向控制	00	CJ	条件跳转	—	0
	01	CALL	调用子程序	—	0
	02	SRET	子程序返回	—	—
	03	IRET	中断返回	—	—
	04	EI	开中断	—	—
	05	DI	关中断	—	—
	06	FEND	主程序结束	—	—
	07	WDT	监视定时器	—	0
	08	FOR	循环区开始	—	—
	09	NEXT	循环区结束	—	—
传送与比较	10	CMP	比较	0	0
	11	ZCP	区间比较	0	0
	12	MOV	传送	0	0
	13	SMOV	移位传送	—	0
	14	CML	取反	0	0
	15	BMOV	块传送	—	0
	16	FMOV	多点传送	0	0
	17	XCH	数据交换	0	0
	18	BCD	求 BCD 码	0	0
	19	BIN	求二进制码	0	0

续上表

类别	功能号	指令助记符	功能	D指令	P指令
四则运算与逻辑运算	20	ADD	二进制加法	0	0
	21	SUB	二进制减法	0	0
	22	MUL	二进制乘法	0	0
	23	DIV	二进制除法	0	0
	24	INC	二进制加一	0	0
	25	DEC	二进制减一	0	0
	26	WADN	逻辑字与	0	0
	27	WOR	逻辑字或	0	0
	28	WXOR	逻辑字与或	0	0
	29	ENG	求补码	0	0
循环与移位	30	ROR	循环右移	0	0
	31	ROL	循环左移	0	0
	32	RCR	带进位右移	0	0
	33	RCL	带进位左移	0	0
	34	SFTR	位右移	—	0
	35	SFTL	位左移	—	0
	36	WSFR	字右移	—	0
	37	WSFL	字左移	—	0
	38	SFWR	FIFO 写	—	0
	39	SFRD	FIFO 读	—	0
数据处理	40	ZRST	区间复位	—	0
	41	DECO	解码	—	0
	42	ENCO	编码	—	0
	43	SUM	求置 ON 位的总和	0	0
	44	BON	ON 位判断	0	0
	45	MEAN	平均值	0	0
	46	ANS	标志置位	—	—
	47	ANR	标志复位	—	0
	48	SOR	二进制平方根	0	0
	49	FLT	二进制整数与浮点数转换	0	0

续上表

类别	功能号	指令助记符	功能	D 指令	P 指令
高速处理	50	REF	刷新	—	O
	51	REFE	滤波调整正	—	O
	52	MTR	矩阵输入	—	—
	53	HSCS	比较置位(高速计数器)	O	—
	54	HSCR	比较复位(高速计数器)	O	—
	55	HSZ	区间比较(高速计数器)	O	—
	56	SPD	脉冲密度	—	—
	57	PLSY	脉冲输出	O	—
	58	PWM	脉宽调制	—	—
	59	PLSR	带加速减速的脉冲输出	O	—
方便指令	60	IST	状态初始化	—	—
	61	SER	查找数据	O	O
	62	ABSD	绝对值式凸轮控制	O	—
	63	INCD	增量式凸轮控制	—	—
	64	TTMR	示都定时器	—	—
	65	STMR	特殊定时器	—	—
	66	ALT	交替输出	—	—
	67	RAMP	斜坡输出	—	O
	68	ROTC	旋转工作台控制	—	O
	69	SORT	列表数据排序	—	—
外部设备 I/O	70	TKY	十键输入	O	—
	71	HKY	十六键输入	O	—
	72	DSW	数字开关输入	—	—
	73	SEGD	七段译码	—	—
	74	SEGL	带锁存七段码显示	—	O
	75	ARWS	方向开关	—	—
	76	ASC	ASCII 码转换	—	—
	77	PR	ASCII 码打印输出	—	O
	78	FROM	读特殊功能模块	O	O
	79	TO	写特殊功能模块	O	O

续上表

类别	功能号	指令助记符	功能	D 指令	P 指令
外部设备SER	80	RS	串行通讯指令	—	O
	81	PRUN	八进制位传送	O	O
	82	ASCI	将十六进制数转换成 ASCII 码	—	O
	83	HEX	ASCII 码转换成十六进制数	—	O
	84	CCD	校验码	—	O
	85	VRRD	模拟量读出	—	O
	86	VRSC	模拟量区间	—	O
	87				O
	88	PID	PID 运算	—	O
	89				O
浮点时钟运算	110	ECMP	二进制浮点数比较	O	O
	111	EZCP	二进制浮点数区间比较	O	O
	118	EBCD	二进制—十进制浮点数变换	O	O
	119	EBIN	十进制—二进制浮点数变换	OO	O
	120	EAAD	二进制浮点数加法	O	O
	121	ESUB	二进制浮点数减法	O	O
	122	EMUL	二进制浮点数乘法	O	O
	123	EDIV	二进制浮点数除法	O	O
	127	ESOR	二进制浮点数开方	O	O
	129	INT	二进制浮点—二进制整数转换	O	O
	130	SIN	浮点数 SIN 演算	O	O
	131	COS	浮点数 COS 演算	O	—
	132	TAN	浮点数 TAN 演算	O	—
	147	SWAP	上下位变换	O	—
	160	TCMP	时钟数据比较	—	—
	161	TZCP	时钟数据区间比较	—	—
	162	TADD	时钟数据加法	—	O
	163	TSUB	时钟数据减法	—	—
	166	TRD	时钟数据读出	—	—
	167	TWR	时钟数据写入	—	O

续上表

类别	功能号	指令助记符	功能	D 指令	P 指令
葛雷码	170	GRY	葛雷码转换	0	0
	171	GBIN	葛雷码逆转换	0	0
触点比较指令	224	LD =	(S1) = (S2)	0	0
	225	LD >	(S1) > (S2)	0	0
	226	LD <	(S1) < (S2)	0	0
	228	LD < >	(S1) ≠ (S2)	0	0
	229	LD < =	(S1) ≤ (S2)	0	0
	230	LD > =	(S1) ≥ (S2)	0	0
	232	AND =	(S1) = (S2)	0	0
	233	AND >	(S1) > (S2)	0	0
	234	AND <	(S1) < (S2)	0	0
	236	AND < >	(S1) ≠ (S2)	0	0
	237	AND < =	(S1) ≤ (S2)	0	0
	238	AND > =	(S1) ≥ (S2)	0	0
	240	OR =	(S1) = (S2)	0	0
	241	OR >	(S1) > (S2)	0	0
	242	OR <	(S1) < (S2)	0	0
	244	OR < >	(S1) ≠ (S2)	0	0
	245	OR < =	(S1) ≤ (S2)	0	0

附录 C E500 变频器参数表

功能	参数号	名称	指令代码		通讯参数扩展设定（指令代码 7F/FF）
			读出	写入	
基本功能	0	转矩提升	00	80	0
	1	上限频率	01	81	0
	2	下限频率	02	82	0
	3	基准频率	03	83	0
	4	3 速设定（高速）	04	84	0
	5	3 速设定（中速）	05	85	0
	6	3 速设定（低速）	06	86	0
	7	加速时间	07	87	0
	8	减速时间	08	88	0
	9	电子过电流保护	09	89	0
标准运行功能	10	直流制动动作频率	0A	8A	0
	11	直流制动动作时间	0B	8B	0
	12	直流制动电压	0C	8C	0
	13	启动频率	0D	8D	0
	14	适用负荷选择	0E	8E	0
	15	点动频率	0F	8F	0
	16	点动加减速时间	10	90	0
	18	高速上限频率	12	92	0
	19	基准频率电压	13	93	0
	20	加减速基准频率	14	94	0
	21	加减速时间单位	15	95	0
	22	失速防止动作水平	16	96	0
	23	倍速时失速防止动作水平补正系数	17	97	0
	24	多段速度设定（速度 4）	18	98	0
	25	多段速度设定（速度 5）	19	99	0
	26	多段速度设定（速度 6）	1A	9A	0

续上表

功能	参数号	名称	指令代码		通讯参数扩展设定（指令代码 7F/FF）
			读出	写入	
标准运行功能	27	多段速度设定(速度 7)	1B	9B	0
	29	加减速曲线	1D	9D	0
	30	再生功能选择	1E	9E	0
	31	频率跳变 1A	1F	9F	0
	32	频率跳变 1B	20	A0	0
	33	频率跳变 2A	21	A1	0
	34	频率跳变 2B	22	A2	0
	35	频率跳变 3A	23	A3	0
	36	频率跳变 3B	24	A4	0
	37	旋转速度显示	25	A5	0
	38	5 V(10 V)输入时频率	26	A6	0
	39	20 mA 输入时频率	27	A7	0
输出端子功能	41	频率到达动作范围	29	A9	0
	42	输出频率检测	2A	AA	0
	43	反转时输出频率检测	2B	AB	0
第二功能	44	第二加减速时间	2C	AC	0
	45	第二减速时间	2D	AD	0
	46	第二转矩提升	2E	AE	0
	47	第二 V/F(基准频率)	2F	AF	0
	48	第二电子过流保持	30	B0	0
显示功能	52	操作面板/PU 主显示数据选择	34	B4	0
	55	频率监视基准	37	B7	0
	56	电流监视基准	38	B8	0
再启动	57	再启动惯性运行时间	39	B9	0
	58	再启动上升时间	3A	BA	0
附加功能	59	遥控设定功能选择	3B	BB	0
动作选择功能	60	最短加减速模式	3C	BC	0
	61	基准电流	3D	BD	0
	62	加速时电流基准值	3E	BE	0
	63	减速时电流基准值	3F	BF	0

续上表

功能	参数号	名称	指令代码		通讯参数扩展设定（指令代码 7F/FF）
			读出	写入	
动作选择功能	65	再试选择	41	C1	0
	66	失速防止动作降低开始频率	42	C2	0
	67	报警发生时再试次数	43	C3	0
	68	再试等待时间	44	C4	0
	69	再试次数显示的消除	45	C5	0
	70	特殊再生制动使用率	46	C6	0
	71	适用电机	47	C7	0
	72	PWM 频率选择	48	C8	0
	73	0～5 V/0～10 V 选择	49	C9	0
	74	输入滤波时间常数	4A	CA	0
	75	复位选择/PU 脱落检测/PU 停止选择	4B	CB	0
	77	参数写入禁止选择	4D	CD	0
	78	逆转防止选择	4E	CE	0
	79	操作模式选择	4F	CF	0
通用磁通矢量控制	80	电机容量	50	D0	0
	82	电机励磁电流	52	D2	0
	83	电机额定电压	53	D3	0
	84	电机额定频率	54	D4	0
	90	电机常数(R1)	5A	DA	0
	96	自动调整设定/状态	60	E0	0
通讯功能	117	通讯站号	11	91	1
	118	通讯速度	12	92	1
	119	停止位字长	13	93	1
	120	有无奇偶校验	14	94	1
	121	通讯再试次数	15	95	1
	122	通讯校验时间间隔	16	96	1
	123	等待时间设定	17	97	1
	124	有无 CR，LF 选择	18	98	1
PID 控制	128	PID 动作选择	1C	9C	1
	129	PID 比例常数	1D	9D	1
	130	PID 积分时间	1E	9E	1
	131	上限	1F	9F	1
	132	下限	20	A0	1
	133	PU 操作时间的 PID 目标设定值	21	A1	1
	134	PID 微分时间	22	A2	1

续上表

功能	参数号	名称	指令代码		通讯参数扩展设定（指令代码7F/FF）
			读出	写入	
附加功能	145	PU显示语言切换	2D	AD	1
	146	厂家设定用参数，请不要设定			
电流检测	150	输出电流检测水平	32	B2	1
	151	输出电流检测周期	33	B3	1
	152	零电流检测水平	34	B4	1
	153	零电流检测周期	35	B5	1
辅助功能	156	失速防止动作选择	38	B8	1
	158	AM端子功能选择	3A	BA	1
附加功能	160	用户参数组读选择	00	80	2
监视器初始化	171	实际运行计时器清零	0B	8B	2
用户功能	173	用户第一组参数注册	0D	8D	2
	174	用户第一组参数删除	0E	8E	2
	175	用户第二组参数注册	0F	8F	2
	176	用户第二组参数删除	10	90	2
端子排功能	180	RL端子功能选择	14	94	2
	181	RM端子功能选择	15	95	2
	182	RH端子功能选择	16	96	2
	183	MRS端子功能选择	17	97	2
	190	RUN端子功能选择	1E	9E	2
	191	FU端子功能选择	1F	9F	2
	192	A,B,C端子功能选择	20	A0	2
多段速度运行	232	多段速度设定（速度8）	28	A8	2
	233	多段速度设定（速度9）	29	A9	2
	234	多段速度设定（速度10）	2A	AA	2
	235	多段速度设定（速度11）	2B	AB	2
	236	多段速度设定（速度12）	2C	AC	2
	237	多段速度设定（速度13）	2D	AD	2
	238	多段速度设定（速度14）	2E	AE	2
	239	多段速度设定（速度15）	2F	AF	2

续上表

功能	参数号	名称	指令代码		通讯参数扩展设定（指令代码7F/FF）
			读出	写入	
辅助功能	240	Soft-PWM设定	30	B0	2
	244	冷却风扇动作选择	34	B4	2
	245	电机额定滑差	35	B5	2
	246	滑差补正响应时间	36	B6	2
	247	恒定输出领域滑差补正选择	37	B7	2
停止选择功能	250	停止方式选择	3A	BA	2
附加功能	251	输出欠相保护选择	3B	BB	2
计算机网络功能	338 *	操作指令权	26	A6	3
	339 *	速度指令权	27	A7	3
	340 *	网络启动模式选择	28	A8	3
	342	E^2PROM 写入有无选择	2A	AA	3
DeviceNet™通讯	345 * *	装置网络地址启动数据	2D	AD	3
	346 * *	装置网络速率启动数据	2E	AE	3
	347 * *	装置网络地址启动数据(上位码)	2F	AF	3
	348 * *	装置网络速率启动数据(上位码)	30	B0	3
附加功能	500 *	通信报警实施等待时间	00	80	5
	501 *	通信异常发生次数显示	01	81	5
	502 *	通信异常时停止模式选择	02	82	5
校准功能	901	AM端子校准	5D	DD	1
	902	频率设定电压偏置	5E	DE	1
	903	频率设定电压增益	5F	DF	1
	904	频率设定电流偏置	60	E0	1
	905	频率设定电流增益	61	E1	1
	990	PU蜂鸣器控制	5A	DA	9
	991	PU对比度调整	5B	DB	9

* 通信选件插上时。

* * FR-E5ND 插上时。

DeviceNet™是ODVA(Open DeviceNet Vendor Association, Inc.)的商标。

参考文献

[1] 杨少光. 机电一体化设备的组装与调试. 南宁：广西教育出版社
[2] 赵进学，邢贵宁. PLC 应用技术项目教材. 北京：科学出版社
[3] 许孟烈. PLC 技术基础与编程实训. 北京：科学出版社
[4] 三菱微型可编程控制器编程手册
[5] 三菱调速变频器使用手册
[6] FX - TRN - BEG - C 使用手册

图书在版编目（CIP）数据

PLC及其应用/刘国云主编．--长沙：中南大学出版社，2014.5
ISBN 978-7-5487-1060-8

Ⅰ.P… Ⅱ.刘… Ⅲ.plc技术—中等专业学校—教材
Ⅳ.TM571.6

中国版本图书馆CIP数据核字(2014)第063383号

PLC及其应用

主编　刘国云

□责任编辑　胡小锋
□责任印制　易红卫
□出版发行　中南大学出版社
社址：长沙市麓山南路　　邮编：410083
发行科电话：0731-88876770　　传真：0731-88710482
□印　　装　长沙市宏发印刷有限公司

□开　　本　787×1092　1/16　□印张 11.75　□字数 290千字　□插页 2
□版　　次　2014年7月第1版　□2017年8月第2次印刷
□书　　号　ISBN 978-7-5487-1060-8
□定　　价　27.00元